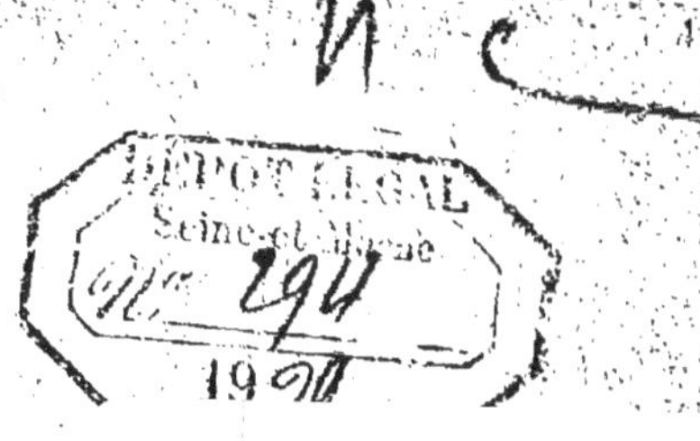

ENCYCLOPÉDIE AGRICOLE
Publiée sous la direction de G. WERY

PAUL DIFFLOTH

AGRICULTURE GÉNÉRALE

* *

LABOURS ET ASSOLEMENTS

ENCYCLOPÉDIE AGRICOLE
Publiée par une réunion d'Ingénieurs agronomes
SOUS LA DIRECTION DE G. WERY

AGRICULTURE GÉNÉRALE

**

LABOURS ET ASSOLEMENTS

PAR

Paul DIFFLOTH

INGÉNIEUR AGRONOME
PROFESSEUR SPÉCIAL D'AGRICULTURE

6e édition revue et augmentée

Avec 152 figures intercalées dans le texte

PARIS

LIBRAIRIE J.-B. BAILLIÈRE ET FILS

19, RUE HAUTEFEUILLE, PRÈS DU BOULEVARD SAINT-GERMAIN

1929

DU MÊME AUTEUR

Agriculture générale. Introduction, par le Dr REGNARD, directeur de l'Institut agronomique. 5e *édition*, 1921-1927, 4 vol. in-18 de 1460 p., avec 668 fig. (*Encyclopédie agricole*). Brochés . . 72 fr.
Cartonnés . . . . 96 fr.
Chaque volume se vend séparément.

I. — **Le Sol et l'amélioration des terres. L'Avoine.** 6e *édition*, 1927, 1 vol. in-18 de 406 pages avec 131 figures . . . 18 fr.

II. — **Labours et Assolements.** 1922, 1 vol. in-18 de 358 pages avec 152 figures . . . . 18 fr.

III. — **Les Semailles et l'entretien des cultures.** 1921, 1 vol. in-18 de 364 pages, avec 204 figures . . . . . . 18 fr.

IV. — **Les Récoltes et la conservation des produits agricoles.** 1921, 1 vol. in-18 de 332 p., avec 181 fig. . . 18 fr.

Zootechnie. *Nouvelle édition*, 1916-1924, 9 vol. in-18 de 3819 pages avec 1000 fig. et 64 pl. Brochés : **174** fr. ; Cartonnés . **228** fr.

I. — **Production et amélioration du bétail.** 5e *édition*, 1922, 1 vol. in-18 de 408 p. avec 140 fig. br. : **18** fr. Cart. **24** fr.

II. — **Elevage et exploitation des Bovidés et des Chevaux.** 5e *édition*, 1921, 1 vol. in-18 de 886 pages avec 138 figures, broché **18** fr. ; Cartonné . . . . **24** fr.

III. — **Elevage et Exploitation des Moutons et des Porcs.** 5e *édition*, 1922, 1 vol. in-18 de 370 pages, avec 90 figures, broché : **18** fr. Cartonné . . . . **24** fr.

IV. — **Races Chevalines.** Elevage et exploitation des chevaux de trait et des chevaux de selle. 5e édition, 1923, 1 vol. in-18 de 576 p. avec 133 fig., br. : **24** fr. Cart. . . . **30** fr.

V. — **Races Bovines.** 4e *édition*, 1923, 1 vol. in-18 de 576 p. avec 214 figures, broché : **24** fr. Cartonné . . . **30** fr.

VI. — **Moutons.** 4e *édition*, 1923, 1 vol. in-18 de 424 pages avec 99 figures. Broché : **18** fr. Cartonné . . . . **24** fr.

VII. — **Chèvres, Porcs, Lapins.** 5e *édition*, 1923, 1 vol. in-18 de 432 pages avec 82 figures. Broché : **18** fr. Cartonné : **24** fr.

VIII et IX. — **Zootechnie Coloniale.** Guide de l'éleveur en Algérie, en Tunisie, au Maroc et dans les Colonies.

I. — **Bovidés.** 1924, 1 vol. in-18 de 355 pages avec 37 figures. Broché : **18** fr. Cartonné . . . . **24** fr.

II. — **Chevaux, Moutons, Porcs, Chameaux, Éléphants, Autruches, Aigrettes.** 1924, 1 vol. in-18 de 391 pages avec 52 figures. Broché : **18** fr. Cartonné . . . . . . **24** fr.

Les méthodes modernes en Aviculture, par P. DIFFLOTH, professeur spécial d'agriculture. 1925, 1 vol. gr. in-8 de 500 pages avec 216 figures . . . . **36** fr.

Anes et Mulets. Races, élevage, exploitation, hygiène et maladies. 1918, 1 vol. in-18 de 120 pages avec 33 figures . . . **5** fr.

La Conservation des Récoltes. Grains, fourrages, racines et tubercules, pulpes, plantes industrielles, dessiccation des produits et résidus agricoles. 1917, 1 vol. in-18 de 144 pages avec 42 figures . . . . **5** fr.

AGRICULTURE GÉNÉRALE
LABOURS ET ASSOLEMENTS

PREMIÈRE PARTIE
TRAVAIL DU SOL

CHAPITRE PREMIER

PRÉPARATION DU SOL

I. — ROLE DES LABOURS.

Les végétaux ne prospèrent que lorsque leurs racines s'enfoncent dans un sol *aéré, frais*, contenant les *principes nutritifs* utiles à leur développement.

C'est le travail du sol qui règle l'établissement de ces conditions indispensables à l'existence des plantes cultivées et à leur complet épanouissement.

Afin d'examiner avec profit le rôle des opérations culturales dans l'aération du sol, il importe de connaître exactement la composition de l'atmosphère du sol.

Les gaz du sol.—Boussingault et Leroy déterminèrent les premiers la proportion d'acide carbonique contenue dans l'air confiné du sol. Cette proportion varie de 0,8 à 1,54 ou 2,24 pour 100 volumes d'air, selon que la terre est chargée d'humus ou que la fumure est plus récente.

M. Schlœsing a trouvé des chiffres analogues en remarquant que, pour les terres de prairie, la proportion d'acide carbonique augmente nettement. Dans tous les cas, les expérimentateurs déterminèrent une certaine quantité d'oxygène ; l'air du sol est donc en continuel échange avec l'atmosphère extérieure.

La dilatation de l'air du sol durant les journées chaudes détermine son dégagement. La nuit, la contraction par le froid diminue sa pression et favorise sa pénétration par l'air extérieur ; c'est par suite de ce changement de pression que les eaux des drains coulent inégalement le jour et la nuit.

Les recherches poursuivies montrèrent qu'une terre bien ameublie est extrêmement poreuse et renferme une grande quantité d'air.

Le tableau ci-dessous indique la proportion d'air contenue dans 6 litres de terre à différents états d'ameublissement (Dehérain) :

On a successivement considéré un sol abandonné, puis scarifié, hersé, arrosé par les pluies, etc...

TERRES.	POIDS des 6 litres de terre.	AIR p. 100.	EAU p. 100.	TOTAL de l'air et de l'eau.
	kil.			
Compost de jardinier..........	6,3	41,6	27,9	69,0
Terre de jardin...............	6,8	38,3	25,2	62,5
— bien travaillée........	6,8	45,0	17,2	62,2
— abandonnée depuis trois ans............	7,8	36,6	16,8	53,4
— abandonnée depuis six ans...............	8,3	33,3	15,2	48,5
— scarifiée, hersée, rou- lée...............	8,3	30,0	18,8	48,8
La même après deux jours de pluie...............	9,4	20,0	20,9	40,9

Ces chiffres montrent nettement que le travail de la terre la rend très poreuse et augmente la proportion d'air.

Il était important de déterminer comparativement la proportion d'air contenue dans un sol non travaillé et dans une terre en culture.

Les recherches donnèrent les résultats suivants avec les mêmes données expérimentales (Dehérain) :

TERRES.	POIDS des 6 litres de terre.	AIR p. 100.	EAU p. 100.	TOTAL de l'air et de l'eau.
	kil.			
Terre d'un bois (terre pierreuse)................	9,3	16,6	24,3	40,9
Terre d'un bois (terre homogène)................	8,8	21,6	24,3	45,9
Bordure de chemin (végétation spontanée)..........	9,3	23,7	18,0	41,7
Talus de station (végétation spontanée)	8,4	27,5	20,7	48,2

La comparaison des chiffres des deux tableaux montre que l'air du sol est toujours oxygéné, encore que le travail du sol ait eu pour résultat de l'aérer. Mais il est indifférent que le sol renferme 20 ou 40 centimètres cubes d'air, si la proportion d'air contenu suffit à la germination, à la vie des racines, à l'existence des bactéries aérobies.

L'eau dans le sol. — Si le rôle du travail du sol dans l'aération des terres se montre d'une importance relative, il n'en est pas de même de l'influence de l'ameublissement des terres relativement à la pénétration de l'eau.

Nous dénommerons *capacité pour l'eau* la quantité de ce liquide que peut retenir dans ses pores un poids de terre déterminé : 100 grammes par exemple. Cette capacité varie suivant l'état d'ameublissement du sol, comme le montre le tableau suivant:

TERRES.	QUANTITÉ D'EAU NÉCESSAIRE pour mouiller entièrement 100 grammes de terre meuble ou tassée.	
	Meuble.	Tassée.
	gr.	gr.
Terre franche..................	41,5	22
— de la Limagne..........	46,0	33
— de jardin.............	44,5	29
— de Plessy (S.-et-O.).....	39,5	23

On constate aisément les variations de la proportion retenue par un même sol suivant qu'il est plus ou moins tassé ; mais il importait de généraliser ces recherches dans les conditions mêmes de la culture, c'est-à-dire lorsqu'il s'agit de sols plus ou moins ravaillés, exposés à la pluie.

L'expérience directe démontre que l'eau s'infiltre bien plus rapidement dans une terre meuble que dans une terre tassée.

Fig. 1. — Terres arides couvertes de broussailles, avant l'irrigation

L'évaporation est, en outre, bien plus active dans une terre tassée. Les chiffres suivants mettent en évidence ces résultats :

Mouvement de l'eau dans une terre meuble ou tassée.

Pour 100 de l'eau tombée.

	Meuble.	Tassée.
Eau emmagasinée....	21,9 p. 100	10,2 p. 100
— infiltrée........	64,4 —	9,6 —
— évaporée.......	13,6 —	80,1 —

Une terre forte, non ameublie, est donc peu apte à emmagasiner l'eau ou à la faire passer dans les assises inférieures.

L'eau de pluie arrivant sur une terre tassée est en grande partie perdue soit par ruissellement, soit par évaporation ; l'eau descend malaisément et persiste longtemps dans les couches superficielles, d'où elle s'évapore au moindre échauffement du terrain par in-solation.

Dans la terre meuble, au con-traire, l'eau trouve des vides, des canaux, par où elle s'infiltre rapidement dans les couches pro-fondes, et se met ainsi à l'abri de l'évaporation et à la disposition des plantes.

Une terre ameu-blie possède donc de puissantes ré-serves d'humidité utiles aux végé-taux.

Le labourage a précisément pour but d'ameu-blir, d'aérer le sol et de faciliter le mouvement de

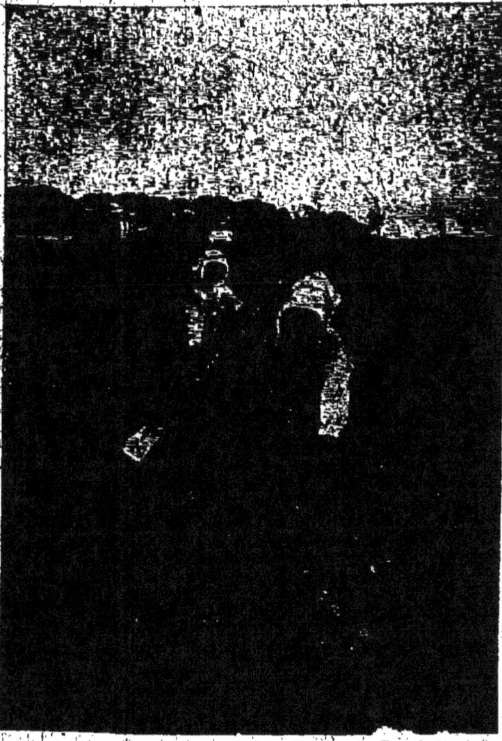

Puo. Coupan.

Fig. 2. — Labours en billons à l'aide de bêches à long manche.
(Ile de Noirmoutier.)

l'eau. D'autre part, par le passage de la charrue, les parties inférieures de la couche arable sont ramenées à la surface, subissent l'action désagrégeante des agents extérieurs et apportent un nouvel appoint d'éléments fertilisants.

L'air, l'eau pénétrant plus facilement, les graines trouvent dans une terre labourée les conditions indispensables à leur germi-nation. La jeune plante se développe activement ; les racines cheminent aisément et l'alimentation des végétaux est assurée.

La circulation de l'eau se trouve régularisée. Les sols travaillés conservent toujours une fraîcheur moyenne. Le maintien de l'humidité du sol et la libre circulation de l'air établis par les labours permettent le jeu des nombreuses réactions chimiques et biologiques qui s'accomplissent au sein des terres fertiles.

Les plantes adventices peuvent être en outre détruites par les labours, qui servent parfois à enfouir les semences ou les engrais ; le fumier de ferme est toujours incorporé au sol par un labour. On effectue les labours soit à bras (fig. 2), soit à l'aide d'instruments mus par les animaux ou par des moteurs, etc. (1).

II. — LABOURS A BRAS.

Ces procédés sont surtout en usage dans la culture maraîchère, le jardinage ou la petite culture. La lenteur du travail et le prix élevé de la main-d'œuvre limitent ses emplois.

L'instrument le plus couramment employé est la *bêche*. Le travail effectué par la bêche est excellent ; les mottes divisées par le tranchant de l'instrument s'émiettent facilement. La terre n'est ni piétinée, ni lissée par suite de la marche à reculons de l'ouvrier ; les racines, les pierres, les larves nuisibles peuvent être aisément extraites (2).

La dimension, la forme des bêches varient suivant les contrées, les habitudes locales, le sol travaillé (fig. 3). Les fers des bêches utilisées par les ouvriers des pays septentrionaux, grands, forts, mais lymphatiques, sont plus longs et larges que ceux des bêches des ouvriers des contrées méridionales, petits, moins vigoureux, mais plus agiles, de sorte que la superficie défrichée à la bêche est à peu près fixe : 1 are 5 à 2 ares 5 par jour à une profondeur de 25 centimètres.

On réduit le poids de la bêche en emboutissant le fer et en

(1) Voir G. Coupan, Machines de culture, 1 vol. de l'*Encyclopédie agricole*.

(2) Les résultats de ce travail sont si remarquables que dans certaines parties de la Flandre on bêche tous les cinq ou six ans les sols ordinairement labourés (Damseaux).

lui donnant un profil incurvé dans les deux sens. La largeur
du tranchant dépend de la nature du sol travaillé : plus le terrain est caillouteux, moins le tranchant est large ; à la limite

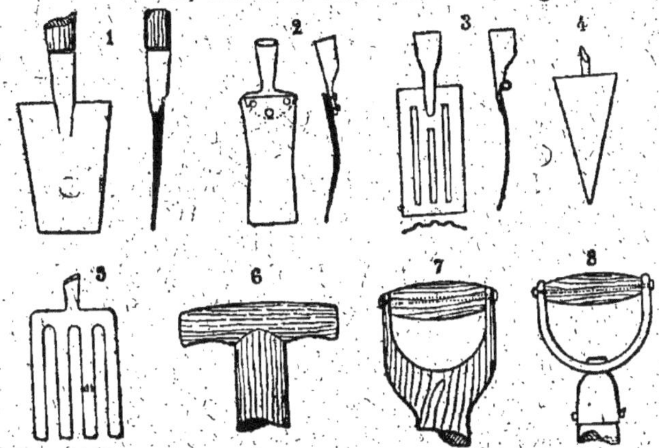

Fig. 3. — Formes diverses de fers et de manches de bêches.

on arrive aux fers évidés à deux ou quatre dents, c'est-à-dire
aux *fourches*.

Les sols compacts et durcis nécessitent l'usage de la fourche :
le travail est moins bon, la terre se brisant
avant son retournement. Cet instrument est
utile pour le nettoiement des terrains infestés
de chiendent.

La *pioche* et le *crochet* rendent de précieux
services dans les sols pierreux, mais le résultat
est moins remarquable, le travail est souvent
imparfait, surtout si l'ouvrier n'a pas soin de
maintenir toujours la jauge ouverte, de
prendre peu d'épaisseur de terre et d'impri-
mer à l'instrument un mouvement de retrait.
Si la terre est remplie de racines, le crochet
convient bien, mais l'ouvrier marche sur la
partie travaillée.

Fig. 4. — Houe
à dents.

La *houe* entame le sol sur une petite épais-
seur et ne retourne pas la terre, qui est simplement déplacée
(fig. 4).

Pour les travaux spéciaux : drainages, terrassements, on utilise des *louchets*, des *pelles-bêches*, etc.

En Biscaye (Espagne), où la charrue est encore peu répandue, les cultivateurs se servent d'une houe spéciale comprenant une fourche plate à deux dents montée, inclinée à 38°, sur un petit manche de bois.

III. — LABOURS A LA CHARRUE.

Le travail d'ameublissement et d'aération du sol s'effectue, en grande culture, à l'aide de la charrue.

Chacune des pièces de cet instrument aratoire exerce une action nettement définie : le *coutre* tranche verticalement le sol que le *soc* sépare horizontalement ; le *versoir* renverse la bande de terre ainsi détachée. Le *sep* glisse sur le sol, et maintient la charrue en équilibre grâce au *talon* ; les *étançons* lient l'ensemble

Fig. 5. — Organes constitutifs d'une charrue.
a, âge ; *cc'*, coutre ; *v*, versoir ; S, soc ; *s*, sep ; *ee'*, étançons ; *t*, talon ; *m*, mancherons ; *r*, régulateur.

à l'*âge* ; les *mancherons* aident à diriger la charrue (fig. 5). Un *régulateur* détermine la largeur et la profondeur de la raie. Les portions inférieures du sol retourné viennent ainsi s'offrir aux influences des agents atmosphériques.

Il existe plusieurs types de charrues. Les *araires* sont composées simplement d'un *âge* soutenant les pièces travaillantes et dirigé par deux *mancherons* (fig. 6).

Dans les charrues à *support*, l'âge est supporté à l'avant par un unique support : *patin* glissant sur le sol (fig. 7) ou *roulette*.

Les *charrues à avant-train*, plus perfectionnées, sont main-

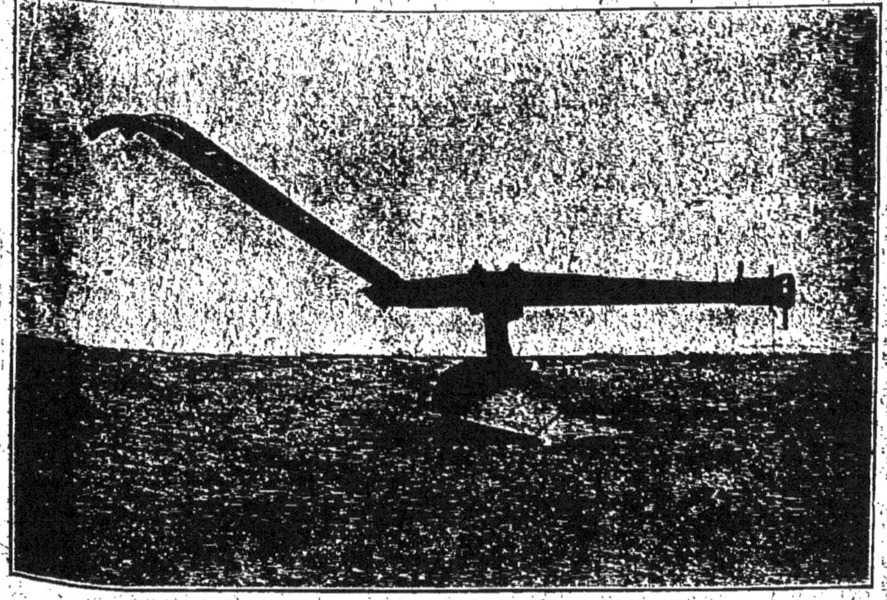

Fig. 6. — Charrue araire.

tenues par un avant-train de deux roues verticales ou obliques (fig. 8). On parvient enfin aux *brabants doubles* qui repré-

Fig. 7. — Charrue munie d'un support à patin.

sentent les charrues perfectionnées permettant le labour à plat. On distingue, d'autre part, les charrues *simples* et les *charrues à socs multiples* travaillant plusieurs raies à la fois, *charrues-balances* (fig. 10), *charrues polysocs* (fig. 12).

Signalons encore les *charrues à siège* : *charrues tricycles* (fig. 11), *charrues tilbury* (fig. 13).

Aux États-Unis, dans les pays secs, on emploie enfin les

Fig. 8. — Charrue à support fermé de deux roues inégales.

charrues à disques, qui commencent à se répandre en France et en Algérie. Plusieurs calottes sphériques ou ellipsoïdales à bord tranchant tournent, leur partie concave se présentant *obliquement* par rapport à la verticale et à la direction du

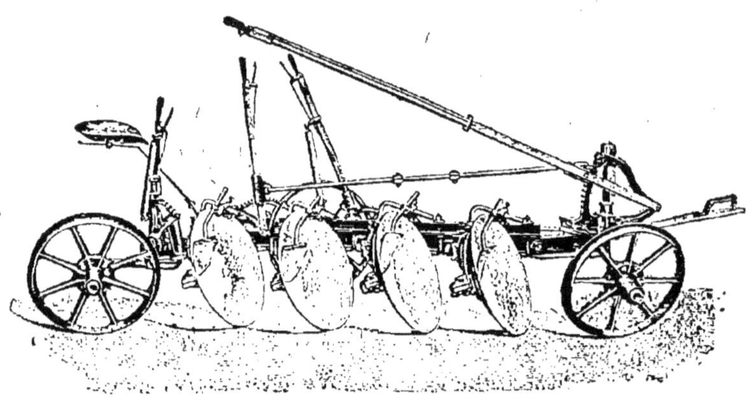

Fig. 9. — Charrue à quatre disques.

labour. Le disque découpe une bande de terre qu'il entraîne jusqu'au moment où la raclette la détache (fig. 9).

Travail des charrues. — Nous étudierons tout d'abord attentivement le travail de la charrue ordinaire.

On peut considérer l'action de la charrue ordinaire successive-ment dans les deux plans : vertical et horizontal, c'est-à-dire examiner la profondeur *et la* largeur *du labour, pour étudier ensuite sa direction et sa* forme.

I. — Profondeur du labour.

Relativement à l'épaisseur du sol travaillé, on classe les labours en :

1° Labours de défoncement ;
2° Labours profonds ;
3° Labours moyens ;
4° Labours superficiels.

La profondeur du labour est déterminée par la nature du sol et la plante cultivée. En règle générale, il faut noter que le développement radiculaire des végétaux est beaucoup plus considérable qu'on ne le suppose. On peut classer, nous l'avons vu, les végétaux cultivés en deux groupes : les plantes à *racines fasciculées* et les plantes à *racines pivotantes.*

Les plantes-racines, les tubercules (1), les légumineuses, demandent donc, en principe, un ameublissement plus profond que les céréales par exemple.

La nature du sol et du sous-sol joue un rôle considérable dans la détermination de la profondeur du labour, et l'examen raisonné de chaque cas particulier permettra seul de conclure judicieusement.

1° Labours de défoncement.

Les labours de défoncement se différencient des labours profonds non seulement par l'épaisseur de la couche entamée, mais encore par ce fait que les labours de défoncement

(1) Des racines de pommes de terre peuvent atteindre 1^m,50 de long et des radicelles de betteraves s'étendre à 2^m,50 de pro-fondeur.

entament des assises qui jusqu'alors n'avaient jamais été ameublies.

Un labour de 30 centimètres, par exemple, n'est, en réalité, qu'un charruage profond si le sol a été travaillé jusqu'à cette profondeur. Il constitue un défoncement si la terre n'a jamais été auparavant ameublie sous cette épaisseur. Le défoncement, de plus, ne se renouvelle pas ou se répète à des intervalles très

Fig. 10. — Charrue-balance à siège.

éloignés, les labours profonds s'effectuant périodiquement.

La profondeur des labours de défoncement est donc variable et dépend des avantages qu'on espère en tirer, du but proposé, de la nature du sol et des frais entraînés par leur exécution.

Avantages des défoncements. — Au point de vue physique, ces travaux aratoires accroissent l'épaisseur du sol arable, mettent à la disposition des racines un volume plus considérable de terre ameublie, perméable à l'air, à l'eau et aux microorganismes. Ainsi sont facilitées les oxydations, le

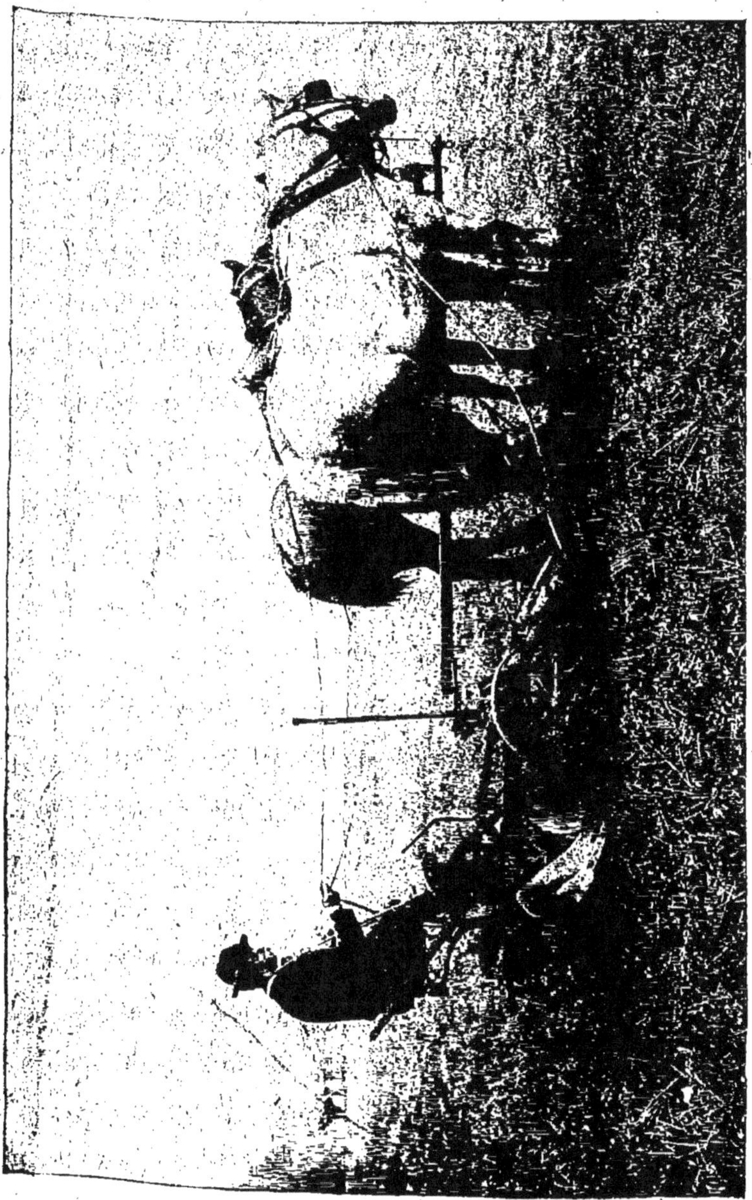

Fig. 11. — Charrue tricycle à siège.

décompositions, les fermentations qui s'accomplissent au sein des terres et mobilisent les principes nutritifs.

La circulation de l'eau est régularisée, les sols *se ressuient* plus rapidement, peuvent être ensemencés hâtivement. D'autre part, de précieuses réserves d'humidité se constituent dans les assises inférieures ainsi travaillées.

Les racines des plantes cultivées pénètrent plus profondément, assurant une nutrition plus active, et rendent la *verse* moins probable. Les assolements, par la possibilité d'introduire

Fig. 12. — Brabant bisoc.

des plantes à racines profondes : betteraves, panais, carottes, sont plus variés et plus intensifs.

Si le défoncement attaque les premières assises du sous-sol, les propriétés physiques du sol peuvent être heureusement modifiées. Une terre argileuse, compacte, pourra être ainsi améliorée par le mélange des assises supérieures au sous-sol sableux, léger et perméable, ou inversement.

Au point de vue chimique, ces défoncements peuvent enrichir la terre arable en principes fertilisants. Les eaux d'infiltration appauvrissent, en effet, les couches superficielles, en dissolvant les éléments nutritifs solubles. Le *sol inerte,* encore non ameubli, ne subit que partiellement ces déperditions, son état compact permettant difficilement la circulation des eaux chargées d'acide carbonique et d'ailleurs déjà saturées de calcaire, de nitrates, de sels de fer, etc., par leur passage à travers les couches superficielles ameublies. Il arrive même parfois que le sol inerte s'enrichit, notamment en calcaire, par suite du départ d'acide carbonique déterminant une précipitation des matières solubilisées. Dans les Flandres, les premières couches du limon des plateaux, le *rougeon*, sont beaucoup plus

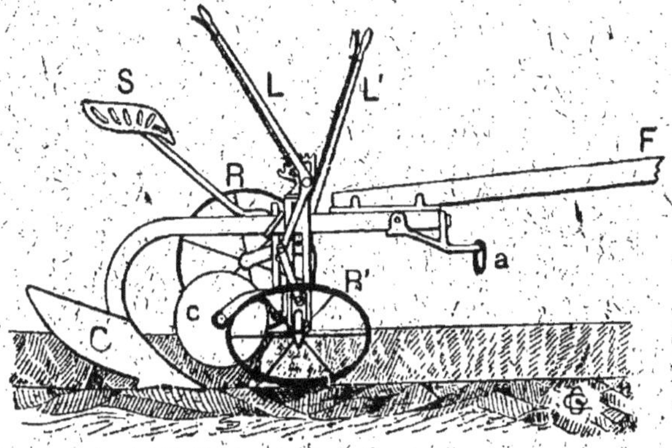

Fig. 13. — Charrue tilbury (G. Coupan).

pauvres en chaux que les assises inférieures ou *ergeron* ; les terrains crayeux de la Champagne, des causses de l'Aveyron, du Larzac, les sols oolithiques, jurassiques de l'est de la France, etc., ont été également décalcifiés à la surface.

Il suffit donc, parfois, d'entamer une légère épaisseur du sol inerte pour enrichir la terre arable en chaux, en principes fertilisants. Cette opération est d'une opportunité manifeste, lorsque les assises inférieures sont d'une origine géologique différente des couches cultivées. Dans ce but, on pratique parfois, notamment dans le Vaucluse, le Lot, des défoncements à la main, ou *pelleversages*, dont l'avantage est incontestable.

Les labours de défoncement aident enfin à détruire les plantes adventices, à racines profondes ou pivotantes.

Il importe de faire observer cependant que le mélange du

sol inerte au sol arable doit s'effectuer lentement, modérément et graduellement. Quelle que soit leur richesse, ces assises inférieures constituent un milieu inactif, inerte, peu aéré, difficilement perméable, et le mélange aux couches ameublies doit être pratiqué progressivement, si l'on ne veut pas voir les résultats culturaux se manifester sous une forme précaire ou même négative. Parfois il y a même intérêt à ameublir le sous-sol tout en le laissant en place (*sous-solage*).

Pratique du défoncement. — Ces labours sont pratiqués particulièrement lorsqu'il s'agit de créer un vignoble, de défricher un bois, de mettre en exploitation certains sols fertiles laissés en friches, etc.

Les défoncements à la main ne sont pratiqués que dans le cas où l'emploi de la charrue est impossible ; ils sont naturellement très coûteux.

Les défoncements à la charrue s'effectuent à l'aide de *charrues défonceuses* mues soit directement par des animaux soit à l'aide d'un manège, soit par une machine à vapeur, un moteur à explosions, soit par l'électricité, etc.

On distingue généralement les *défonceuses* ordinaires qui labourent jusqu'à 35 ou 45 centimètres, et les *grandes défonceuses* qui atteignent des couches plus profondes. Parmi les défonceuses ordinaires on cite la charrue Vallerand ou les défonceurs type Brabant. Les grandes multiples défonceuses sont montées en charrue simple ou en charrue-balance.

Les charrues employées avec les treuils à manège portent un siège sur lequel se tient généralement l'homme qui guide la marche de la charrue au moyen d'un appareil de direction. Avec les treuils, on emploie les charrues simples, si l'on ne dispose que d'un seul treuil ; ou les charrues doubles, si l'on dispose de deux treuils.

Les charrues doubles à bascule comprennent deux corps de charrue distincts, ayant un axe commun et montés tête à tête (fig. 10). Le basculement s'effectue par le simple poids du conducteur, qui, à la fin de chaque raie, descend et se place sur le siège installé symétriquement.

Une autre catégorie d'instruments effectue le défoncement en deux fois ; un premier corps entame le sol à une profondeur plus faible que le labour désiré, un second corps, monté sur le même âge ou symétriquement, achève le labour (charrue Morton, charrue Bonnet, Brabant défonceuse).

Attelages. — Il est nécessaire d'utiliser des attelages puissants pour les labours de défoncement.

Le défoncement par les animaux est pratiqué lorsque l'espace à défoncer est peu considérable (fig. 15).

Ce labour atteint rarement une grande profondeur, 30 cen-

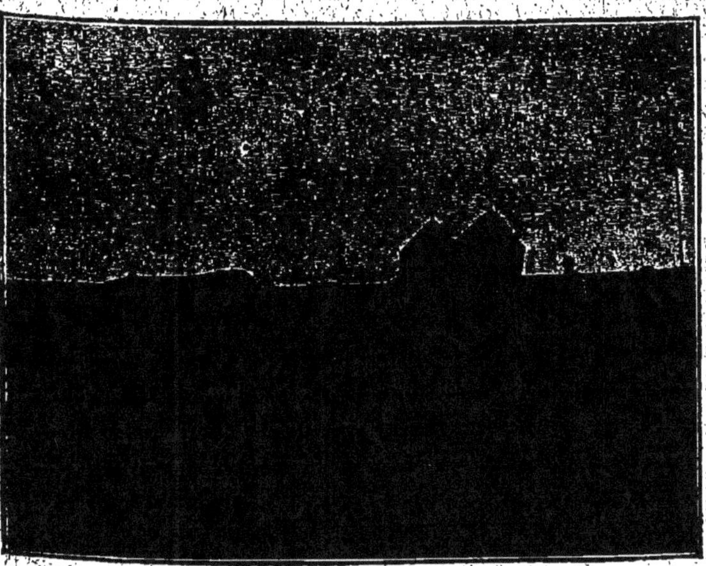

Fig. 14. — Labour au brabant double.

timètres en général (fig. 16) et s'effectue assez irrégulièrement par suite de la difficulté de conduire les attelages. Un défoncement de 40 à 45 centimètres est souvent difficile à obtenir. Il est nécessaire d'employer cinq à six paires de bons chevaux ou de mulets. Un hectare peut être défoncé en trois ou quatre jours au maximum.

Au lieu d'atteler les animaux directement à la charrue, on peut les atteler à un manège. Un câble, enroulé par le manège, hale le corps de charrue. Le défoncement à l'aide d'un manège permet d'obtenir un travail plus régulier et une profondeur plus grande ; il a l'inconvénient d'être très lent. Il faut compter environ dix à douze jours pour défoncer un hectare à l'aide d'un manège, qui exige trois à quatre paires de chevaux ou de mulets (8 à 10 ares par journée de dix heures). Pour nécessiter seulement deux paires de chevaux, il faut que le sol soit très léger.

Quand on emploie deux manèges, le travail s'exécute plus

Fig. 15. — Attelages pour labour de défoncement.

rapidement ; il n'est pas nécessaire de ramener la charrue à son point de départ lorsqu'elle vient de terminer la raie. Dans ce cas, un hectare peut être défoncé en cinq ou six jours, mais on est obligé d'employer le double d'animaux ; le prix de revient reste à peu près le même.

Défoncement à la vapeur. — Le défoncement à la vapeur offre l'avantage d'être très rapide et d'assurer, en même temps qu'un travail régulier, une profondeur plus grande.

Il ne peut être exécuté que dans les grandes exploitations, chez les propriétaires qui ont une superficie importante à défoncer, par des syndicats de cultivateurs ou par des entreprises particulières. L'hectare est défoncé en un jour et demi, deux jours au maximum.

Le défoncement à l'électricité prend actuellement quelque importance, ainsi que les défoncements par culture mécanique, comme nous le montrerons plus loin.

Dès la première récolte qui suit les défoncements, il faut apporter aux terres des doses massives d'engrais chimiques facilement assimilables, afin de pourvoir de réserves nutritives un sol encore inactif, peu divisé et mal aéré.

Défoncement à la dynamite. — On a tenté, dans certaines régions, d'effectuer des défoncements à la dynamite.

Le sol est creusé de fossés de 1 mètre de profondeur distants de 4 mètres ; un réseau de conducteurs électriques joint ces mines, composées chacune de 300 grammes de dynamite. Indépendamment des dépenses élevées, on peut reprocher à ces procédés le bouleversement du sol autour des fossés, son mauvais état de division entre deux mines et la compression dans les terres un peu compactes.

2° Labours profonds.

Ces labours atteignent les couches profondes du sol (25, 30, 40 centimètres) et *se renouvellent périodiquement*. Ces excellentes pratiques agricoles comptent trop peu de partisans en dehors des régions viticoles (1).

Le travail profond des terres régularise le mouvement de l'eau, met la plante à l'abri des sécheresses extrêmes et de l'humidité excessive. Les pluies ne pénétreront pas dans un sol non ameubli profondément, une bonne partie ruissellera à la surface du sol. L'hiver, ces terrains seront trop humides et

(1) M. Schribaux estime avec raison que la profondeur d'ameublissement du sol donne une idée exacte de l'état progressif de la culture d'une région. On creuse une tranchée l'hiver sur un sol cultivé. Si la terre est travaillée à 30 centimètres, 25 centimètres, l'agriculture de ce pays est intelligemment pratiquée. Si, ce qui est trop fréquent, la terre est travaillée seulement à 10 centimètres ou 15 centimètres, la culture du sol est peu rationnelle.

trop secs l'été. Très souvent dans les terres compactes les labours profonds assainissent le sol. Ces labours régularisent donc l'état d'humidité du sol et le cultivateur se trouve presque affranchi des conditions climatériques.

En 1893, année célèbre par sa sécheresse, le champ d'expériences de l'Institut agronomique a permis de constater des résultats curieux. Là où le sol avait été travaillé à un fer de bêche, le blé atteignait à peine 50 centimètres de haut et la récolte fut presque nulle. Les parcelles travaillées à deux fers de bêche montraient des chaumes de 1 mètre qui donnèrent une récolte moyenne. Les cultivateurs qui avaient exécuté des labours profonds obtinrent des rendements moyens, qui, étant donnée la rareté des denrées, se vendirent un prix élevé.

En 1897, année très humide au contraire, les sols labourés superficiellement donnèrent beaucoup de paille et très peu de grains ; les sols labourés profondément produisirent un peu plus de paille qu'à l'ordinaire avec des rendements en grains analogues aux récoltes ordinaires. En Hongrie, en année sèche, le maïs des sols profonds atteint 1 mètre de plus que sur les parcelles voisines labourées superficiellement.

Par cet ameublissement profond des terrains, la pénétration des racines et leur développement sont considérablement facilités, la plante s'alimente mieux. La verse sera moins à craindre pour les céréales ; les betteraves prendront une forme régulièrement pivotante, etc.

Les réactions chimiques du sol, l'absorption des éléments fertilisants s'exercent plus activement. Ces travaux permettent la destruction des plantes adventices, dont les racines ou les stolons s'étendent parfois profondément (chardon, liseron, fougères, genêts, bruyères, ononis dénommé précisément « arrête-bœuf »).

Enfin les labours profonds permettent une plus grande variété de culture. Sur un sol peu profondément ameubli, il faut des plantes rustiques ; la luzerne n'y prospérera pas.

En résumé, le travail du sol sur une grande épaisseur offre les avantages suivants :

1° Il régularise l'état d'humidité du sol ;

2° Il augmente les ressources nutritives mises à la dispo-sition des plantes ;

3° Il permet une plus grande variété dans les cultures ;

4° Il favorise la destruction des plantes nuisibles à racines profondes ;

5° Il augmente les rendements de la luzerne, contrarie la verse des céréales et donne aux racines une forme régulière-ment pivotante ;

6° Il permet de corriger, dans certains cas favorables, les défauts du sol par l'incorporation du sous-sol.

Ces opérations culturales sont surtout avantageuses dans

Fig. 16. — Labour profond au brabant double.

les cas extrêmes : climat chaud et terres trop légères ou trop compactes.

Dans le Midi, où la sécheresse est redoutable, les labours profonds se montrent très avantageux, ainsi que dans les terres légères et les sols argileux, compacts qui sont ainsi divisés, drainés.

Influence sur les rendements. — D'après des enquêtes sérieuses on a constaté, grâce aux labours profonds, des augmentations de récolte oscillant entre 10 et 30 p. 100 pour les céréales, 25 et 30 p. 100 pour les betteraves, la luzerne, le sainfoin. Des betteraves virent leur rendement augmenter de 7 000 kilogrammes à l'hectare.

Certaines cultures, le tabac par exemple, qui demandent un sol mûr, rassis, peuvent donner cependant des résultats négatifs.

Les labours profonds à la vapeur assurent des résultats meilleurs que les labours profonds exécutés avec des chevaux. Les animaux foulent le sol, et la machine, travaillant plus vite, désagrège mieux le sol.

La qualité des récoltes augmente parallèlement à la quantité.

On assure parfois que les labours profonds retardent la maturité. M. Schribaux, opérant sur cinq espèces de terres différentes, a observé que sur les parcelles bien fumées, les labours profonds entraînent au contraire une avance très nette de la végétation. Le retard parfois constaté tient à une insuffisance de fumure, dans un sol intéressant des assises plus profondes.

Sous-solage. — Les labours profonds peuvent intéresser seulement la couche arable ou bien entamer le sous-sol.

Deux cas se présentent ordinairement : si le sous-sol est de mauvaise qualité, il est préférable de le laisser en place et de l'ameublir simplement à l'aide d'une *fouilleuse* ou d'une *sous-soleuse.*

M. Ringelman dénomme *sous-soleuses* les machines qui ne comportent qu'une seule pièce. Ces instruments, utilisés dans les sols pierreux, sont des charrues sans versoir, la pièce travaillante étant fixée à l'extrémité du sep.

Les *fouilleuses* comprennent ordinairement trois pièces travaillant des raies différentes, montées sur un bâti en forme d'U allongé.

Enfin, on peut adjoindre aux charrues ordinaires des pièces destinées à ameublir du même coup le sous-sol de la raie ouverte (*charrue sous-soleuse, brabant-fouilleur,* etc.).

Si le sous-sol est de bonne constitution, on augmentera le sol cultivé en l'incorporant aux couches superficielles. Mais, même dans ces cas favorables, nous l'avons dit, il ne faut entamer le sous-sol qu'avec circonspection et sous une faible épaisseur, car le milieu, si riche soit-il en éléments nutritifs, est toujours mal aéré, peu divisé, inactif et neutre. Les labours profonds ne donneront donc de bons résultats que si l'on vivifie cette terre morte. Il faut, la première année, apporter des

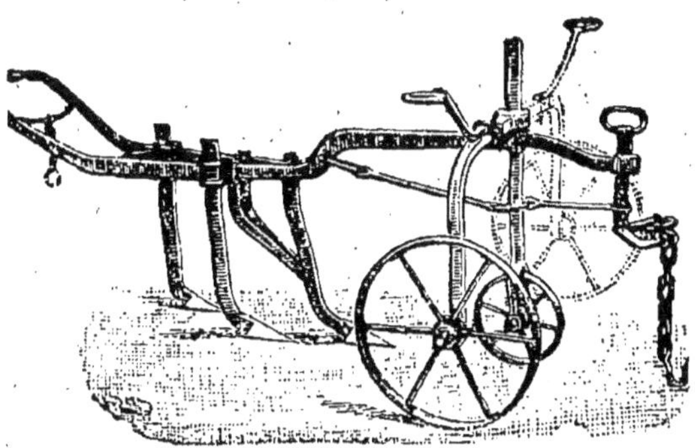

Fig. 17. — Fouilleuse pourvue d'un support tournant (Bajac).

engrais abondants, et le mieux est d'épandre *à la fois du fumier et des engrais chimiques.*

Le fumier de ferme, en particulier, ensemencera cette terre

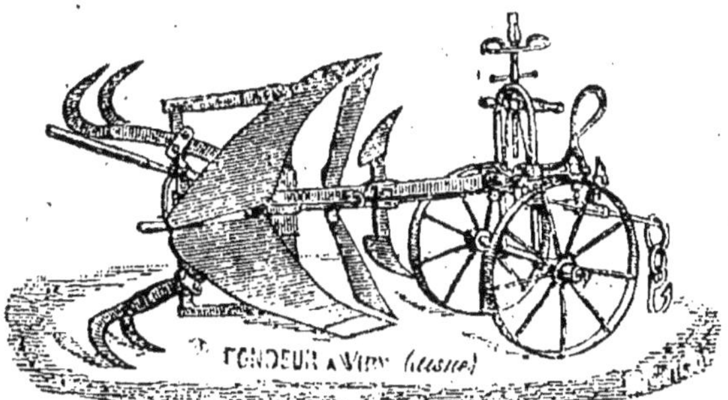

Fig. 18. — Brabant double pourvu de griffes fouilleuses montées
à l'arrière du corps de charrue (Letroteur).

morte en microorganismes. On épandra 40 000 kilogrammes de fumier à l'hectare et deux fois plus de superphosphate et d'engrais potassique que le blé n'en exige.

Les cultures de plantes sarclées, par les apports abondants

d'engrais et les travaux d'entretien qu'elles nécessitent, permettront d'ameublir, d'aérer et d'enrichir les couches du sous-sol mélangées au sol par les labours profonds.

Pour être assuré de la réussite de l'opération, il faut *étudier le sous-sol*, jusqu'à une profondeur de 40 centimètres, l'analyser et voir si sa nature n'affaiblira pas les qualités du sol ou n'accroîtra pas ses défauts. Si le sous-sol est de même nature que le sol, le labour profond est presque toujours avantageux, à condition de fumer largement et d'établir des cultures sarclées qui aideront à ameublir aussi la terre. En principe, on tentera une expérience sur une petite surface.

Pratique des labours profonds. — Les labours profonds exécutés à la main sont ordinairement lents et coûteux et réservés à la petite culture.

Pour *charruer* profondément le sol en une seule opération, il faut des instruments aratoires solides et puissants · brabants, charrues, etc., qui retournent d'un coup une bande de terre de 30 à 40 centimètres de profondeur.

On y applique des attelages dont la force est proportionnée à la résistance du sol au retournement. Cette résistance augmente rapidement, et il est nécessaire, au delà d'une certaine profondeur, de recourir à la traction mécanique, vapeur, moteur, électricité, ou treuil mû par un effort animal ou inanimé.

Pour un charruage de 30 centimètres, il faut, dans les conditions moyennes, un attelage de quatre à six bœufs. Si l'on atteint 40 centimètres, des attelages de huit à dix bœufs sont alors indispensables. Ces évaluations sont susceptibles, évidemment, de modifications suivant la nature du sol. Le bœuf est préféré au cheval à cause de son application lente aux efforts et de son caractère patient.

Lorsque l'on effectue les labours profonds *en deux fois*, le sol est d'abord entamé avec une charrue ordinaire sur une épaisseur de 15 à 20 centimètres, parfois de 20 à 25 centimètres puis on fait passer par la raie ouverte une charrue qui détache une nouvelle bande de 10 à 20 centimètres de profondeur, la soulève et la renverse sur la bande précédente à l'aide d'un versoir spécial. Par cette division du travail, deux attelages de quatre animaux suffisent pour effectuer, en deux temps, un labour profond de 30 à 40 centimètres, à la vitesse d'un charruage ordinaire, soit 30, 40 à 50 ares par jour.

Il existe des charrues défonceuses où les deux corps de charrue sont réunis sur les mêmes pièces d'assemblage ; les deux opérations s'effectuent simultanément, quoique dans des raies différentes.

Dans les pays peu fortunés, en Bretagne par exemple, on effectue le second stade d'approfondissement de la raie à la main, à l'aide d'une bêche ; la terre soulevée est versée sur la bande retournée. La culture du panais bénéficie particulièrement de cette opération.

Époque. — Pour détruire les mauvaises herbes, on opère avant les grandes chaleurs, mais le plus souvent on laboure à l'automne. Au printemps on travaille à nouveau le sol, on fume, on sème.

La durée d'action des labours profonds est estimée à trois ans, mais cela dépend de la nature du sol : la terre argileuse mouillée abondamment se tassera plus vite et l'on perdra plus tôt les avantages de l'ameublissement.

C'est donc ordinairement au début de l'hiver qu'on effectue les labours profonds. Ainsi remuée profondément, la terre subit l'action ameublissante de l'air et des gelées : elle se *mûrit*, suivant l'expression consacrée. Cependant on peut labourer profondément en été les terres qui ne durcissent pas trop sous l'influence des sécheresses, particulièrement sous les climats méridionaux.

3° Labours moyens ou ordinaires.

Les labours ordinaires travaillent le sol à une profondeur correspondant à l'épaisseur de la couche arable. Suivant la nature du sol, les plantes cultivées, l'approfondissement est variable, mais se trouve ordinairement compris entre 12, 20 et 25 centimètres.

Les exigences des cultures considérées viennent d'ailleurs modifier ces indications : la betterave, la pomme de terre, l'avoine demandent des sols profondément ameublis ; le blé préfère une terre *rassise* ou labourée, avant le semis, sur une faible épaisseur.

L'époque exerce également une certaine influence : les labours d'automne entament le sol plus profondément que les labours de printemps. Le labour de semailles précédant l'ensemencement ne doit pas être donné généralement à plus de 15 centimètres pour placer la graine dans les conditions les plus favorables à sa germination.

Pour enterrer les engrais, on effectue, s'il s'agit de plantes pivotantes, un labour plus profond que pour les végétaux à racines fasciculées ; les terres sableuses sont labourées plus profondément que les terres argileuses, etc. Enfin l'état de propreté du sol, les façons antérieures, les intempéries viennent exercer leur influence sur la détermination de la profondeur des labours ordinaires.

4° Labours superficiels.

Les labours superficiels n'entament le sol que sur une faible épaisseur (8 à 12 centimètres environ) ; ils permettent d'achever la préparation du sol et réduisent les dépenses de nettoiement des cultures.

Généralement ils achèvent le travail des labours ordinaires effectués précédemment ; parfois ils servent à enfouir les engrais ou les semences. On les exécute avec des charrue bisocs, trisocs, polysocs, etc., qui approfondissent plusieurs raies à la fois et travaillent ainsi rapidement.

Déchaumage. — Une des plus intéressantes applications des labours superficiels est constituée par le *déchaumage*. Sitôt la moisson terminée, lorsque les dernières voitures enlèvent les gerbes du champ, le cultivateur doit commencer à travailler sa terre en labourant superficiellement avec une charrue polysoc, un extirpateur, un scarificateur, un pulvériseur à disques, etc.

Ce labour de déchaumage offre de nombreux avantages : il entretient la fraîcheur du sol et enfouit les chaumes ; les larves d'insectes nuisibles, ainsi amenées au soleil, seront détruites. Cette opération culturale constitue encore le plus sûr moyen de lutte contre les plantes adventices ; les mauvaises herbes,

qui n'auront pas formé leurs graines, seront détruites avant
leur maturité ; les semences des plantes adventices qui ont
déjà fructifié, enfouies par ce déchaumage, pourront ainsi
germer, se développer et être détruites par un labour posté-
rieur.

Le déchaumage contribue également à retenir dans le sol

Fig. 19. — Labour dans les terrains d'alluvions.

la plus grande partie des pluies d'automne et d'hiver en vue
des récoltes ultérieures. Après la moisson, la surface du sol est
durcie par la sécheresse, par le passage des voitures ; les eaux
pluviales ne pourraient s'infiltrer dans un tel sol, s'évaporeraient ou s'écouleraient vers les fossés (fig. 19). Dans une terre
labourée, au contraire, l'eau pénètre aisément, et l'accroissement de l'espace lacunaire parmi la couche ameublie permet
une absorption d'eau plus considérable. Le gain en humidité,

dû au labour d'automne, a pu s'élever à 264 tonnes par hectare, représentant une hauteur d'eau pluviale de 26 millimètres (King).

Les labours de déchaumage peuvent servir encore à incorporer au sol un engrais actif et soluble ou la semence d'une *plante à développement rapide* (sarrasin, colza, moutarde), qui sera enfouie à l'automne comme engrais vert.

II. — Largeur du labour.

La bande de terre renversée par le versoir peut être d'une largeur variable, dont l'amplitude est déterminée par le cultivateur à l'aide du régulateur fixé au corps de la charrue.

D'après la largeur du labour, on distingue les labours *plats* et les labours *inclinés*. Dans le premier cas, par suite de sa grande largeur relativement à sa profondeur, la bande est couchée complètement sens dessus dessous dans la raie. Les bandes ne se touchent pas, et le gazon est complètement enfoui ; le champ tout entier ne présente aucune ondulation, aucune arête offrant quelque prise à l'action des herses. Ces procédés sont ordinairement réservés aux terres se desséchant facilement ou envahies par les mauvaises herbes.

Dans les cas des labours *inclinés*, le plus couramment effectués, chaque bande ayant une moindre largeur repose suivant un certain angle contre celle qui la précède.

La largeur des bandes est donc en relation directe avec l'inclinaison ; le labour est d'autant plus large que la bande est peu inclinée, et inversement (1).

On doit chercher à exposer à l'air la plus grande surface, et cette condition est réalisée théoriquement pour une inclinaison d'environ 45°. Pour la bonne aération du sol et la facilité des hersages, la largeur doit être comprise entre une fois et demie et deux fois la profondeur (inclinaison de 30° à 45°). Ces chiffres

---

(1) On établit facilement la formule $l = \dfrac{p}{\sin a}$, dans laquelle l représente la largeur, p la profondeur et a l'angle d'inclinaison des bandes.

ne servent d'ailleurs que comme indication générale ; d'autres
circonstances viennent modifier ces considérations, les difficultés du travail par exemple. C'est ainsi que, lorsqu'il s'agit
de labours profonds, à cause de la masse considérable de terre
entamée, on se contente de prendre une largeur de bande égale

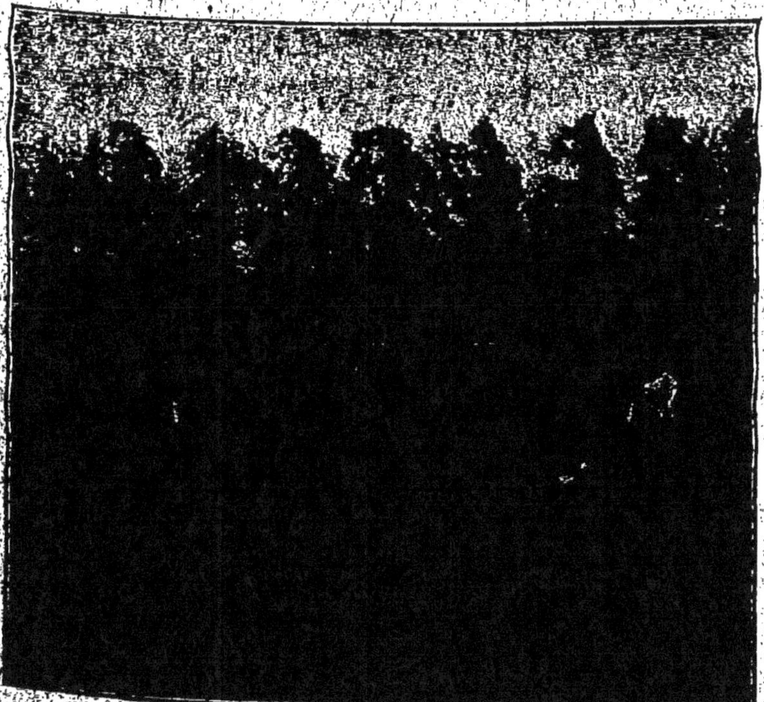

Fig. 20. — Labour en sol léger avec l'araire.

à une fois et quart la profondeur ; l'inclinaison est alors de
58° environ.

Pour les labours ordinaires, on prend une largeur égale à une
fois et demie ou deux fois la profondeur. Enfin, pour les labours
superficiels, le but étant d'opérer rapidement un ameublissement peu profond, la largeur correspond à trois ou quatre fois
la profondeur ; l'inclinaison, très faible, est alors comprise
entre 20° et 25°.

III. — Direction du labour.

Les raies sont en général dirigées dans le sens de la longueur du champ, afin de réduire le nombre des *tournées* qui occasionnent une perte de temps. Si le sol est imperméable et offre une pente modérée, il est avantageux de labourer suivant cette inclinaison pour faciliter l'écoulement des eaux.

Lorsque l'inclinaison augmente, le ravinement du sol par les pluies et l'entraînement des engrais solubles dans la partie inférieure du terrain sont accentués ; les attelages éprouvent, de plus, de grandes difficultés pour remonter la pente. En labourant perpendiculairement à la direction de l'inclinaison, le travail serait rendu facile lorsque la charrue verse la terre dans le sens de la pente ; mais, au retour, le versoir éprouverait une résistance considérable pour retourner la bande de terre vers la partie supérieure du terrain, contrairement aux lois de la pesanteur. La nécessité de verser la terre toujours vers les parties basses dégarnirait de terre la portion supérieure du champ et ne laisserait plus en place que le sous-sol. On choisit, pour éviter ces inconvénients, une direction intermédiaire en labourant obliquement et en renversant les bandes vers le bas quand l'attelage gravit la pente, pour les incliner vers le haut quand les animaux de trait descendent le versant. Le travail est ainsi rendu moins pénible et les eaux de pluie ravinent peu le terrain.

IV. — Forme des labours.

Selon le procédé suivi, le cultivateur peut effectuer des labours *en billons*, des labours en *planches* ou des labours à *plat.*

I. — **Labours en billons.** — Dans le labour en *billons*, le champ est divisé en planches étroites et bombées séparées par des rigoles d'écoulement ou *dérayures.*

On opère ainsi dans les contrées humides ou sur les sols argileux et compacts, les rigoles permettant l'écoulement des eaux surabondantes. Les lignes sont dirigées ordinairement du nord au sud ; les deux ailes du billon reçoivent ainsi une égale quantité de chaleur et de lumière. Les billons, augmentant artificiellement l'épaisseur du sol, sont utilisés sur les sols peu profonds.

Petits billons. — Les petits billons ont de 50 à 80 centimètres de large sur 15 et 30 centimètres de haut. La largeur des

Fig. 21. — Charrue à avant-train.

grands billons varie de 3 à 5 mètres, leur hauteur de 30 à 40 centimètres.

Voici comment on exécute les petits billons. Sur un terrain préalablement labouré et hersé, on dresse à l'aide d'une charrue des *ados* distants de 70 à 80 centimètres, et on laisse intact le terrain qui les sépare. Lorsque le champ a été ainsi labouré, les billons sont à moitié formés. On dételle les animaux pour les fixer à une charrue à avant-train à deux versoirs. On fait avancer l'attelage de manière que la charrue soit placée entre les deux premiers ados et que les animaux marchent dans les raies qu'on observe à droite et à gauche de la partie qu'il faut fendre. Le terrain est ainsi divisé en deux parties, que soulèvent et renversent les deux versoirs sur les demi-billons situés à droite et à gauche de la ligne qu'on suit. Arrivée à l'extrémité du champ, la charrue tourne à droite et fend la seconde planche en continuant ainsi jusqu'à l'autre bout de la pièce (Heuzé). Au premier rayage, elle a appliqué une bande de terre sur chacun des deux premiers ados, qui sont ainsi formés de trois bandes de terre. Au second rayage, elle a aussi renversé deux bandes de terre ; celle de droite complète le dernier billon ; celle de gauche, en s'appuyant sur le troisième ados, forme les trois quarts du troisième billon. Au troisième tour, la bande de gauche complète ce dernier ados et forme avec le quatrième ados les trois quarts du quatrième billon, et ainsi de suite (fig. 22).

Quand les trois opérations successives ont été ainsi exécutées, on constate que les trois premiers ados formés de deux bandes sont limités chacun, à droite et à gauche, par deux bandes de terre, et qu'ils ont bien la forme de demi-cylindres un peu aplatis ou de petits billons séparés par des sillons. Si l'on herse ces billons et leur surface un peu irrégulière avec une herse, on obtient alors des ados très réguliers. Ces billons ont 80 centimètres de largeur à leur base, ou 80 de milieu en milieu, sur une hauteur de 25 environ ; chaque bande de terre est donc supposée avoir en moyenne 20 centimètres de largeur.

Quand toute la pièce a été ainsi labourée, on recommence l'opération sur les deux *chaintres* ou *forières* situées aux extrémités du rayage. Les trois ou quatre billons qu'on y forme sont dirigés en sens contraire des ados du centre de la pièce.

On a voulu souvent labourer des champs en petits billons en se servant d'une araire ou charrue sans avant-train. Cette manière d'opérer laisse toujours à désirer ; elle permet bien rarement de faire des ados aussi droits et surtout aussi réguliers que ceux qu'on obtient en se servant d'une charrue avec avant-train à un seul versoir, et ensuite d'une charrue munie aussi d'un avant-train, mais ayant deux versoirs fixes ou mobiles.

Larges billons. — Les billons larges présentent moins de

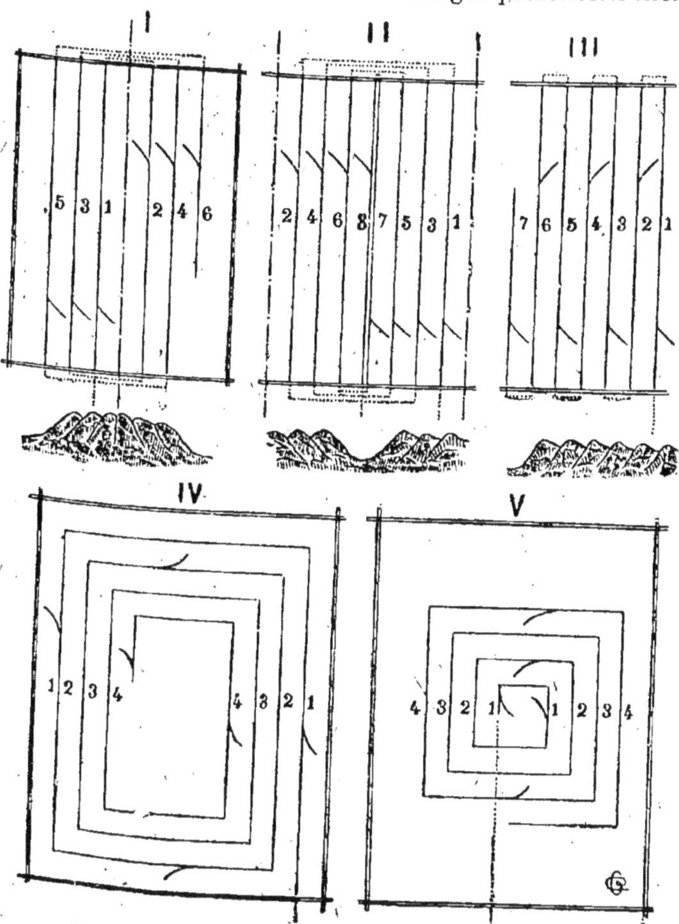

Fig. 22. — Formes des labours (G. Coupan).
I, labour en planches, en adossant ; II, labour en planches, en refendant ;
III, labour à plat ;
IV et V, labours à la Fellenberg.

difficultés dans leur exécution que les petits billons. Ils n'obligent pas à avoir deux charrues différentes et à faire des tournées aussi nombreuses et aussi courtes.

Voici comment on les exécute. On mesure sur le champ, et à partir de l'une de ses extrémités, une distance égale à la moitié de la largeur que les planches doivent avoir. S'il est question de faire des planches ayant une largeur de 4 mètres, on devra exécuter la première enrayure à 2 mètres du bord de la pièce, les suivantes seront toutes éloignées les unes des autres de 4 mètres, à partir de la première enrayure.

Lorsque la première enrayure a été faite, la charrue tourne à droite et fait un ados ; elle constitue son travail en labourant *en adossant*, c'est-à-dire en tournant continuellement autour de l'enrayure. Quand elle a labouré une largeur totale de 4 mètres, elle cesse de travailler et se porte sur le milieu de la deuxième planche, où elle a exécuté un second ados. Aussitôt qu'elle a labouré 2 mètres de largeur, à droite et à gauche de cette deuxième enrayure, elle travaille sur le milieu de la troisième planche et continue son labour.

Un champ ainsi labouré présente des planches de 4 mètres de largeur, très légèrement convexes à leur partie médiane, et séparées les unes des autres par des dérayures ordinaires (1).

Pour obtenir des planches réellement bombées ou de larges billons, il faut suivre une technique analogue.

En exécutant des ados sur les lignes médianes, on élève de nouveau le milieu des planches, on abaisse les côtés en creusant les dérayures.

Il s'agit de travaux assez difficiles à exécuter par l'adresse qu'ils exigent, surtout depuis que la crise de la main-d'œuvre agricole a fait disparaître en partie le personnel si précieux et adroit des bons laboureurs. La généralisation des labours à plat restreint, d'ailleurs, l'intérêt de ces descriptions. Le second et surtout le troisième labour obligent le charretier à examiner continuellement le renversement des bandes de terre. Il arrive souvent, quand le bombement des planches est prononcé, qu'il est utile de soutenir les bandes de terre, à l'aide du pied droit, pour qu'elles ne retombent pas dans la raie. Il est très important de détacher des bandes de terre

(1) Ces descriptions sont évidemment longues et prolixes. La moindre démonstration expérimentale fixera plus aisément les idées du lecteur.

de largeur très régulière. Le laboureur qui oublie cette règle obtient très souvent des planches dont les ailes présentent de nombreuses irrégularités, qui nuisent à l'avenir des récoltes, parce que les creux qu'elles offrent retiennent l'eau pendant la saison des pluies.

Défauts du labour en billons. — Le labour en billons

Fig. 23.— Labour en sol sableux.
L'âge en bois, l'unique mancheron de bois révèlent la simplicité
de ce type primitif de charrue.

offre des inconvénients sérieux : la partie médiane du billon présente une épaisseur plus grande de terre arable au détriment des surfaces latérales, qui sont ainsi dégarnies ou couvertes de plantes peu développées ; la récolte est souvent inégale.

Les ailes du billon souffrent plus de la sécheresse ou de l'humidité. La configuration naturelle du terrain empêche aussi parfois d'orienter les raies du nord au sud : il en résulte une nouvelle cause d'inégalité de développement des plantes qui s'accentue d'autant plus que la direction générale se rapproche de la ligne est-ouest.

Les semences et les engrais tendent à s'accumuler dans les dérayures ; cette disposition du sol empêche l'action efficace des hersages et des roulages. Il est impossible de se servir, sur ces terrains, des instruments perfectionnés de culture ; le fauchage, le javelage, le fanage sont également entravés ; une certaine portion du sol est en outre inutilisée.

Ces multiples inconvénients pourraient disparaître devant la nécessité d'égoutter rapidement le sol ; mais nous avons vu qu'il était impraticable de diriger les raies suivant la pente du terrain ; il est même souvent indispensable de tracer des raies spéciales d'écoulement pour les eaux.

Le billonnage s'oppose à la vulgarisation des méthodes de culture intensive : il est préférable d'assainir le terrain et d'effectuer des labours à plat.

Binotage. — Le binotage est un labour en billons très étroits ; cette disposition du sol n'est que temporaire et disparaît lors de l'exécution des labours de semailles. Le but de cette opération est d'assurer plus parfaitement l'assainissement du sol, son ameublissement, son aération et la destruction des plantes adventices. On l'effectue à l'aide du *binot*, sorte de charrue à deux versoirs symétriques.

Il existe deux sortes de binotages : l'un à *raies étroites* et rapprochées, l'autre à *raies larges*. Le premier sert surtout à détruire les mauvaises herbes, le chiendent notamment ; le second s'emploie pour favoriser l'évaporation de l'eau, ameublir le sol au printemps et permettre des semailles hâtives.

On peut effectuer un second binotage sur le premier, en travers ou dans le même sens, lorsque les premières raies sont effacées.

L'influence favorable exercée par le binotage peut s'expliquer ainsi : le relief du champ présente des arêtes très rapprochées, et l'augmentation de la surface ainsi offerte à l'air favorise l'évaporation. Les semences des mauvaises herbes, recouvertes par les crêtes des billons qui s'écroulent, germent et peuvent être détruites ensuite par le labour ordinaire qui suivra.

II. — Labour en planches. — Ce labour consiste à diviser le terrain en compartiments ou planches d'une longueur moyenne, séparés par des rigoles ou dérayures.

La largeur des planches varie, d'après les coutumes locales, entre 5 et 30 mètres environ, les plus étroites étant réservées aux sols peu perméables.

Nous n'insisterons pas sur les détails de leur exécution, les

Fig. 24. — Versoir d'une charrue à avant-train.

pratiques suivies se basant sur des opérations analogues à celles du billonnage.

Cette division du terrain a également pour but de permettre aux terres fraîches de s'égoutter facilement. Les labours en planches offrent les inconvénients, à un degré moindre cependant, des labours en billons.

La marche des instruments perfectionnés est rendue malaisée, et il est souvent nécessaire de parfaire l'assainissement du sol en traçant à la charrue des rigoles suivant la direction des pentes naturelles.

III. — Labours à plat. — Lorsque les bandes de terre sont toutes versées du même côté de l'horizon, le champ présente une surface régulière et uniforme, sans rigoles d'écoulement; le labour est alors dit « *à plat* ».

L'exécution de ce travail exige une charrue qui verse tantôt à droite, tantôt à gauche, et la plupart du temps la charrue brabant double est utilisée à cet usage. Deux corps de charrue sont montés symétriquement sur le même âge. A l'extrémité de la raie on abaisse le corps supérieur, la charrue fait demi-tour, marche en sens inverse, et la terre est de nouveau renversée dans la même direction (fig. 25, 26).

On peut se servir également de charrues tourne-oreille, tourne-sous-sep, etc. Avec une araire ordinaire, il faudrait revenir à vide chaque fois à l'extrémité du champ, ou exécuter le labour très particulier, en spirale, appelé « labour à la Fellenberg ». Aux États-Unis on emploie également des charrues à siège pourvues de deux corps montés sur des âges distincts. On baisse un des corps en déterrant l'autre à l'extrémité de la raie.

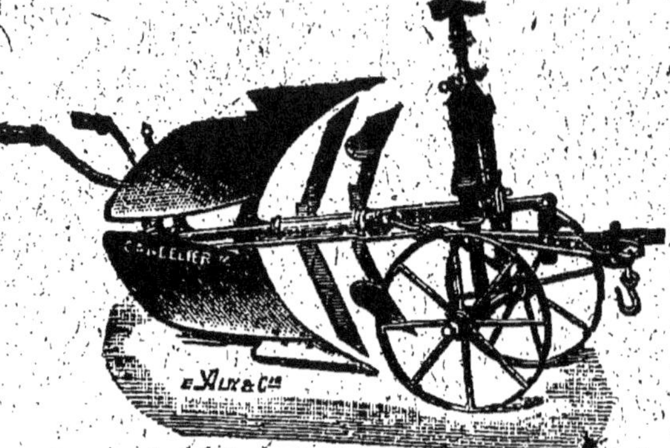

Fig. 25. — Brabant double à âge fixe.

Les *charrues-balance ou bascule* qui labourent à plat sont formées, nous l'avons vu, de charrues multiples réunies non plus l'une au-dessus de l'autre, mais par les extrémités antérieures de leurs âges. Les modèles de charrues-balance à socs multiples sont très employés pour la culture mécanique du sol.

Le labour à plat supprime les larges tournées et les pertes de temps qu'elles entraînent; il évite l'établissement de dérayures qui demandent un habile ouvrier.

Aucune portion du terrain n'est perdue ; l'horizontalité parfaite du sol permet l'exécution facile des travaux ultérieurs, le fonctionnement aisé des instruments perfectionnés, du semoir en lignes, de la moissonneuse-lieuse et assure aux plantes des conditions de végétation égales et uniformes.

Dans les cas où il est nécessaire d'aider l'égouttement des eaux, les labours à plat facilitent l'exécution des rigoles d'assainissement et en assurent le maintien en bon état.

Le labour à plat caractérise les cultures intensives et doit

Fig. 26. — **Brabant double à deux raies.**

être partout appliqué, même sur les terrains humides, assainis au préalable par le drainage.

V. — Époque des labours.

Généralités. — Le choix de l'époque des labours est d'une importance capitale. Ces travaux effectués dans des conditions défavorables *gâtent* la terre, suivant l'expression des praticiens, et ces mauvaises conditions peuvent exercer pendant plusieurs années une influence défavorable.

Il faut choisir, pour labourer, le moment où l'état d'humidité permet au sol de n'être ni trop sec ni trop humide. La terre suffisamment *ressuyée* livre un passage facile à la charrue et assure cependant le maintien d'une certaine fraîcheur ; dans cet état, on dit que la terre est *assaisonnée*. Ces conditions se réalisent à des époques de l'année différentes suivant la nature des terrains (1) et les conditions météorologiques (2).

Les sols sableux peuvent être labourés à peu près toute l'année ; il faut simplement éviter de les travailler pendant les gelées, immédiatement après la pluie, ou lorsque la surface est couverte de neige. Leur perméabilité permet de les travailler tardivement à l'automne ou hâtivement au printemps.

Les terres fortes ne peuvent être labourées ni par les temps pluvieux, qui transforment les argiles en boues liantes et collantes, ni pendant les sécheresses, qui durcissent le sol et empêchent la pénétration des instruments. Il y a là un ensemble de conditions à réaliser qui limite étroitement les délais pendant lesquels ces terres peuvent être utilement travaillées et rend la culture de pareils sols difficile et délicate.

En automne, ces terres fortes deviennent rapidement trop humides pour être labourées, et au printemps il faut attendre qu'elles soient suffisamment ressuyées. Pendant la belle saison, un labour effectué sous la pluie forme des bandes lisses que le soleil durcit ensuite et rend inattaquables à la herse.

Labours d'automne. — En principe, il faut commencer les labours de la saison d'hiver par les argiles, finir par les terres légères et observer au printemps un ordre inverse.

Nous avons déjà parlé des excellents résultats obtenus

(1) On peut se rendre compte de l'assaisonnement de la terre dans chaque cas particulier de la façon suivante : on enfonce une bêche dans le sol ; si la pénétration ne peut avoir lieu sans l'aide du pied, la terre est trop dure ; si la terre colle à l'instrument, l'humidité est encore excessive. Pour les sols glaiseux, l'époque est encore mal choisie si la motte lancée contre le sol s'aplatit au lieu de s'émietter.

(2) L'état atmosphérique le plus convenable pour maintenir la terre dans cet état favorable est celui où la puissance d'évaporation de l'air est au plus double de la hauteur de pluie tombée. Quand l'évaporation atteint quatre fois la hauteur de pluie, le sol devient trop sec pour être labouré. Les moyennes météorologiques mensuelles peuvent donc être utilement consultées (Garola).

grâce aux labours profonds d'automne dans les terres fortes. Ces travaux sont également recommandables pour les sols légers, qui gardent leur fraîcheur tout en augmentant leurs réserves nutritives par les éléments fertilisants puisés à l'air ou aux eaux qui les traversent.

Labours de printemps. — Les labours de printemps exercent une action favorable sur le maintien de l'humidité des

Fig. 27. — Labour de printemps.

terres, ils aident à retenir dans le sol les eaux des pluies hivernales. L'ameublissement des couches superficielles produit par les labours de printemps permet d'atteindre ce double but : retenir l'humidité dans le sous-sol pendant les périodes de sécheresse, permettre à la terre superficielle de se dessécher graduellement et de se prêter ainsi aux travaux aratoires.

Les pluies battantes de l'hiver ont, en effet, détruit l'état d'ameublissement résultant des labours d'automne ; les particules du sol ainsi rapprochées constituent de fins tuyaux capillaires par où l'eau du sous-sol monte aux couches supérieures pour être évaporée sous l'action du soleil et du vent.

Le labour vient rompre ces canaux capillaires et empêcher cette ascension continue des réserves d'eau du sous-sol. La continuité de la pellicule d'eau qui mettait ainsi en relation le sous-sol et le sol se trouve rompue ; l'eau ne peut plus s'élever, grâce à sa tension superficielle, que jusqu'au point où la rupture s'est produite, c'est-à-dire à la hauteur à laquelle les instruments aratoires sont parvenus, niveau qu'atteindront aisément les racines des plantes cultivées.

Le tableau suivant montre dans quelle proportion un labour de printemps peut maintenir l'humidité du sol pendant une période de sécheresse (Hall) :

	Proportion centésimale d'eau.	
	Terre labourée à l'automne et au printemps.	Terre labourée à l'automne seulement.
De 0 à 30 centimètres.	7,6	7,2
De 30 à 60 —	6,9	6,2

En même temps que l'eau du sous-sol se trouve ainsi isolée et mise en réserve, les couches supérieures subissent une dessiccation relative, qui permet ainsi leur travail par les herses, scarificateurs, etc. Au contraire, par suite de leur contact continu avec les eaux ascensionnelles, les terres constitueraient des masses humides ou durcies par le soleil, impossibles à rompre par les instruments aratoires.

Les labours de printemps ne seront désavantageux que dans le cas des sables fins, qui, ainsi ameublis, se tasseraient sous l'action des pluies violentes et durciraient ensuite par dessiccation.

VI. — Nombre des labours.

Un seul labour est très rarement suffisant pour préparer le sol. On fait suivre le labour d'automne d'un labour de printemps ou d'été ; le temps disponible et les conditions météorologiques règlent d'ailleurs la suite et le nombre des labours.

En principe, les terres argileuses exigent un nombre de

façons plus considérable que les sols légers naturellement meubles.

Un labour profond d'hiver, un labour léger au printemps suivi d'un hersage donnent parfois au sol une préparation suffisante pour l'ensemencement. Cependant, si la terre est envahie par les mauvaises herbes, il ne faut pas hésiter à multiplier les façons aratoires de façon à nettoyer complètement le sol.

La nature de la plante à ensemencer donne également d'utiles indications sur la nécessité des labours nombreux. Il est parfois nécessaire d'avoir un sol parfaitement ameubli (pomme de terre, betterave, tabac, orge, maïs, etc.), tandis que certaines cultures demandent un sol peu soulevé et rassis (froment d'hiver).

La profondeur des labours doit se classer suivant leur ordre d'exécution, les premières opérations étant les plus profondes. La terre de diverses couches est ainsi travaillée et ameublie graduellement : un nouveau labour doit toujours être donné dans une direction perpendiculaire au précédent, ou obliquement lorsque la pente s'y oppose. On herse souvent le sol entre deux labours afin de mieux diviser la terre et détruire les mauvaises herbes en exposant leurs racines au soleil.

Le praticien détermine ainsi la germination des graines des plantes adventices, qui seront détruites par le second labour. Ces hersages entre les labours consécutifs sont indispensables sur une terre forte dont les bandes, sous l'influence des rayons solaires, se durcissent souvent sans s'émietter.

VII. — Labours spéciaux.

Pour compléter cette énumération des divers labours, nous devons noter le labourage des plantations arbustives. Les vignobles, pépinières, etc., pour les *rechaussements, déchaussements*, utilisent la *charrue vigneronne* qui, par un dispositif spécial, permet de faire passer le versoir près de la ligne des arbres, l'attelage restant éloigné de ces arbres. Les mancherons, mobiles, peuvent être obliqués du côté du versoir pour le déchaussement ou du côté des étançons pour le rechaussement (fig. 29).

Les labours de buttage s'effectuent avec des *buttoirs*, machines symétriques à deux versoirs raccordés. Les deux versoirs, à écartement variable, rejettent la terre à droite et à gauche (fig. 28).

Citons enfin les charrues destinées aux travaux spéciaux : établissement de rigoles (*charrues rigoleuses*), déboisement, exécution des fosses (*charrues fossoyeuses*), les *charrues draineuses*, les *charrues sulfureuses*, etc.

Charrues multiples. — Lorsqu'on veut effectuer rapidement les labours, on utilise les *charrues multiples* formées d'un certain nombre de corps identiques réunis sur un même bâti.

Fig. 28. — Buttoir.

Il existe des charrues multiples ou *polysocs* pour les différents types de labours, labours en planches, labours à plat. Dans ce dernier cas on se sert de *brabants doubles* ou des *charrues multiples à retournement* ou des *charrues multiples du type balance* que nous avons déjà examiné et que nous retrouverons à la culture mécanique du sol (fig. 30).

Charrues à disques. — Nous terminons par quelques renseignements pratiques sur les charrues à disques qui semblent se répandre dans nos colonies et en France.

Avec les charrues à disques, la profondeur du labour est, au maximum, égale au rayon du disque diminué de 7 à 10 centimètres. Ces instruments labourent bien, sans bourrage, les sols recouverts de fumier ou d'herbes. A leurs débuts, les charrues à disques ont été surtout utilisées au sud des États-Unis pour le défrichement des prairies.

La traction des charrues à disques, cependant plus lourdes et surchargées par le conducteur, est comparable à celle des charrues ordinaires, à support ou à avant-train (par décimètre carré de section transversale du labour, environ 45 kilogrammètres (en terre légère, 66 kilogrammètres en terre très forte) Il existe des modèles à un ou à plusieurs disques, ouvrant un nombre correspondant de raies; la profondeur se règle à volonté au moyen du levier de terrage (fig. 31).

Ces charrues fonctionnent bien pour les déchaumages en terres fortes et sèches, alors que les attelages ont beaucoup de peine à faire pénétrer une charrue ordinaire.

On a pu obtenir une économie d'effort de 18 p. 100, réalisée

Fig. 29. — Charrue vigneronne.

au profit de l'attelage par la charrue-disque (T. Ballu). Une seconde série d'essais a donné les résultats suivants: 165 kilogrammes avec le conducteur sur le siège, 135 kilogrammes le conducteur marchant à côté de la charrue, soit une nouvelle économie d'effort de 15 p. 100 correspondant dans ce cas à une diminution de profondeur de labour de quelques centimètres (Deligny).

DIFFLOTH. — *Labours et Assolements.* 4

Toutefois ces chiffres ne sauraient être considérés comme absolus ; ils sont appelés à varier suivant les terrains et les profondeurs de labour. D'ailleurs les deux types de charrues ne travaillent pas toujours de la même façon. Dans les places durcies, là où le brabant se soulève, la charrue-disque, grâce à la charge fournie par le poids du charretier sur le siège, travaille mieux que le brabant. Dans les passages très meubles, lorsque le charretier du brabant est obligé d'arrêter son attelage

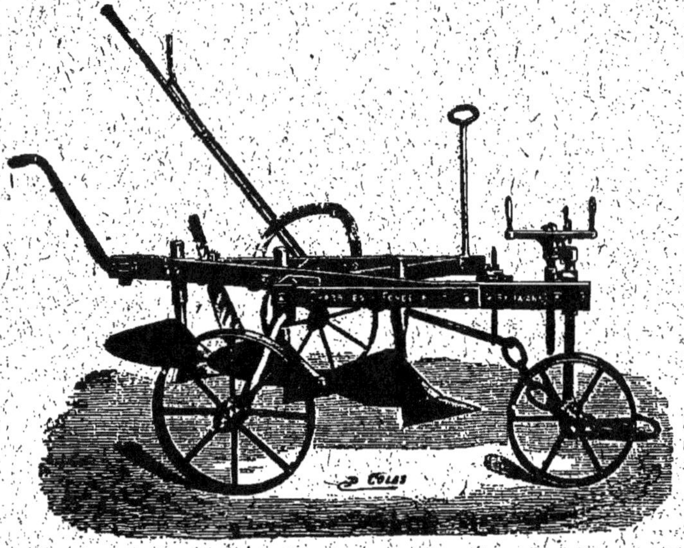

Fig. 30. — Charrue multiple.

pour remonter la vis de terrage afin de conserver la même profondeur de labour, le charretier de la charrue-disque n'a qu'à descendre de son siège pour obtenir une pénétration moins grande.

Le réglage en largeur et en profondeur est parfois plus aisé avec la charrue-disque. Le charretier peut en modifier, à sa guise, au moyen de deux simples leviers, la pénétration et la largeur de raie, sans descendre et sans arrêter ses chevaux.

La charrue-disque mord mieux le sol durci que le brabant qui, dans ce cas, tend généralement à se soulever. Dans les terrains collants, sur les champs recouverts de fumier ou de mauvaises herbes, là où le brabant avance difficilement parce que la bande de terre ne peut glisser sur le versoir, la charrue-disque passe et fait le travail demandé avec moins d'efforts. Le retournement de la raie s'effectue en effet complètement par la simple rotation du disque qui accompagne la bande de terre collante dans son mouvement ascendant et giratoire jusqu'au moment où la pesanteur l'oblige, avec l'aide de la raclette, à retomber dans la raie ouverte.

Dans les terres cailloûteuses et pierreuses, par contre, la

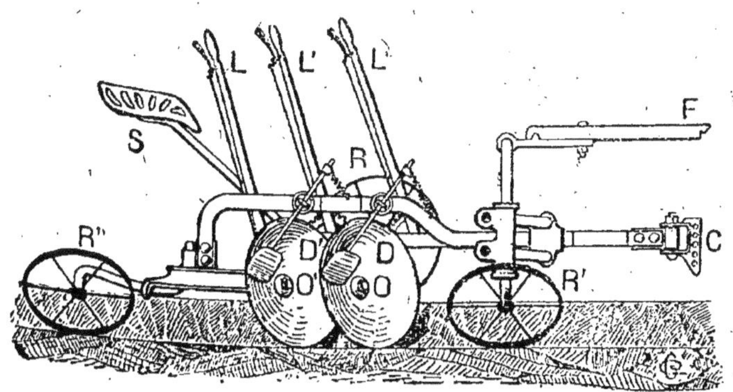

Fig. 31. — Disposition schématique d'une charrue à disques (G. Coupan).

charrue-disque paraît peu pratique, à cause de l'ébrèchement de la périphérie du disque.

La vitesse de travail est plus grande avec la charrue-disque; le charretier assis sur un siège ne se fatigue pas et ne ralentit pas la marche des chevaux. Il n'y a plus aucun effort à demander au conducteur au bout de la raie, le soc circulaire est toujours déblayé de la terre, grâce à sa raclette.

La terre est mieux pulvérisée, plus ameublie par la charrue-disque que par le versoir. Mais les charrues à un ou plusieurs disques sont appelées à rendre des services plus assurés pour les travaux de déchaumage que pour les labours profonds.

Il faut enfin évaluer les difficultés et les frais indispensables pour raffiler ou changer complètement le disque usé.

La charrue à un seul disque pèse 330 kilogrammes, à deux disques 405 kilogrammes ; à trois disques 485 kilogrammes, et à quatre disques 545 kilogrammes environ.

Les charrues à disques pourront être judicieusement utilisées dans le Midi français, en Algérie et en Tunisie. En Algérie, où des essais intéressants ont été tentés, une charrue à disques nécessitant 14 bœufs (parfois 12), 1 laboureur et 2 toucheurs, fait parfois le travail de 2 brabants demandant ensemble 28 bœufs, 2 laboureurs et 2 conducteurs.

IV. — LES QUASI-LABOURS.

Généralités. — On appelle ainsi les façons aratoires qui n'entament que la couche superficielle du sol et déterminent un léger ameublissement des terres.

La destruction des mauvaises herbes, l'enfouissement des semences ou des engrais pulvérulents peuvent être également assurés par ces opérations (fig. 35).

Ces travaux du sol se placent comme intensité entre les labours et les hersages. Ils jouent un rôle utile pour mettre rapidement une terre en état, briser les mottes produites par un labour précédent ou maintenir la fraîcheur d'un sol nu.

Le déchaumage est à proprement parler un quasi-labour. Par ces opérations culturales, on peut encore ramener à la surface les racines traçantes des mauvaises herbes (chiendent, avoine à chapelet, agrostis, etc.), et remplacer économiquement les seconds labours dans les sols légers ou après une culture de plantes sarclées.

Le blé d'hiver n'aime pas les terres soulevées, *creuses* ; les quasi-labours, qui remuent le sol moins profondément, placeront la semence dans de meilleures conditions. On pourra, par ces façons, détruire les plantes envahissantes dans les prairies artificielles ou déterminer la disparition de la mousse dans les prés humides.

I. — Scarificateurs. — Extirpateurs.

Les quasi-labours s'effectuent avec les scarificateurs (fig. 33, 34), les extirpateurs, les cultivateurs, les charrues polysocs, les pulvériseurs à disques, etc.

Les scarificateurs, les extirpateurs, les cultivateurs se composent en principe d'un bâti soutenu par des roues porteuses; les pièces travaillantes seules diffèrent : lames recourbées et

Fig. 32. — Déchaumage avec un extirpateur après une récolte de céréales.

aiguës tranchant le sol verticalement dans le cas des scarificateurs ; pièces métalliques horizontales à bords coupants travaillant entre deux terres, dans le cas des extirpateurs ; lames de ressort dans le cas des cultivateurs.

Les pièces travaillantes sont donc, dans les scarificateurs, *longues et étroites* pour ouvrir dans le sol des sillons assez profonds mais de faible largeur (fig. 36, I) ; *moins longues, plus larges* et *bombées* et le plus souvent flexibles de façon à déplacer, latéralement la terre dans le cas des cultivateurs (fig. 36, II);

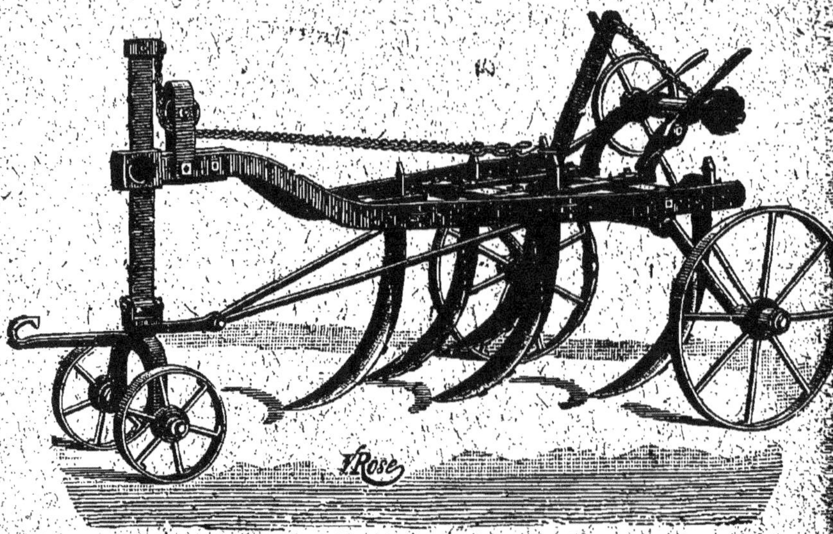

Fig. 33. — Scarificateur.

très larges, plates, à bords tranchants pour couper les racines en dessous de la surface du sol, tout en écroûtant et en divisant

Fig. 34. — Scarificateur à dents flexibles dit piocheur-vibrateur.

la terre à une moindre profondeur, dans les extirpateurs (fig. 36, III).

En pratique, évidemment ces distinctions perdent de leur

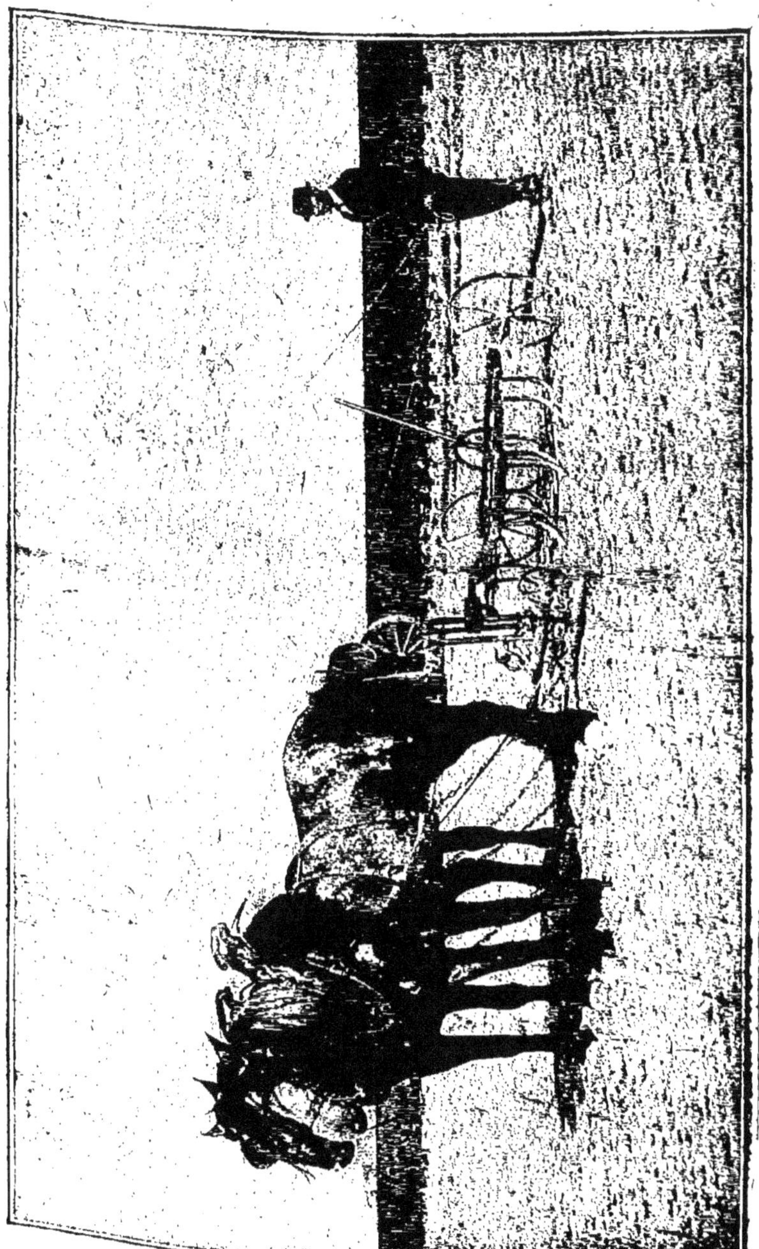

Fig. 35. — Quasi-labour avec scarificateur.

netteté et certains instruments se cassent indifféremment dans l'une ou l'autre catégorie. Il existe même des scarificateurs à dents flexibles dits *piocheurs-vibrateurs*.

Le scarifiage est un labour léger qui peut, au printemps, suffire à rafraîchir un labour moyen, donné antérieurement. Grâce au grand nombre des pièces travaillantes, l'opération s'effectue rapidement et économiquement.

L'extirpateur, tout en remplissant ces mêmes fonctions, est plus spécialement destiné à couper les racines des plantes

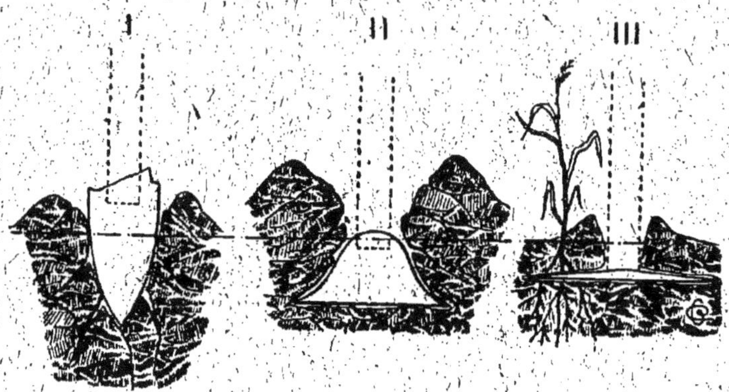

Fig. 36. — Formes caractéristiques des pièces de machines pour quasi-labours.

adventices et à les extraire du sol. Le cultivateur, par ses lames métalliques courbées en ressort, ameublit le sol et pulvérise les mottes de terre.

Ces quasi-labours viennent compléter la préparation du sol, et préparer son ameublissement. Par ces opérations la terre n'est pas retournée, mais simplement ameublie sur place.

II. — Cultivateurs.

Les machines à dents flexibles ou cultivateurs prirent naissance aux États-Unis vers 1890 (1). Ces instruments sont parfois à cadres indépendants, les dents étant réunies par groupes de trois, quatre ou cinq sur des cadres parallèles

(1) Voy. Coupan, Machines de culture.

montés en tilbury ou en tricycle (fig. 37). Les cadres, articulés en avant sur une traverse, sont, en travail, indépendants les uns des autres, les pièces travaillantes suivent ainsi parfaitement les ondulations du terrain.

On peut, de plus, pour les travaux énergiques, exercer une pression sur les cadres à l'aide de ressorts à boudin à pression

Fig. 37. — Cultivateur à dents flexibles monté en tricycle.

réglable. Le conducteur sur le siège, à l'aide d'un levier, règle l'entrure et détermine le déterrage.

Dans certains cultivateurs on modifie à l'aide de leviers non seulement la pression des dents sur le sol, mais encore l'angle sous lequel les dents attaquent le terrain.

III. — Diviseurs.

Les diviseurs comprennent un bâti triangulaire porté par quatre roues et terminé à l'arrière par des traverses supportant des dents à section carrée, à pointe recourbée en avant (fig. 38).

On obtient, par la pénétration de ces dents dans les sols tenaces, un travail intermédiaire entre celui du scarificateur et celui de la herse.

Ces appareils sont surtout utiles pour l'entretien des prairies.

On sait qu'un herbage, une prairie constituent une association dense et touffue de graminées, de légumineuses, de plantes diverses, dont les racines s'enchevêtrent et forment un tissu impénétrable à l'air, à la chaleur.

La nitrification et tous les phénomènes chimiques, biologiques, se trouvent ralentis ou annihilés.

Le diviseur réalise une aération nouvelle, un ameublissement

Fig. 38 — Diviseur.

profond qui exerce l'influence la plus salulaire sur le maintien et l'amélioration des prairies et des herbages.

IV. — Avantages des quasi-labours.

Les scarificateurs sont d'un usage courant lorsqu'il s'agit de parfaire ou de rafraîchir l'ameublissement d'une terre ayant déjà reçu de véritables labours. L'opération qu'on exécute dans ce cas est plus économique qu'une nouvelle façon à la charrue et plus efficace qu'un hersage. Cette économie de temps et de force se retrouve dans l'application du scarificateur au déchaumage.

Si la rapidité d'exécution est moins appréciable par ce fait qu'il convient presque toujours de donner un soup de scarificateur en long et en un autre en travers, on constate néanmoins un avantage très sérieux relativement à la diminution de l'effort, particulièrement appréciable lorsqu'au lieu d'outils à dents rigides, on fait usage de *cultivateurs à dents flexibles.* Dans ce dernier cas, la dépense de traction s'abaisse à moins de 33 à 34 kilogrammètres par décimètre carré de terre travaillée dans un sol silico-argileux (essais de M. Ringelmann au Plessis), alors qu'elle est de 45 à 46 kilogrammètres avec une charrue à deux raies, opérant dans une terre identique.

Fig. 39. — Charrue polysoc effectuant un déchaumage.

Les scarificateurs, et plus particulièrement les instruments à dents à ressorts, se substituent souvent aux charrues multiples (fig. 39) pour l'exécution du déchaumage.

Cependant, dans un domaine, il y a place pour les deux types d'instruments. S'il s'agit de faciliter l'imbibition rapide de terres argileuses, très tenaces, difficilement pénétrées par l'eau, avantage très précieux pour l'exécution des labours suivants, il convient d'utiliser les charrues légères ordinaires ou multiples, surtout si le sol est peu près exempt de mauvaises herbes. Le travail qu'elles effectuent est plus parfait, la trituration du sol a lieu sur une plus grande profondeur.

Si, au contraire, l'agriculteur se trouve en présence d'une terre envahie par une végétation adventice abondante, on accordera la préférence aux scarificateurs, ou mieux aux extirpateurs, dont les dents plus larges arrachent les plantes nuisibles, en même temps qu'elles placent leurs semences dans d'excellentes conditions de germination. L'ameublissement du sol sera réalisé sur une moindre profondeur, son imbibition sera plus lente, on consentira un sacrifice de ce côté pour débarrasser les cultures d'une végétation envahissante (M. Donon).

Lorsqu'il s'agit d'une terre durcie par une longue période de sécheresse et devenue impénétrable aux charrues ordinaires, on peut encore faire usage du scarificateur et exécuter, avant les premières pluies d'automne, une légère façon de déchaumage.

Si l'agriculteur n'est pas pressé par le temps, s'il dispose en outre d'attelages suffisants, il peut procéder au déchaumage à l'aide de charrues. Au contraire, désire-t-il opérer vite et économiquement, il se servira alors de scarificateurs, surtout lorsque le domaine ne comprend que des terres légères faciles à travailler.

Les scarificateurs à dents flexibles sont des instruments très recommandables. Malgré leur faiblesse apparente, les dents flexibles produisent un travail très énergique.

Grâce à leurs vibrations continuelles, elles piochent vigoureusement la partie supérieure du sol et produisent une suite ininterrompue d'oscillations déterminées par l'arrêt momentané, à des intervalles variables, devant un obstacle, pierre, motte de terre. Ces légers obstacles cèdent sous la poussée du ressort qui se détend alors brusquement en avant et pénètre à nouveau quelques centimètres plus loin, dans le sol qu'il triture sans relâche.

Le bourrage de l'appareil est réduit, par la souplesse des dents qui se dégagent aisément des herbes. Ces pièces flexibles se faussent moins fréquemment que les dents rigides. Le traction exigée par le scarificateur pourvu de dents à ressorts est plus faible : 33 à 50 kilogrammètres par décimètre carré de terre travaillée, au lieu de 62 à 68 kilogrammètres exigés par le scarificateur à dents rigides (Ringelmann).

Pour les instruments à supports ou étançons rigides, le

Fig. 40. — Charrue à âge en col de cygne.
Cette charrue, légère, maniable, sert à effectuer des labours légers.

meilleur mode de fixation des dents consiste à utiliser un boulon métallique et une cheville de bois, qui cède devant un obstacle sérieux, et laisse basculer la partie travaillante autour du boulon, sans qu'il en résulte aucun dommage pour l'appareil.

Appareils divers. — Nous avons déjà montré comme la distinction des *scarificateurs, cultivateurs, extirpateurs* devient difficile. L'invention de nouveaux instruments destinés à la trituration superficielle du sol rend moins aisée la classification de ces appareils. Il existe des pièces travaillantes pouvant être considérées comme dents de *scarificateurs*, lames de *cultivateurs* ou socs d'*extirpateurs*.

Les noms donnés par les constructeurs sont d'ailleurs extrêmement variés : *batailleurs*, *griffons*, *piocheurs-vibrateurs*, *cultivateurs à dents à ressorts*, etc.

Il convient toutefois de signaler une tendance à la fabrication d'instruments se rapprochant du type *cultivateur*, dont les dents intermédiaires peuvent permettre à la fois un travail de scarificateur et d'extirpateur. Cette catégorie d'outils montés avec pièces flexibles paraît excellente pour l'exécution des déchaumages.

Résidus des récoltes. — Le déchaumage, les labours, les quasi-labours enfouissent dans le sol les résidus laissés par les récoltes.

Cette source de fertilité présente une importance appréciable. Les racines des plantes, les feuilles, les tiges abandonnées après la récolte, les débris divers qui se détachent durant le cours de la végétation constituent un stock de matières fertilisantes auquel viennent s'ajouter les déchets laissés sur place : feuilles et collets de betteraves, fanes de pommes de terre, chaumes de céréales, tiges de tabac, etc.

Les résidus des récoltes prennent une valeur particulière, lorsqu'il s'agit de défricher des prairies naturelles ou artificielles qui, d'année en année, se sont enrichies d'humus.

Racines. — Le développement radiculaire varie avec les espèces cultivées. Une luzerne de cinq ans laisse, dans les meilleures conditions, 37 000 kilogrammes de racines à l'hectare (de Gasparin), représentant 300 kilogrammes d'azote environ, soit 50 000 kilogrammes de fumier de ferme.

Joulie, déterminant la proportion de racines renfermées dans les sols de prairies sur une épaisseur de 20 centimètres, a été conduit aux estimations suivantes :

	Vieil herbage de Normandie.	Vieille prairie fauchée du Rhône.
	kilogr.	kilogr.
Racines sèches par hectare.	47 144	145 000
Contenant :		
Azote..	482	1 782
Acide phosphorique..	86	428
Potasse..	136	645
Chaux..	428	1 366
M gnésie..	29	534

Ces résidus végétaux représentent des quantités considérables de principes fertilisants, qui, pour l'azote par exemple, équivalent respectivement à 80 000 kilogrammes et 297 000 kilogrammes de fumier de ferme.

Boussingault donne, comme résidus d'un hectare cultivé

	Résidu sec.	Azote.
	kilogr.	kilogr.
Blé..	518	2,1
Avoine..	650	2,6
Trèfle..	1 647	27,9

On évalue à 1 658 kilogrammes les résidus laissés par 1 hectare d'avoine, se répartissant ainsi :

Chaumes..	700 kilogr.
Racines..	958 —

Une culture de choux laisse, par hectare, par ses racines :

Azote..	12 kilogr.
Acide phosphorique..	3 —
Potasse..	9 —
Chaux..	5 —
Magnésie..	3 —

Radicelles laissées dans le sol. — Müntz et Girard font observer avec raison que ces évaluations négligent, en général, les radicelles et fibrilles, dont la proportion est souvent considérable. Ces auteurs donnent les valeurs ci-dessous :

	Poids sec des radicelles par hectare.
Blé..	1 500 kilogr.
Avoine..	1 637 —
Trèfle..	2 264 —

Mais il faut distinguer ici les racines des légumineuses de celles des autres cultures. Les 1 500 kilogrammes de racines laissés par une culture de blé représentent peu de valeur, ces radicelles étant surtout constituées de cellulose.

S'il s'agit des légumineuses qui, grâce aux bactéries des nodosités, se sont enrichies de l'azote de l'air, les racines constituent au contraire un apport appréciable d'azote et un léger appoint d'acide phosphorique et de potasse.

Notons que la fumure ainsi fournie au sol est mal équilibrée ;

Fig. 41. — Groupe de herses.

les récoltes de blé sur défrichement de luzerne verseront, si l'on n'a soin d'épandre des engrais phosphatés.

La luzerne enrichit donc le sol et laisse aux terres l'équivalent d'une bonne fumure. Le trèfle abandonne au sol des résidus représentant une bonne demi-fumure. Le sainfoin, qui dure en France deux ou trois ans, peut être estimé, comme résidus, à une demi-fumure. Il convient donc de réserver dans les cultures une place considérable à la luzerne, plante fourragère de premier ordre qui améliore le sol.

Feuilles et fanes. — Les betteraves, les carottes, les navets, laissent, à la récolte, des feuilles seules ou des feuilles et des collets, qu'on utilise parfois à l'alimentation des animaux à l'état frais, ensilé ou desséché. Souvent ces résidus sont enfouis totalement ou partiellement, ainsi que les fanes de pommes de terre, les feuilles et tiges de topinambours.

Les feuilles, pour une récolte moyenne de 1 hectare de plantes-racines, fournissent au sol, lorsqu'elles lui sont restituées (Müntz et Girard) :

	Betteraves fourragères.	Betteraves sucrières.	Carottes.	Navets.
	kilogr.	kilogr.	kilogr.	kilogr.
Azote	60	36	51	45,0
Acide phosphorique	16	15,6	21	19,5
Potasse	86	48	37	48
Chaux	34	43,2	86	67,5

Le professeur Schneidewind évalue à 275 ou 390 quintaux la proportion de feuilles fraîches de betteraves obtenues à l'hectare. Il estime la valeur fertilisante des feuilles laissées par les betteraves décolletées à 600 kilogrammes environ de nitrate de soude, 234 kilogrammes de chlorure ou sulfate de potassium, 200 kilogrammes de superphosphate.

La fumure obtenue par l'enfouissement des feuilles de betteraves donnerait un excédent de 250 kilogr. de grains et 600 kilogr. de paille par hectare d'avoine semée. Pour les betteraves à sucre, les rendements peuvent, par cet enfouissement, être portés de 68 à 192 quintaux, mais la richesse en saccharine diminue sensiblement.

Les pommes de terre et les topinambours abandonnent des fanes qui renferment, par hectare, en principes fertilisants :

	Pommes de terre.	Topinambours.
	kilogr.	kilogr.
Azote	20,6	53,2
Acide phosphorique	4,2	8,5
Potasse	12,6	14,5
Chaux	24,1	202,3

Le tabac laisse des tiges ou côtes qui font retour à la terre soit sur le champ même, soit au sortir des séchoirs ; ces résidus contiennent :

Azote	2,5 à 3,5	p. 100
Acide phosphorique	0,5 à 0,7	—
Potasse	4,0 à 10,0	—

Par ses feuilles, la vigne à l'automne restitue au sol 24 kilogr. d'azote, 5 kilogr. d'acide phosphorique, 8 kilogr. de potasse et 72 kilogr. de chaux par hectare.

Les résidus laissés par les récoltes constituent donc une source de principes fertilisants des plus appréciables.

Feuilles se détachant à l'état sec. — Il faut tenir compte enfin des feuilles qui se détachent durant le cours de la végétation, et leur proportion est considérable :

	Feuilles se détachant pendant la végétation par hectare.
Blé..........................	1 700 kilogr.
Avoine.......................	1 600 —
Colza........................	1 000 —
Pavot........................	1 700 —

Ces rapides évaluations montrent le rôle important que peuvent jouer ces fumures vertes enfouies chaque année par les déchaumages, les labours.

CHAPITRE II

CULTURE MÉCANIQUE DU SOL

Généralités. — La motoculture a pris, ces dernières années, une importance considérable. La rareté de la main-d'œuvre agricole, accrue par les pertes glorieuses de nos héroïques cultivateurs, pendant la guerre, la nécessité d'une production intensive placent ces procédés techniques à la tête des perfectionnements désirables.

Le développement de la culture mécanique est une nécessité vitale imposée par les circonstances actuelles de l'exploitation du sol.

Nous examinerons les principes généraux de cette technique nouvelle, dont le principe a trouvé dans les milieux agricoles l'accueil le plus favorable.

Pour suppléer au manque de bras, il faut adopter le moteur. A la place du tâcheron qui retourne 30 ares par jour, le tracteur labourera 2 ou 3 hectares. Pour faire mouvoir le hache-paille, le concasseur de tourteaux, le coupe-racines, le tracteur prêtera sa force motrice. Il actionnera la moissonneuse-lieuse et abattra ainsi, par jour, 7 hectares de céréales.

Auxiliaire précieux, travailleur infatigable, le tracteur doit accorder son aide efficace au cultivateur durant toute l'année, au cours des saisons diverses et des temps variables.

Le tracteur offre un avantage technique incontestable. Il permet d'activer le travail et de profiter des époques favorables — particularité si précieuse en agriculture où l'on doit toujours compter avec le temps, propice ou néfaste, suivant son caprice...

Durant les périodes favorables, le cultivateur mettra en œuvre ce puissant moyen d'action, avec toute la rapidité désirable : il profitera des circonstances heureuses, il accordera son effort avec le milieu. Il travaillera en toute harmonie avec la nature...

Pourrait-on pousser à la limite cette comparaison avec les méthodes de production industrielle intensive? Un colon tunisien, le docteur Cailloux, fait travailler sur son chantier électrique ses tracteurs, le jour et la nuit, afin de profiter de la fraîcheur des pluies fertilisantes. Le semoir est accroché derrière le tracteur et, la nuit, l'appareil, éclairé par des ampoules électriques, sème les lignes parallèles d'où germeront orge ou blé dur... Quel beau spectacle que ce travail intelligent et actif du colon préparant les moissons futures sous la clarté diffuse des nuits africaines.

La généralisation de l'emploi du tracteur aidera encore à solutionner en France le grave problème du « remembrement » du sol.

Le morcellement des domaines est une perte de temps, d'efforts considérables. Il contrarie l'emploi des instruments perfectionnés : brabant double, faucheuse, râteau à cheval, lieuse, etc... Il impose des assolements arriérés et constitue une source de procès interminables.

Or, le tracteur agricole exige des pièces étendues. La difficulté des « tournées », l'essence perdue dans les « fourrières » rendent son usage peu économique sur des parcelles réduites, surtout sur ces longues bandes de terrain qui semblent, synthétiquement, constituer la culture moyenne française.

Le tracteur aidera certainement à la reconstitution des domaines d'un seul tenant. Il facilitera les échanges déjà favorisés par loi Chauveau.

Instrument de progrès et de lumière, le tracteur donnera une vitalité nouvelle à nos syndicats agricoles. L'achat d'un tracteur est, en effet, facilité par le groupement des cultivateurs qui ne supportent ainsi qu'une faible partie de la dépense.

Par l'attribution de subventions, le gouvernement français favorise encore la constitution ou le développement des

Fig. 42. — Tracteur Renault.

Associations agricoles. La subvention est nettement plus élevée lorsqu'il s'agit de l'achat de plusieurs tracteurs, opération qui ne peut être réalisée que par un syndicat.

Et c'est ainsi que se sont constitués en Beauce, en Brie, dans le Midi, sur nos courageuses régions dévastées, des groupements utilisant dans une étroite union ces puissants tracteurs.

Le tracteur agricole ne tuera pas la traction animale. Le moteur ne fera pas disparaître le cheval de trait. La nécessité du fumier, l'exécution de certains travaux légers : hersages, binages, sarclages, les transports sur route pour lesquels le tracteur ne se montre pas encore économique, tous ces faits rendent indispensable l'appui des attelages.

On a constaté que, dans les cas les plus favorables, le tracteur ne réduisait la cavalerie d'une ferme que du tiers environ.

Notre élevage hippique n'a donc rien à redouter et la gloire de nos Percherons, de nos Boulonnais, de nos Ardennais, de nos Flamands, de nos Bretons reste intacte.

Le tracteur agricole apporte simplement à la culture française l'appoint formidable de sa force, de sa rapidité, de son « omni-puissance » pourrait-on dire, puisque le tracteur idéal dont l'emploi est une source de richesse doit, en dehors des labours, tirer la moissonneuse, faire mouvoir les instruments de ferme et mettre en marche la batteuse...

Classification. — En principe, l'appareil qui travaille : charrue, herse, moissonneuse, doit être mis en mouvement mécaniquement. On réalise ce problème ;

1° Soit en tirant directement l'appareil à l'aide d'un tracteur indépendant ;

2° Soit en animant l'appareil travaillant d'un mouvement propre comme dans les charrues automobiles ;

3° Soit en tirant un câble qui s'enroule sur un treuil entraîne l'appareil ;

4° Soit en animant les pièces travaillantes entraînées par le moteur d'un mouvement particulier : émiettement, frassage, pulvérisation, piochage du sol.

Ce sont les quatre grandes distinctions que complètent ensuite de nouvelles séparations portant sur le choix du mo-

Fig. 43. — Tracteur Titan.

teur : moteur à vapeur, à essence, à pétrole lampant ou moteur électrique, les dispositifs particuliers, etc.

I. — TRACTEURS.

On peut, pour faciliter l'étude des appareils, distinguer quatre types de tracteurs :

1º Les *tracteurs indépendants* ou *directs* à machine de culture *indépendante* qui remorquent des charrues multiples ;

2º Les *tracteurs directs* à machine de culture *solidaire* ;

3º Les *tracteurs-treuils*, dans lesquels le tracteur, après s'être déplacé par bonds de 200 à 300 mètres et calé, fait mouvoir un treuil qui enroule et tire l'appareil aratoire. Pour les travaux légers, ce tracteur peut servir de treuil indépendant et remorquer simplement la charrue, la herse... ;

4º Le *tracteur-toueur*. On tend un câble d'acier entre deux chariots-ancres. Ce câble, fixé entre ces deux points, s'enroule sur deux poulies du tracteur dont l'une est folle et l'autre commandée par le moteur. Celui-ci, en fonctionnant, hale le tracteur qui entraîne l'instrument de culture.

I. — Tracteurs directs à machine de culture indépendante.

Ces appareils peuvent se distinguer par le groupement des quatre roues en roues motrices ou directrices.

1º Quatre roues dont deux motrices à l'arrière et deux à l'avant, directrices (Tracteurs Scémia : Case ; Mogul, Titan (fig. 43) ; Amanco, Forson, Avery, Gallovay, Citroën, Parett, Hilson (troisième roue médiane entre les deux latérales).

2º Trois roues dont deux motrices à l'arrière et une seule directrice à l'avant (Tracteurs Globe, Chapron, Happy-Farmer) ;

3º Trois roues dont deux motrices à l'avant et une porteuse à l'arrière (Tracteur Ford) ;

4º Trois roues, dont une seule motrice dans le plan médian (Tracteurs Emerson, Gray) ;

Fig. 44. — Tracteur avec gazogène au bois.

5º Trois ou quatre roues avec motrice placée dissymétri-
quement sur le côté (Tracteur Bull; tracteur Dessaule(vignes))

Le lecteur qui voudrait approfondir l'étude technique des
tracteurs se reportera avantageusement aux ouvrages spéciaux.

Les quatre roues motrices offrent l'avantage de réaliser,
ainsi que les tracteurs à chenille, l'adhérence totale comme
on s'en rend compte avec les appareils précités auxquels on
peut joindre : le tracteur de Mesmay, l'aratrice Pavesi, le
tracteur Auror, les tracteurs américains Ohio, Morton, etc.

On connaît le principe directeur des appareils à chenille.

Les marques les plus connues de tracteurs à chenille sont
le tracteur Renault (fig. 49) ; le tracteur César; le tracteur
Lefebvre (fig. 44) ; les modèles américains Best, Leader,
Centiped.

On connaît la valeur de solidité et les usages des tracteurs
Renault.

Les tracteurs à chenille présentent une longue surface de
contact ininterrompue entre les roues avant et arrière; il
peut ainsi circuler en terrain mou ou friable sans trop craindre
l'usure des articulations de chaînes des roulements de galets.

Le tracteur Mistral, est une machine étudiée pour s'appliquer à la viticulture ou à la culture ordinaire. Il comporte un châssis, avec essieu directeur oscillant, assurant la
suspension par trois points, et deux roues motrices arrière
de très grand diamètre (1ᵐ,50). Ces roues, en acier coulé,
sont munies de palettes pivotantes qui peuvent être à
volonté saillantes ou effacées contre la jante. Un simple
goujon les maintient dans la position choisie ; quand elles
sont rabattues, elles forment chemin de roulement (G. Coupan).

Le tracteur Valère-Chochod est du type à adhérence totale;
son mécanisme diffère essentiellement de celui des tracteurs
à quatre roues motrices et directrices. Il ne comporte, en effet,
ni cardan, ni vis. Les roues de l'une des extrémités du châssis
sont entraînées par l'intermédiaire d'embrayages, et chacune
d'elles commande, par chaîne et pignons, la roue de l'autre
extrémité placée du même côté du châssis (G. Coupan).

Dans le tracteur Lefebvre, les chaînes d'adhérence, au lieu

de se trouver sous et autour des roues, restent indépendantes. Elles sont fixées de chaque côté sur des châssis spéciaux, articulés à l'arrière à un point fixé et peuvent monter et descendre à l'avant. On soulève aussi les palettes de manière à diminuer ou augmenter l'adhérence.

En principe, les tracteurs directs présentent de nombreux

Fig. 45. — Tracteur Rumely, 12-20 HP, tirant une charrue.

modèles. Parmi les nouveaux appareils présentés à Chartres en octobre 1920 signalons un certain nombre d'appareils destinés à marcher au pétrole lampant

Les tracteurs « Rumely » 12-20 et 16-30 HP ont un moteur de type industriel à régime lent, à 2 cylindres horizontaux côte à côte ; c'est un moteur nettement approprié à son but. Le carburateur est spécialement construit pour vaporiser le pétrole, la mise en marche s'effectuant à l'essence. Il y a deux vitesses avant, une marche arrière et deux freins. La construction robuste des roues est particulièrement remarquable.

Une charrue Oliver à trois ou quatre socs, suivant le modèle, est fournie avec l'appareil.

Le tracteur 12-20 HP a labouré à trois socs à une profondeur moyenne de 0^m,20.

Le tracteur Twin-City est un appareil de 12-20 HP, construit d'après les méthodes modernes, avec suspension en trois points, essieu avant directeur mobile autour d'un axe horizontal et roues montées sur pivots, carter jouant le rôle de bâti, moteur bien protégé, etc. Ce tracteur, établi pour remorquer une charrue à trois raies, fonctionne au pétrole lampant, avec départ à l'essence.

Parmi les tracteurs où l'on cherche à augmenter l'effort au crochet par accroissement facultatif de l'adhérence, signalons le tracteur Delieuvin qui ne pèse que 1 300 kilogrammes. Il est actionné par un moteur à 4 cylindres, de 15 HP. Sur l'essieu arrière est articulé un cadre étroit portant deux roues armées de palettes et de diamètre plus faible que celui des roues motrices principales. Ces deux roues sont calées sur un arbre jouant le rôle d'essieu et sont entraînées par chaîne et pignon. Comme elles doivent s'appliquer franchement sur le sol, le cadre qui les soutient peut osciller autour d'un axe longitudinal, et le pignon de commande, placé sur l'essieu principal, est monté à cardan pour que cette transmission puisse fonctionner normalement.

On réalise donc ainsi un équipement à adhérence totale très simple. Les manœuvres s'exécutent comme dans les tracteurs à chenilles ; on oblique le tracteur ou on l'oblige à virer en débrayant un côté et en laissant l'autre embrayé. La machine Chochod comporte un inverseur de marche et deux sièges, sur chacun desquels, alternativement, prend place le conducteur pour exécuter les labours à plat, sans virer aux fourrières. Le moteur, à quatre cylindres de 90 $\times$ 150, développe 22 HP à 1 100 tours ; il y a deux vitesses dans chaque sens, 3^{km},500 et 4^{km} 500 à l'heure

II. — Tracteurs directs à machine de culture solidaire.

On peut citer comme appareil de ce genre, le tracteur Gerbe d'Or d'Henri Amiot, charrue brabant double à troisroues, accrochée au châssis automobile, déterrée par une

Fig. 46. — Tracteur Scemia.

grue et qui peut être retournée par un mécanisme en liaison avec lemoteur.

Le tracteur Beeman du même principe effectue les petits labours et les sarclages de culture maraîchère. Le cultivateur automobile système Avery se rattache à ce groupe.

III. — Treuils et tracteurs-treuils.

Treuils. — Chaque chantier comprend : deux treuils automobiles à essence et une charrue-balance.

Le treuil se compose d'un châssis sur quatre roues dont les

deux arrières sont motrices pour la marche avant ou arrière et se trouvent indépendantes du moteur pendant le travail.

Le moteur (30 ou 50 HP) fait tourner le tambour d'enrou-

Fig. 47. — Tracteur Wallut.

lement du câble qui hale la charrue-balance tirée alternativement dans un sens et dans l'autre. Le treuil de labourage de Dion-Bouton est un des types les plus connus.

Tracteur-treuil. — Le tracteur-treuil résume les avantages des systèmes du treuil et de la traction mixte. On évite l'achat de deux treuils et d'un câble long (500 mètres environ).

Le tracteur-treuil avance de 200 mètres en déroulant son câble de traction. Il s'immobilise et tire la charrue, puis fait un nouveau bond en avant.

Un des modèles le plus connus est le tracteur-treuil Wallut (fig. 47).

Dans les chariots moto-treuils, afin de réduire la dépense et la complication du matériel, on fixe simplement des treuils à moteurs sur des chariots non automobiles. Une poulie avec câble de retour ramène la charrue au bout de la raie. Les moto-treuils Doizy, le treuil léger Fillet-Douilhet résolvent pratiquement ce problème.

Les charrues à avant-train moto-treuil comprennent une charrue brabant double portant sur son avant-train un moteur à essence actionnant deux petits tambours sur chacun desquels on enroule des câbles.

Suivant qu'elle marche dans un sens ou dans l'autre, la charrue se hale sur l'un des câbles tandis que l'autre se déroule (charrue à avant-train tracteur l'Agro.

L'avant-train tracteur l'Agro est muni d'un siège pour porter le conducteur. Son moteur a une puissance de 10 à 12 chevaux.

IV. — Tracteurs-toueurs.

Cet appareil se déplace en se halant sur un câble mobile dont les extrêmes sont fixés à chaque bout du champ. Le tracteur-toueur Filtz et Grivolas a mis habilement ce principe à exécution (fig. 48).

En 1920, la Société de « Matériel de culture moderne » présenta un nouveau tracteur-toueur.

Le principe du touage, depuis longtemps appliqué à l'appareil Filtz, a été conservé, mais de nombreuses modifications de détail ont été apportées.

La puissance du moteur a été légèrement accrue, par suite d'un nouveau procédé de réglage et de tracé des cames de l'arbre de distribution. Le moteur a été rapproché de la partie

médiane du châssis. L'essieu directeur comporte maintenant
deux roues à boudin médian dont les jantes sont constituées
par des cornières enroulées entre lesquelles sont saisies les
extrémités des raies. Ces roues sont montées sur un essieu
oscillant de manière à réaliser la suspension par trois points.
Les roues arrière ont été portées à 1m,30 de diamètre. Les

Fig. 48. — Tracteur-toueur.

leurs palettes d'adhérence sont maintenant fixées sur des
demi-cercles en cornières qu'on adapte rapidement aux
jantes.

Visant surtout les labours à plat sans faire de virages en
fourrières, on a modifié le procédé particulier d'attelage de
la charrue. Les pignons de l'inverseur sont toujours en prise
et le passage d'un sens de marche à l'autre s'effectue en manœu-
vrant un levier qui déplace simplement un clabot. Les roues
motrices sont attaquées directement, par pignon et couronne

dentée protégés par un carter; les poulies de touage sont commandées par chaînes, également enfermées dans un cache-poussière. Il n'y a qu'une vitesse en touage, mais, en traction directe, on dispose des deux allures de 3 et de 5 kilomètres environ à l'heure.

Les deux sièges, montés sur pivot et ressort, sont placés de chaque côté d'une colonne de direction fixe, pourvue de deux volants agissant aux extrémités d'un arbre horizontal attaquant la direction par engrenages d'angle (G. Coupan).

Plus dégagé, le châssis comporte un emplacement libre, au voisinage de l'essieu propulseur, où on peut placer 500 kilogrammes de surcharge, en y logeant les gueuses de fonte qui servent à lester les ancrages dans le cas du travail au câble; cette disposition augmente l'effort disponible en traction directe.

V. — Tracteurs à chenilles.

Nous donnons à nouveau quelques détails sur ces appareils.

Le type de ces tracteurs est le Renault dont les modèles récents ont subi quelques modifications de détail, à la fois dans les chenilles, dont la largeur a été portée à $0^m,34$, et dans les embrayages latéraux qui, par l'intermédiaire des trains démultiplicateurs, actionnent les barbotins des chenilles (fig. 49).

Les dentures de ces barbotins ne servent plus qu'à la propulsion, les éléments des chenilles s'appuyant maintenant sur des portées latérales spéciales. Les chenilles elles-mêmes sont protégées contre tout renversement latéral par des crosses, reliées au moyen de bielles au châssis suspendu.

Lorsque l'appareil remorque deux charrues comportant chacune trois corps, la largeur du labour est supérieure à celle du tracteur. Le levier du changement de vitesse est du type américain oscillant, et la poulie de battage tourne avec la même vitesse angulaire que le moteur. (G. Coupan).

Le nouveau type de tracteur à chenilles Mule d'Acier est un tracteur-caterpillar complété par un avant-train directeur oscillant autour d'un axe horizontal et longitudinal, les roues étant montées sur pivots verticaux comme dans les automobiles. Le moteur, de 15 à 20 HP de puissance, à quatre cylindres d'environ 100×150, fonctionne à l'essence ou au pétrole

Fig. 49. — Tracteur à bandes de roulement (Renault).

et comporte un régulateur qu'on peut régler pour limiter la vitesse à la valeur qu'on désire.

Les chenilles, qui présentent 0^m,25 de largeur, ont une voie extérieure sensiblement plus étroite que celle des roues avant, l'essieu avant peut donc se placer obliquement, comme celui d'un brabant, tandis que les deux chenilles reposent sur le guéret. La roue de raie sert, au besoin, de sillonneur, et l'effort de traction peut être, sinon opposé à la résistance, du moins presque dans sa direction sans que le sous-sol soit comprimé sensiblement. Ces chenilles peuvent osciller chacune indépendamment de l'autre autour de l'axe du barbotin de commande, placé à l'arrière du tracteur. L'avant du flasque de soutien, qui aboutit à peu près au milieu du tracteur, est relié à un ressort qui permet aux chenilles de bien

Fig. 50. — Tracteur à chenilles.

suivre les inégalités du sol, tandis que la roue de raie porte sur une surface généralement régulière.

II. — MOTO-CHARRUES

Il est malaisé de classer les nombreux appareils de motoculture. Certains modèles figurent dans plusieurs catégories. C'est ainsi que l'on groupe souvent dans une nouvelle classification les moto-charrues

Il y a un intérêt essentiel à associer l'outil travailleur et le tracteur, le rendement est plus élevé (20, 25 p. 100 en plus), on a moins d'encombrement en longueur (fourrières et tournées), les virages sont plus aisés et enfin le relevage des socs peut se faire par le moteur. On peut signaler encore l'économie de main-d'œuvre, la surveillance du mo-

Fig. 51. — Tracteur Tourand-Latil.

teur et du labour étant facilitée. La construction est parfois plus économique et on peut effectuer des labours à plat avec une charrue type brabant double.

Les moto-charrues démontées pourront enfin être utilisées aux divers travaux de la ferme.

On classe ces appareils en divers genres:

1º Tracteurs-charrues combinés ;

2º Charrues à avant-train moteur.

Dans le premier groupe on peut citer la charrue Avance

charrue automobile Tourand-Latil (fig. 51), la Norma-
de Lefebvre, la moto-charrue Mistral, la moto-aratoire
vesi et Tolotti, la charrue-automobile Amiot, la char-
automobile Delahaye à bascule, l'auto-charrue Nor-
mann.

Les charrues à avant-train moteur groupent la moto-char-

Fig. 52. — Charrue vigneronne automobile.

oline, la moto-charrue Stock, les charrues automo-
Excelsior et Praga, la moto-charrue Fowler.
Citons encore les brabants doubles à avant-train moteur
odetti, Baucher, le polyculteur Dubois, l'avant-train
llette, la charrue à moteur paysanne de Galardé et
zzo, la moto-charrue Pax.
1926, le polyculteur Dubois a été légèrement modifié,
t le montage des organes de la boîte de vitesse, la roue
tien.

Avec le tracteur Chapron, a été établie, en 1920, une charrue vigneronne automobile spéciale. L'essieu propulseur, à roues de $1^m,20$ de diamètre, est placé en avant et le châssis est simplement soutenu, à l'arrière, par une roue de $0^m,65$ pivotant autour d'un axe vertical sous l'influence du volant de direction. Les corps de charrue sont suspendus au châssis, entre les roues motrices et la roue directrice.

III. — MOTOCULTEURS A OUTILS COMMANDÉS

Ces appareils tendent à résoudre le problème de l'effritement direct du sol.

Parfois les pièces travaillantes sont animées d'un mou-

Fig. 53. — Motoculteur Somua

vement propre emprunté au moteur : griffes courbes, fixées sur des montures élastiques et grattant le sol à la façon des animaux fouisseurs (fig. 53), disques, fraiseuse rotative

Le labourage électrique, départ de charrue.

Fig. 54. — Basculement de charrue.

(Tourand et Derguesse), socs et vrilles (système Delin), pioches courbes rigides (système Vermond et Quellenec), pioches articulées fonctionnant comme des houes à bras (machine universelle de Konig Saint-Georges), hes rigides (laboureuse Köszegi), socs percutants (système Linard-Hubert), etc....

Signalons encore le cultivateur rotatif Petard et Prejean.

Fig. 54 *bis*. — Bineuse automobile Bauche.

la laboureuse automotrice de Maillet agissant par l'action d'une vis à filets larges, tranchants et incurvés ; l'effriteuse Charmes qui attaque la terre par plusieurs disques de diamètre croissant de l'arrière à l'avant.

Les outils à mouvements alternatifs cherchent à imiter le mouvement de l'ouvrier : bêcheuse Peugeot bineuse Bauche (fig. 55).

IV. — APPAREILS DE LABOURAGE A CABLE DE GRANDE PUISSANCE

Ces appareils, indispensables pour exécuter les gros labours, notamment les labours à betteraves, et permettant également d'exécuter des travaux plus légers, s'adressent aux grandes cultures, et aux exploitations moins importantes qui ont la possibilité de se grouper pour exécuter l'achat du matériel.

Les sociétés d'exploitation créées dans le but de travailler par entreprises, les petits cultivateurs possédant des pièces contiguës peuvent grouper leurs parcelles et utiliser les appareils à câble.

Il existe des matériels puissants comprenant chacun deux machines-treuils, et possédant, pour l'enroulement du câble un tambour à axe vertical. Ce tambour permet de travailler pratiquement sous différents angles ; les appareils peuvent ne pas être en face l'un de l'autre, alors que pour les appareils à tambour à axe horizontal, il est indispensable que les machines se déplacent sur deux lignes parallèles (M. Juilhard).

L'avantage des treuils à axe vertical est appréciable quand on travaille des pièces dont les côtés ne sont pas à angle droit, ce qui est fréquent.

Charrues-balance. — Les charrues-balance utilisées dans la culture mécanique présentent un bâti en forme de V à branches très ouvertes maintenu par un essieu médian à deux roues verticales de diamètres inégaux (G. Coupan).

Les corps de charrue sont disposés sur les deux moitiés de châssis, symétriquement.

Lorsque l'on est parvenu à l'extrémité de la raie on fait basculer la charrue autour de l'essieu et on repart en sens inverse.

En général, les corps sont disposés pointe à pointe sur le châssis, la pointe tournée vers l'essieu.

Quelques constructeurs cependant les placent dos à dos. Chaque extrémité du châssis porte un siège pour le conducteur.

Les matériels puissants utilisent des charrues-balance à 4 ou 5 socs labourant à 35 centimètres de profondeur et fouillant en outre à 10 ou 15 centimètres.

Parfois le nombre des socs est porté jusqu'à six ou même sept. On peut alors labourer à 20 ou 22 centimètres.

Certains déchaumages se pratiquent avec des charrues à dix corps.

L'essentiel est d'utiliser au maximum et dans les conditions les plus économiques la puissance du moteur.

D'ailleurs, on peut toujours supprimer quelques socs en les dévissant et en les séparant du bâti.

Fig. 55. — Charrue-balance pour culture mécanique
en fonctionnement.

Prix d'achat. — L'achat d'importants matériels à câble, d'un prix élevé, est chose importante. Il faut étudier les appareils sur place et notamment dans le Soissonnais où plus de 80 matériels travaillent chacun 100 hectares de gros labours par mois.

Appareils. — Examinons à titre d'exemple quelques appareils. Nous possédons un certain nombre de matériels de labourage fournis par l'Allemagne.

Parmi les appareils en travail citons les groupes de labourage à vapeur Kemna.

Les machines de cette firme sont résistantes, elles ont une force de 100 HP, deux cylindres jumelés à vapeur surchauffée. Leur câble a 450 mètres de longueur et 18 millimètres de diamètre.

La charrue Kemna possède 5 socs ; munie de rasettes, elle fait un assez bon labour et son rendement est satisfaisant.

Les scarificateurs de cette marque, en exploitation dans l'Aisne, sont à 9 dents droites ; la largeur du travail est seulement de 2^m,50 ; par suite, leur rendement est faible.

On trouve également dans le Nord de la France des matériels de la Maschinenb au Gesellschaft, à Heilbronn.

Les machines de cette marque ont une force de 70 HP. De bonne construction, leur conduite est délicate et demande un personnel spécialisé. Le câble présente une longueur de 450 mètres et un diamètre de 18 millimètres.

Les charrues construites pour des labours de 0^m,40 sont munies de rasettes. Exécutant un excellent travail dans les terrains sablonneux, elles se montrent trop puissantes pour la force des machines, dans des terres fortes

Les matériels Heucke, de très bonne construction, possèdent une force de 70 HP. Le câble a 450 mètres de longueur et 18 millimètres de diamètre.

Les charrues Heuck, en terrains propres, exécutent un excellent labour léger, mais elles ne peuvent convenir ni pour un labour profond, ni dans les terres enherbées, car elles n'ont pas de rasettes.

Les scarificateurs de cette marque ont une largeur de travail seulement de 2^m,50 ; leur rendement est insuffisant.

La région de Saint-Quentin exploite des matériels du type Fowler construits par la maison Wolf de Magdebourg, qui ne valent pas les machines Fowler provenant d'Angleterre. Ces matériels disposent de 80 HP, ils utilisent de la vapeur surchauffée et sont timbrés à 10 kilogrammes.

Les charrues de ces matériels sont du type Fowler ; établies pour des labours de 0^m,22, elles sont munies de rasettes et font un bon travail. Elles peuvent exécuter des labours de 0^m,30, mais seulement sur des terres propres ; sur des terres garnies d'herbes ou de fumier, le bourrage est constant par suite de la distance insuffisante entre les socs.

Trop souvent les matériels n'ont pas de charrues appropriées aux travaux à exécuter. Le choix de la charrue présente une grande importance, il faut voir au travail une charrue utilisée dans les conditions où elle sera employée. La vitesse est un facteur qui a son importance.

Il n'est généralement pas possible de placer des rasettes à des charrues pour lesquelles il n'en a pas été prévu au moment de leur construction; presque toujours, la distance entre les socs est trop faible pour qu'il puisse être placé des rasettes sans provoquer, pendant les labours, des bourrages qui entravent et même arrêtent le travail.

Principes généraux. — Un groupe de labourage à vapeur, un « matériel », se compose généralement de :

Deux machines-treuils tirant l'une à droite et l'autre à gauche;

Une charrue pour labours profonds ;

Une charrue pour labours légers ;

Un scarificateur ;

Deux tonnes à eau avec pompe ;

Et une caravane pour servir de logement aux ouvriers sur le chantier.

Matériels Fowler. — Les machines Fowler possèdent une force effective de 110 HP, deux cylindres compound ; elles sont timbrées à 13 kilogrammes. D'une grande résistance, elles sont d'un entretien facile. Leur câble a 650 mètres de longueur et 22 millimètres de diamètre ; leur vitesse est de 5 kilomètres à l'heure pour les labours profonds et 6 kilomètres pour les travaux superficiels.

Ces matériels possèdent 2 charrues et un scarificateur. Les charrues pour les labours profonds sont construites pour labourer à 25, 30 centimètres avec, en plus, 15 centimètres de sous-solement. Elles sont munies de rasettes avec leurs 4 socs, labourent une largeur de 1ᵐ,20. Leur travail est excellent.

Les charrues pour labours légers, labours à blé notamment, à 6 socs, sont construites pour labourer à 22 centimètres de profondeur sur une largeur de 2 mètres. Elles sont munies de rasettes et d'un châssis pour l'accouplement d'une herse ou d'un croskill.

Les scarificateurs ont 24 dents et travaillent sur une largeur de 5 mètres. Leur rendement est bon.

Avec ces matériels on peut faire, par journée de travail, en moyenne :

4 hectares de labours profonds exécutés avec la charrue à 2 socs ;

6 hectares de labours profonds exécutés avec la charrue à 4 socs ;

6 hectares de labours à blé avec la charrue à 6 socs ;

Fig. 55 *bis*. — Appareil Fowler.

12 hectares de déchaumage, ou de travail léger à l'aide du scarificateur à 24 dents.

Au mois d'avril on accroche quelquefois derrière la charrue à 4 socs un croskill ou un rouleau lisse.

Quand on laboure pour blé, on herse en même temps en accrochant derrière la charrue une herse triangulaire de 2 mètres de largeur.

Il est également possible d'arracher des betteraves à raison de 6 hectares par jour et d'exécuter d'autres travaux que chaque cultivateur combine suivant les circonstances. A l'aide d'Instruments spéciaux, on peut exécuter des travaux de remblai et de nivellement.

Ces appareils sont robustes, ils ont une force suffisante pour le travail ordinaire, leur supplément de puissance leur permet de supporter sans dommages les à-coups qu'ils rencontrent.

Ces appareils présentent néanmoins les inconvénients inhérents à tous les groupes de labourage à vapeur qui peuvent se résumer ainsi :

1º L'alimentation d'un chantier exige journellement 8 tonnes d'eau et 1 400 kilogrammes de charbon, pour le transport desquels il faut fournir, par journée de travail, 2 attelages de 4 bœufs et 2 bouviers, ce qui, comme nous l'avons vu, entraîne une dépense d'environ 35 francs par hectare et exige d'avoir ces animaux et ce personnel disponibles ;

2º La mise en pression exige deux heures chaque matin ;

3º Dans les terres en déclivité, des accidents peuvent survenir par suite du déplacement du niveau de l'eau ;

4º Les chaudières des locomobiles peuvent être une source d'ennuis et de réparations ;

5º Pendant les gelées intermittentes, il faut vidanger et remplir souvent les chaudières

6º Le poids de ces appareils, qui pèsent en ordre de marche chacun 24 tonnes, ne leur permet pas de passer sur tous les ponts, ce qui oblige parfois à faire des détours importants.

Materiel à moteur à essence. — Pour ces raisons et afin de n'être plus tributaires de l'étranger dans la fourniture des robustes matériels de labourage à câble, des praticiens ont réalisé des appareils présentant les avantages des meilleures machines à vapeur, sans en manifester les inconvénients.

Les appareils sont actionnés par un moteur à essence de 90 HP, ou quand on a du courant à sa disposition par un moteur électrique. Pour réduire la consommation du carburant, après chaque tirée, le moteur est arrêté quand le moteur de l'appareil adverse est en marche. Pour que cette manœuvre puisse être exécutée pratiquement un appareil de mise en marche automatique a été couplé au moteur à essence, cequi permet de le mettre en marche ou de l'arrêter par la simple manœuvre d'un levier.

Ces appareils sont très robustes, leur poids est de 13 tonnes environ, leur empattement leur donne une bonne assise et une bonne résistance à la traction du câble.

Le treuil, robuste, est muni d'un guide-câble automatique qui assure un bon enroulement, et il permet une traction angulaire très développée.

Le câble présente 550 mètres de longueur et 18 millimètres de diamètre, sa vitesse est de 0^m,90 et 1^m,30 à la seconde. La première vitesse est employée pour les labours profonds et la deuxième pour les travaux superficiels.

La vitesse sur route de ces appareils est de 3^{km},5 et 5 kilomètres à l'heure

Ces matériels comportent des charrues et des extirpateurs comparables à ceux des matériels Fowler. Ils ont un bon rendement, font un excellent travail et possèdent un châssis permettant d'utiliser pratiquement des herses, cros-kills, rouleaux, etc.

Ces groupes possèdent la solidité des meilleurs matériels à vapeur, mais, actionnés par des moteurs à essence ou des moteurs électriques, n'exigent aucun transport de charbon et d'eau, aucune attente pour la mise en marche. Tout en assurant une bonne résistance à la traction, les appareils pèsent 40 p. 100 de moins que les machines à vapeur et ils passent sur des ponts que les appareils à vapeur ne peuvent franchir ils laissent sur les fourrières des traces moins profondes et les fourrières n'ont pas à supporter le passage répété des attelages qui ravitaillent en eau et en charbon.

Ces puissants matériels à câble travaillent non seulement dans les terrains tassés, foulés des régions reconquises, ils seront utilisés avantageusement dans des terres en état de culture. Avant la guerre, il existait des appareils dans l'Aisne, dans l'Oise, dans les Ardennes, la Beauce, la Brie, etc., et dans le Midi où ils s'occupaient plus spécialement du défoncement pour la plantation de la vigne.

Même pour une culture normale, il ne faut pas craindre

d'avoir des appareils puissants, il suffit de les équiper en conséquence. D'ailleurs, si des matériels d'une puissance plus grande
coûtent plus cher d'acquisition, leur entretien est moins onéreux, car les accidents sont plus rares et leur durée plus
grande. Quand des groupes sont destinés à des associations
ou à des entreprises, il importe de ne pas craindre de posséder des matériels d'une force plus que largement suffisante.

Pour un travail par association ou par entreprise, il faut
compter sur un peu d'imprévu, le matériel peut avoir à supporter des à-coups, on lui demandera souvent des déplace-
ments et des travaux plus importants.

V. — MOTEURS ÉLECTRIQUES

Des expériences intéressantes ont été réalisées en utilisant
l'électricité à l'aide des *treuils électriques*.

Le système suppose que l'on possède de l'énergie électrique
provenant d'une usine génératrice voisine, le groupe élec-
trogène étant actionné par un moteur quelconque, de préférence un moteur hydraulique.

Le travail s'effectue avec une charrue automobile balancé
tirée alternativement par l'un ou par l'autre treuil comme dans
le système de labourage à vapeur avec deux locomotives-treuils.

Le chantier de défoncement J. Fillet comprend deux treuils
automobiles tirant une charrue-balance Bajac pesant 470 kilogrammes. Chaque treuil est relié à la ligne électrique fixe
par des câbles souples isolés.

En certains pays on emploie un chariot porteur d'un moteur
électrique et d'un double treuil. Cet ensemble relié par câbles
souples isolés à la ligne d'alimentation sur poteaux, reçoit le
courant de la station centrale ; il peut, par ses propres moyens,
se déplacer sur un côté du champ.

Enfin la Société électrotechnique italienne utilise le système à deux treuils. Son emploi augmente la dépense de
première acquisition, mais rend la manœuvre plus sûre et
plus rapide.

La charrue employée est un trisoc Fowler à bascule, avec
une largeur de sillon de 1^m,20 et une profondeur moyenne
de 1^m,30.

CHAPITRE III

AMEUBLISSEMENT DU SOL

I. — HERSAGE.

Généralités. — La terre ayant été soulevée et renversée par la charrue ou par un quasi-labour, il faut achever son ameublissement par le hersage et le roulage.

Le hersage a pour but de briser les mottes de terre, d'extirper les racines des plantes adventices, d'enterrer les semences et d'enfouir les engrais. L'emploi de la herse permet encore de niveler la surface du sol, d'aérer les vieilles prairies et d'arracher la mousse des prés humides.

Pour déterminer l'ameublissement du sol, le hersage doit exercer une action d'autant plus énergique que le sol est compact. Il est avantageux de posséder des instruments de poids différents appropriés aux terres qu'ils travaillent.

Les herses à dents inclinables à volonté permettent d'obtenir des travaux d'énergie variable. Néanmoins le travail de ces instruments est toujours superficiel, on atteint exceptionnellement 6 à 7 centimètres. On peut herser dans le sens de l'inclinaison des dents (herser à *pleines dents* ou « en accrochant ») et produire ainsi un travail énergique, ou herser en sens contraire (« en décrochant » ou à *arrière-dents*) pour produire un ameublissement plus léger.

Souvent, pour enfouir les semences ou achever la préparation du sol, deux hersages sont nécessaires. On croise alors les raies. Le praticien utilise, pour enfouir les semences de petites dimensions, des herses très légères (fig. 56) ou des herses d'épines.

La bonne exécution de ces travaux demande un temps propice ; lorsque la sécheresse est excessive, le hersage se montre pénible et ses effets peu efficaces. Il faut une terre fraîche, déjà

DIFFLOTH. — *Labours et Assolements.* II.

ressuyée, pour que l'ameublissement se produise régulièrement.

On peut herser pour compléter l'action du déchaumage et mettre les graines de mauvaises herbes en état de germer.

Pratique du hersage. — Le hersage est également appliqué en culture aux plantes en pleine végétation. Sitôt après leur levée, on herse les pommes de terre, les féveroles, etc., pour détruire les plantes adventices et empêcher le durcissement du sol.

Les céréales sont hersées au printemps afin d'aérer les couches superficielles du sol, détruire les mauvaises herbes et briser la croûte qui se forme souvent à la surface du sol sous l'influence du hâle.

Il n'est pas rare de voir donner ce hersage très énergiquement aux blés d'hiver ; on herse également une céréale clairsemée pour développer le tallage. Cette opération peut parfois multiplier le chardon et le coquelicot. En Amérique, quand le blé, poursuivant sa croissance, dépasse 10 à 15 centimètres de haut, on se sert, pour détruire la couche superficielle du sol, d'une sorte de râteau à longues dents qui pulvérise la surface (Voy. au chapitre du Dry farming).

Pour l'avoine, le hersage est effectué lorsque la jeune plante a trois ou quatre feuilles ; cette opération, très efficace, s'appelle *regratter*, *réveiller* ou *reherser* l'avoine : le développement des moutardes et des ravenelles est ainsi considérablement entravé.

On donne fréquemment un hersage entre deux labours consécutifs pour achever l'ameublissement du sol et éviter que le labour suivant n'enterre les mottes imparfaitement désagrégées ; les mauvaises herbes sont ainsi plus facilement détruites. Lorsqu'il s'agit de terres qui durcissent en séchant, le hersage doit suivre immédiatement le labour ; les mottes seront alors plus faciles à briser.

La végétation herbacée des prairies naturelles, toujours abondante, détermine la formation d'une couche superficielle constituée par les débris de tiges, de feuilles et les chaumes brisés. Pour aérer ces assises et mettre en circulation l'azote organique accumulé, il convient de herser ces prairies.

Fig. 56. — Le hersage.

Les plantes traçantes envahissent parfois les prés, et il est alors nécessaire d'opérer ces travaux avec des herses puissantes ; il existe même, sous le nom de *régénérateurs de prairies*, des instruments puissants où les dents des herses ordinaires sont remplacées par des lames courbes et coupantes ; les racines traçantes et stolonifères sont ainsi détruites. On prévient, par les hersages, l'envahissement des

Fig. 57. — Régénérateur de prairies.

mousses, surtout si la mousse a été au préalable détruite par le sulfate de fer. On herse également les prairies artificielles. Le colza, les navettes subissent un hersage qui a pour but de les éclaircir.

Nous allons étudier rapidement les différents types de herses et le travail qu'elles produisent.

INSTRUMENTS

I. — Herses traînantes.

Ces appareils comprennent un bâti portant les pièces travaillantes et qui se déplace simplement dans le sens du mouvement.

I. *Herses rigides.* — Les herses rigides sont constituées par un bâti, le plus souvent triangulaire (fig. 58) ou rectangu-

...re, trapézique, portant sur des traverses parallèles à la base des dents (herse de Valcourt).

Ces instruments, ne suivant pas exactement les dénivellations du terrain, effectuent parfois un travail irrégulier. Les trajectoires de ces dents, sinueuses, irrégulières, ne sont pas parallèles à la direction de traction.

Pour obvier à cet inconvénient, on a donné de la stabilité

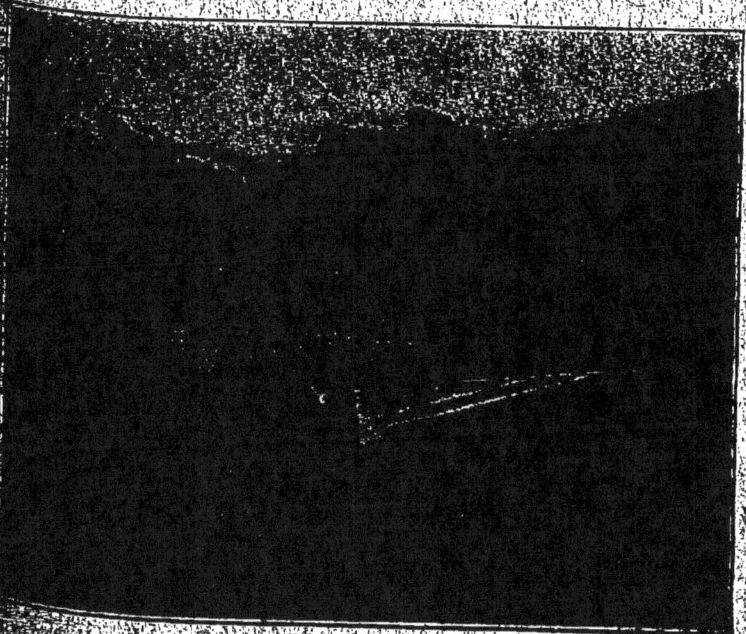

Fig. 58. — Herse rigide triangulaire.

en accouplant deux châssis en forme de parallélogramme, de façon à former une herse en Z ou *zigzag* ordinairement construite en métal.

Herses accouplées. — Afin de suivre exactement les dénivellations du terrain, on associe plusieurs éléments de herses zigzag (fig. 59) qui peuvent se déplacer et passer sur toutes les ondulations du sol. Des dispositifs spéciaux empêchent les *compartiments* des herses accouplées de chevaucher l'un sur l'autre, de se coincer aux tournants.

Il existe des herses à compartiments cintrés et articulés pour le hersage des billons.

Des modèles récents comportent des compartiments reliés par des chaînes ou des crochets à une traverse antérieure.

Les dents de ces herses, flexibles ou non, sont parfois

Fig. 50. — Herse zigzag.

montées sur des traverses métalliques articulées pouvant pivoter autour d'axes parallèles au sol. On peut ainsi faire varier l'angle d'attaque des dents (dents *inclinables*) (fig. 60).

III. *Herses à dents flexibles.* — Les herses à dents flexibles rappellent les cultivateurs à dents flexibles et à petites roues ; le siège et les roues manquent seuls.

On transporte ces instruments en les retournant, la herse repose sur des patins ou sur le cadre qui forme traîneau.

On appelle plus particulièrement *herses combinées* les

appareils à dents flexibles, munis à l'arrière d'une traverse supplémentaire à dents rigides qui égalisent le sol.

IV. *Herses souples* — Les herses accouplées réalisent

Fig. 60. — Compartiments de herse à dents inclinables.

déjà un progrès sensible sur les herses rigides. On suivait les irrégularités du profil en travers du sol; mais pour suivre la dénivellation du profil en long (enfouissement des semences),

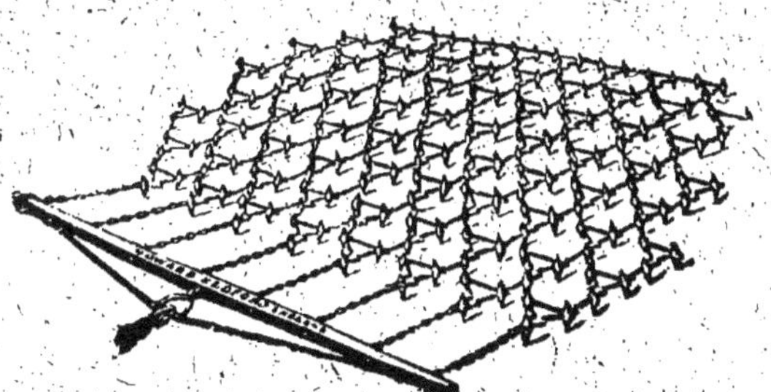

Fig. 61. — Herse souple à trépied.

il faut recourir aux *herses souples* à mobilité transversale. Les constructeurs composent ces herses d'un grand nombre de petits compartiments à trois dents réunis par des anneaux ou des crochets : *herses à trépied* (fig. 61), *herse souple* en fil d'acier, etc.

Pour les travaux très légers on utilise les *herses à chaînons* formés d'anneaux de cotte de mailles.

Les herses à dents indépendantes ou *herses à clavier* sont très souples. En soulevant un certain nombre de dents on peut effectuer des sarclages (fig. 62). Lorsque les dents sont bien recourbées en avant, ces appareils, trop peu connus, effectuent un bon travail.

II. — Herses rotatives.

Quelques constructeurs ont constitué des herses rotatives comprenant un châssis circulaire muni de dents et parallèle au sol.

En tirant cet appareil, les disques circulaires tournaient

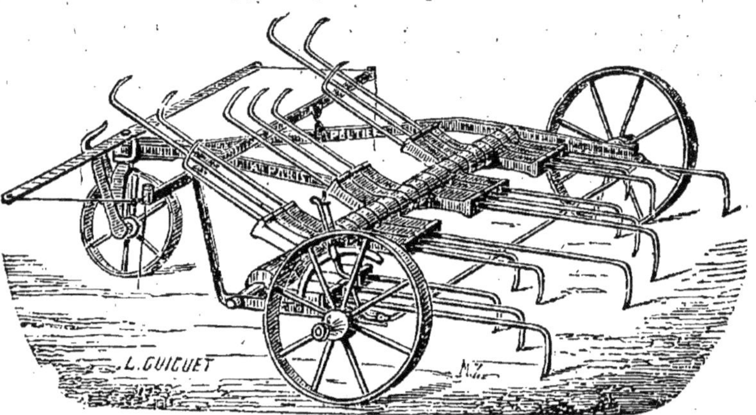

Fig. 62. — Herse à clavier.

sur eux-mêmes dans le plan horizontal et les dents entamaient le sol. Ces machines rotatives travaillent irrégulièrement, le contrepoids nécessaire à la marche de l'appareil détermine une entrure inégale des dents.

Les sillons tracés par les dents sont très rapprochés sur les bords du train et distants dans sa partie moyenne. Ces appareils sont en définitive peu recommandables.

III. — Herses roulantes.

Ces appareils, dénommés *herses norvégiennes*, *écroûteuses*, *émotteuses*, comprennent des dents implantées sur des cylindres qui tournent pendant que la machine se déplace.

Les herses norvégiennes comportent un cadre rectangulaire supportant une, deux ou trois séries de disques étoilés montés sur un axe. Les pointes des disques, en tournant, brisent les mottes (fig. 63, 64) et ameublissent le sol sur une certaine profondeur.

Actuellement, les disques étoilés, à cinq ou six dents, n'ont guère que 15 centimètres de diamètre ; ils jouent sur leur axe

Fig. 63. — Herse écroûteuse-émotteuse en travail.

et désagrègent ainsi les mottes qui ne peuvent être retenues entre deux dents consécutives.

On transporte ces herses émotteuses sur un chariot spécial. Parfois la herse est à deux compartiments que l'on replie l'un sur l'autre pour n'utiliser qu'un traîneau. D'autres fois le bâti porte des roues ou un rouleau qui sert à la fois à plomber le sol et à transporter l'appareil, ou bien encore on soulève le bâti sur des roues pour le transport.

Pulvériseurs. — Les pulvériseurs, ou *herses à disques*, sont composés de pièces en forme de calotte sphérique à bords tranchants montées sur deux axes qu'on peut incliner plus ou moins par rapport à la direction de traction, selon l'énergie

Fig. 64. — Herse norvégienne.

du travail désiré. Les disques déplacés obliquement prennent un mouvement de rotation et soulèvent la terre que des raclottes détachent et pulvérisent. Pour les sols compacts on a

Fig. 65. — Pulvériseur à disques.

même construit des pulvériseurs à dents larges et contournées agissant comme brise-mottes et pulvériseurs. On peut employer ces appareils pour les déchaumages (fig. 65).

Ces instruments, nouvellement connus en France, sont très

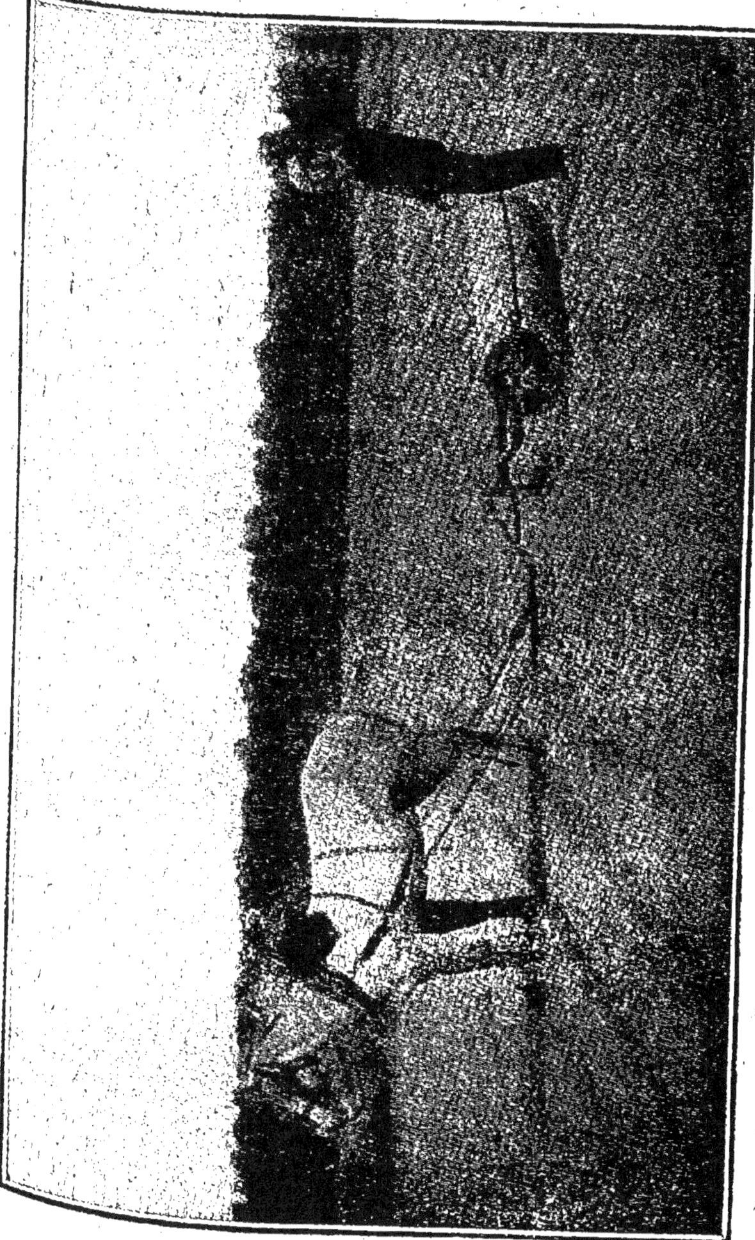

Fig. 66. — Le roulage.

recommandables ; ils servent très utilement dans la culture superficielle des vignes. Les pulvériseurs remplacent aujourd'hui les herses Acmé.

II. — ROULAGE.

Généralités. — Le roulage exerce sur les terres deux

Fig. 67. — Rouleau Croskill.

actions distinctes : il achève l'ameublissement du sol en écrasant les mottes, et il comprime et nivelle le terrain.

Selon la prédominance de l'un ou l'autre de ces effets, on classe les rouleaux en *rouleurs compresseurs* et en *rouleaux brise-mottes* (Croskill, rouleau-squelette, etc.) que nous étudierons plus loin.

On roule les terres avant l'ensemencement pour raffermir le sol et le niveler ; on roule après les semailles afin de mettre les semences dans les conditions les plus favorables à leur germi-

Fig. 68. — Association des travaux d'ameublissement du sol.
Le travail combiné du rouleau et de la herse achève la préparation des terres.

nation. En effet, en comprimant le sol, on diminue le diamètre des interstices du sol et l'eau du sous-sol remonte par capillarité. D'autre part, en nivelant le sol, en réduisant la surface exposée à l'air, on diminue l'évaporation. On assure ainsi une dose plus forte d'humidité pour la semence qui germera aisément. Les graines fines peuvent être enfouies à l'aide du rouleau.

Lorsque les céréales sont *déchaussées* par suite du soulèvement du sol occasionné par les gelées, on donne un coup de rouleau pour rétablir le contact entre le végétal et la terre.

Le sol étant nivelé, les instruments mécaniques de coupe opèrent aisément, et le fauchage est plus rasant.

Sur les prairies, le roulage après l'hiver raffermit le gazon; on peut même, à l'aide de roulages répétés, faciliter la disparition des mousses.

Un corps solide conduit mieux la chaleur que la même substance réduite en poudre ; plus cette poudre est comprimée, plus elle est meilleure conductrice à cause de l'augmentation de ses points de contact. Un sol comprimé et tassé conduira donc plus rapidement la chaleur qu'une terre pulvérulente. Malgré l'ascension de l'eau, qui monte par capillarité, la température est toujours plus élevée, à l'intérieur d'un sol roulé.

Le roulage, exerçant une influence heureuse sur la végétation, peut accroître les rendements (1). Ces travaux aratoires consolident les racines en cours de végétation et évitent la verse. Cependant, en comprimant le sol et en empêchant la pénétration de l'air, le roulage peut ralentir la nitrification et s'opposer dans une certaine mesure à l'actif développement de la végétation au printemps. C'est en combinant les hersages et les roulages qu'on peut obtenir un juste équilibre et assurer

(1) M. F. Lubanski a fait des expériences comparatives sur les betteraves et a obtenu les résultats suivants pendant plusieurs années :

Produit à l'hectare (racines).

	1re année.	2e année.	3e année.
Parcelles non roulées..	24 000 kil.	20 000 kil.	24 600 kil.
Parcelles roulées........	26 000 —	23 200 —	25 000 —

aux plantes les conditions les meilleures pour leur développement (fig. 68, 69).

Par exemple, au printemps, les soins à donner au blé seront très variables. Si le blé est déchaussé et s'il y a lieu de craindre la verse, on donne un roulage ; si le blé est déchaussé et se présente sous un aspect chétif, on roule, on ajoute 100 kilogrammes de nitrate de soude et on herse. Si le blé n'est pas déchaussé et que la verse soit à craindre, on herse, puis on roule ensuite ; si le blé jaunit sans être déchaussé, on répand 100 kilogrammes de nitrate, puis on herse.

Le roulage et l'humidité du sol. — Les chiffres suivants montrent l'influence du roulage sur le desséchement du sol dans son ensemble et attestent l'élévation de la proportion d'humidité dans les couches superficielles (King) :

Profondeur.	Proportion d'eau p. 100.	
	Sol roulé.	Sol non roulé.
Jusqu'à 0^m,30..............	15,85	15,64
— 0^m,60	19,49	19,85
— 0^m,90 à 1^m,35....	18,72	19,43

Pratiquement, le roulage est donc surtout avantageux pour les plantes à racines peu développées. Dès que les racines des végétaux atteignent les couches profondes, il faut de préférence biner pour rompre les vaisseaux capillaires et diminuer l'évaporation des couches superficielles.

Lorsque l'eau remonte par capillarité, les couches inférieures du sol, mouillées, se tassent, descendent légèrement et laissent un espace vide au-dessus d'elles ; la terre supérieure ainsi séparée de la masse reste longtemps sèche, l'eau ne pouvant pas franchir ce vide. Ces solutions de continuité sont défavorables à la germination des graines confiées au sol ; ainsi s'explique le rôle avantageux du roulage après les semailles, afin de *relier la terre*, suivant l'expression vulgaire, et rétablir ainsi, entre la couche ameublie et le sous-sol, la continuité rompue par le travail.

L'action du roulage sur l'aération et l'humidité des terres est mise en relief par les chiffres suivants (Dehérain) :

	Terre ameublie.	
	Avant roulage.	Après roulage.
Poids des 6 litres........	6,8	7,8
Volume de l'air..........	2,7	2,2
Air pour 100.............	45,0	36,6
Eau pour 100.............	17,2	17,7
Somme de l'air et de l'eau.	62,2	54,3

Le roulage détermine le tassement des particules du sol ; l'eau pluviale s'infiltre moins bien et reste dans les couches

Fig. 69. — Rouleau Croskill.

superficielles. S'il survient une pluie après le roulage, la terre contenant les graines qu'on vient de semer est imprégnée d'humidité, et la germination se poursuit dans les conditions les plus favorables. L'eau des couches inférieures remonte plus vite par capillarité dans des canaux dont le diamètre a été réduit par le tassement ; enfin, la graine se trouve en contact intime avec les particules de terre qui l'entourent et peut y puiser l'humidité indispensable ; toutes ces conditions assurent une germination rapide et régulière.

Fig. 70. — Rouleau Croskill avec roues pour transport sur route.

Pratique du roulage. — Ordinairement, on roule en long, en évitant les tournées trop courtes : ou bien on opère en rond en commençant par le périmètre extérieur. Sur les terrains inclinés, on roule transversalement à la pente. Il faut choisir un temps favorable, sinon les terres argileuses adhèrent à l'instrument, et la surface du sol forme une croûte impénétrable.

Dans les terres légères, cette opération bien appliquée hâte la décomposition des engrais pailleux ou volumineux.

L'action exercée par le rouleau est d'autant plus énergique que son poids est considérable, et le sol est d'autant moins comprimé, à poids égaux, que l'instrument est plus long.

La grande longueur des rouleaux les expose d'ailleurs à être soulevés dans leur marche et nécessite de grandes tournées pouvant défoncer partiellement le sol. Les rouleaux à grand diamètre ont une marche régulière ; leur vitesse étant plus faible, les mottes de terre subissent un déchirement plus réduit. Les rouleaux de fonte ont remplacé les rouleaux de bois ou de pierre, trop légers ou trop fragiles.

Afin de contraindre cet instrument à passer sur toutes les dénivellations du sol, on a imaginé les rouleaux articulés dont les segments peuvent s'abaisser librement.

Pour les terres fortes et les sols motteux et durcis, il faut avoir recours aux rouleaux brise-mottes. Le Croskill (fig. 59) formé de disques de diamètres inégaux munis de dents, donne sur ces terres des résultats remarquables. Il offre l'avantage de ne pas lisser la surface du sol, tandis qu'en abandonnant les sols lourds, après un roulage ordinaire, à l'action des pluies, il se forme une croûte impénétrable, qui durcit lorsque surviennent les sécheresses ; dans ce cas, il est préférable de faire suivre le rouleau plombeur d'un léger coup de herse.

Nous étudierons rapidement les types les plus connus de rouleaux.

INSTRUMENTS

I. *Rouleaux plombeurs*. — Les rouleaux primitifs étaient en bois, en pierre. On a construit ensuite des rouleaux métalliques entièrement en fonte. La fonte étant assez fragile, ne l'emploie plus maintenant que pour les joues, l'enveloppe cylindrique qui les raccorde est en tôle d'acier.

Des dispositifs variables permettent d'augmenter le poids des rouleaux : caisses emplies de pierres, rouleaux emplis eux-mêmes de terre, sable, etc.

Afin d'éviter que les rouleaux, en virant, ne creusent une large ornière et pour suivre les dénivellations du sol, le cultivateur utilise plusieurs cylindres distincts enfilés sur le même axe ; chaque segment peut jouer dans son essieu, ce qui permet un déplacement vertical.

Les bâtis des rouleaux sont, soit attelés directement par flèche ou limonière, soit indirectement par une chaîne et un

Fig. 71. — Rouleau plombeur.

avant-train. Dans les descentes, on fait pression avec des sabots, patins, freins automatiques, etc.

Certains rouleaux disposent leurs segments sur deux lignes parallèles, ce qui facilite les tournées.

II. Rouleaux brise-mottes. — On imagina tout d'abord d'implanter sur les cylindres de bois de grosses chevilles de fer, mais sur les sols argileux la terre collait et remplissait les intervalles des chevilles.

On construisit alors des rouleaux métalliques brise-mottes dits Croskill.

Le rouleau Croskill détermine un nettoyage automatique

de sa surface. Des disques à aspérités latérales et périphériques, disques de diamètres différents, régulièrement alternés, sont enfilés sur un arbre unique qui sert à les entraîner. L'œil des grands disques est un peu plus grand que le diamètre de l'arbre, de façon à laisser un certain jeu ; l'œil des petits disques est beaucoup plus grand, ce qui leur permet de reposer sur le sol en même temps que les grands disques (G. Coupan).

Les mottes engagées entre les deux disques sont donc étirées et rompues, puisque les disques sont animés de vitesses angulaires différentes. Les aspérités périphériques et latérales brisent les mottes dans quatre directions.

III. *Rouleaux à battes.* — Ces rouleaux, imaginés par

Fig. 72. — Rouleau à battes en travers.

Mathieu de Dombasle, étaient constitués par des battes en chêne très léger. En passant sur des terres nouvellement levées, ils déterminaient un tallage plus vigoureux des céréales en couchant les tiges sur le sol.

IV. *Rouleaux ondulés.* — La surface du cylindre est creusée de larges cannelures périphériques. Ces instruments plaquent un peu moins le sol que les rouleaux unis, mais les cannelures, sur les terres humides, risquent parfois de s'engorger et leurs avantages disparaissent.

V. *Rouleaux squelettes.* — Ces appareils se composent de disques étroits dont la périphérie est creusée en gorge circulaire ou rectangulaire.

Ils dessinent sur le sol une série de petits sillons qu'on aplanit ensuite d'un coup de herse après épandage de semailles, et le champ paraît avoir été semé en lignes. Afin d'éviter l'engorgement des cannelures qu'une raclette devait nettoyer, on préfère actuellement donner à la périphérie du disque une forme triangulaire saillante. Ces disques peuvent être de diamètre différent, pour éviter les bourrages, et il existe un type de rouleau squelette pour billons (fig. 73).

Les rouleaux squelettes sont parfois disposés sur deux trains parallèles, chaque disque arrière pénétrant entre les deux disques du train d'avant ; d'autres rouleaux squelettes sont montés sur trois châssis articulés.

VI. *Rouleau sous-sol.* — Dans les régions sèches, la

Fig. 73. — Rouleau squelette pour billons.

charrue interrompt la capillarité du sol ; en labourant il se forme des creux si la terre n'est pas bien ameublie. Entre deux bandes de terre et le fond du sillon, il reste un espace vide. Or, les creux séparent les semences des couches plus profondes du sol, les racines qu'elles émettent se trouvent, pour ainsi dire, suspendues au-dessus du vide et l'humidité ne peut monter du sous-sol. L'air s'accumule dans ces vides et ces parties du sol sont exposées à un fort desséchement (P. Campbell).

On peut remédier à cet inconvénient en passant le rouleau plombeur, mais on presse ainsi seulement les couches supérieures du sol en même temps qu'on appelle l'eau du sous-sol qui pourra s'évaporer.

En Amérique on emploie le *sub surface packer*, rouleau à nombreuses roues tranchantes qui produisent l'effet de coins aigus et pressent la terre *en dessous* et *à côté*, dans les creux et les intervalles. Ce rouleau travaille dans le sol de telle sorte qu'une couche solide et compacte se forme jusqu'à la partie inférieure du sillon de la charrue. (Voy. au chapitre du Dry farming)

La capacité d'absorption du sol pour l'eau est augmentée d'une manière sensible et, en même temps, la nitrification est favorisée.

Souvent, quand le sol a été fréquemment hersé, sa partie inférieure se trouve naturellement tassée. Parfois, si ce tassement n'est pas réalisé, on peut l'obtenir au moyen du *sub surface packer*, qui appuie le fond du sol contre le sous-sol, sans sasser la surface.

Utilités des façons d'entretien. — Le praticien peut taccroître reses dements en multipliant les façons culturales qui ont pour effet de conserver au sol le taux d'humidité convenable, tout en favorisant l'assimilation des réserves et en détruisant les plantes adventices.

Pour nettoyer les terres de la végétation parasitaire qui les infeste, il faut au cultivateur un outillage approprié. Depuis quelques années on a vu se propager dans les petites et les moyennes exploitations les charrues perfectionnées, les instruments de récolte et de battage, mais le progrès a été bien moins marqué en ce qui concerne les instruments utiles à la destruction des mauvaises herbes. On comptait avant la guerre, dit M. Schribaux, plus de deux millions d'hectares de jachères après lesquelles on faisait du blé, soit le tiers de la surface totale qu'il occupait alors. Ces terres de jachères, pour lesquelles on sacrifie une année de production, tournées et retournées par des labours onéreux, fournissent précisément les plus faibles récoltes, celles dans lesquelles les mauvaises herbes pullulent le plus, parce que les petits cultivateurs ne complètent pas leurs labours par des façons superficielles, faute d'instruments appropriés, ou parce qu'ils ne savent pas les utiliser. Même sans engrais, les blés semés en lignes *et* sarclés donnent toujours, à moins d'accidents imprévus, des récoltes satisfaisantes, récoltes doubles assez souvent de celles que fournissent les terres où les espèces sauvages se développent librement.

Culture des céréales. — 1° *Hersage*. — Le hersage

Fig. 74. — Binage des betteraves avec houe automobile.

ces blés d'hiver en mars ou en avril est favorable à l'aération du sol et à la destruction des mauvaises herbes. Dans les céréales semées à la volée, on en est réduit à cette seule opération pour nettoyer les terres et, bien qu'on puisse ensuite échardonner, c'est toujours, malgré son efficacité, un travail incomplet et insuffisant (Malpeaux).

Le hersage est surtout favorable dans les terres qui restent motteuses après l'ensemencement ou qui durcissent sous l'influence des pluies et forment une croûte imperméable qui enserre le collet des jeunes plantes, entrave l'aération et

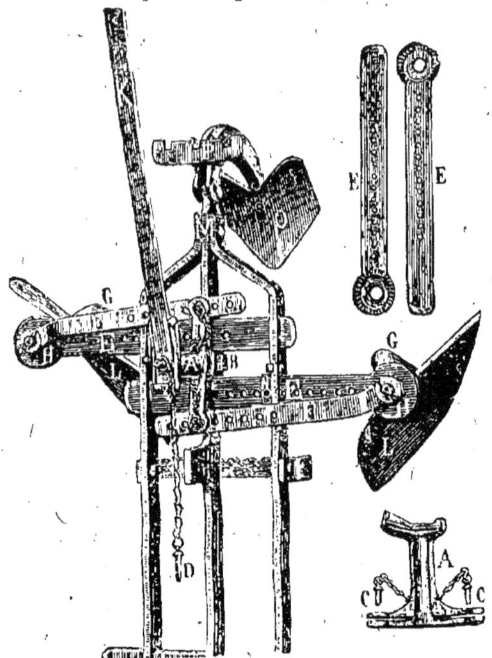

Fig. 75. — Détails d'une houe à expansion parallèle.

favorise l'évaporation de l'humidité contenue dans la couche

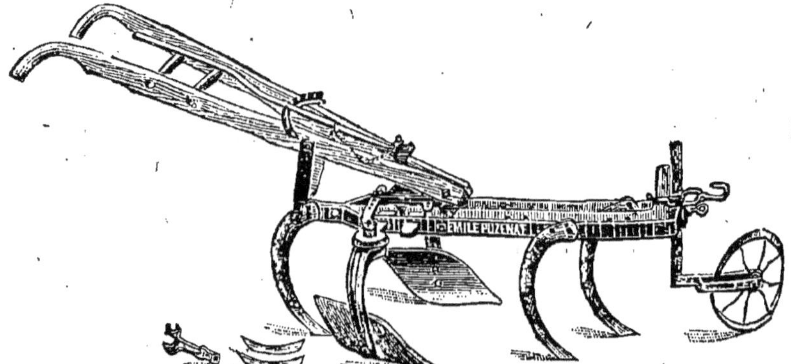

Fig. 76. — Houe à expansion parallèle.

superficielle. L'émiettement produit par le hersage rechausse la céréale et modifie avantageusement l'état physique du sol. Les bons cultivateurs n'hésitent pas à l'exécuter aussi bien dans les blés clairs dont il facilite le tallage, que dans les blés trop drus dont il retarde la végétation.

Cette façon culturale, peu coûteuse, donne également de bons résultats dans les blés et les avoines de printemps. Elle

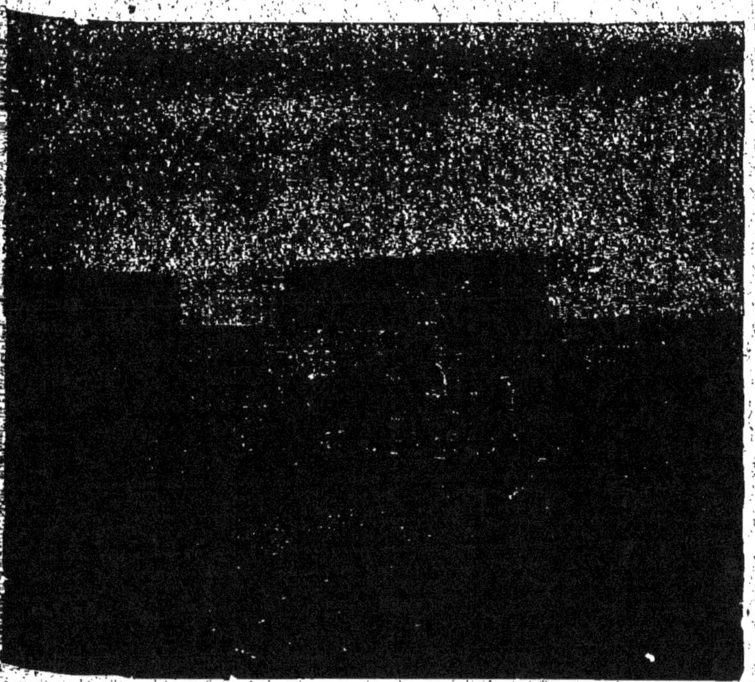

Fig. 77. — Houe multiple automobile.

modifie avantageusement l'état physique du sol, favorise le tallage et contribue efficacement à la destruction des sanves et des ravenelles qui se multiplient rapidement dans les ensemencements exécutés après les gelées.

Le hersage doit être donné dans le mois qui suit la levée; mieux vaut trop tôt que trop tard, pourvu qu'on ne détruise pas les jeunes plantes.

Le travail doit être fait par un temps sec et suivi d'un roulage exécuté quelques jours plus tard. On répète l'opération à une quinzaine de jours d'intervalle. La herse écroûteuse permet d'obtenir le même résultat d'un seul coup (1).

2° *Roulage.* — Le hersage est souvent complété par un roulage, surtout dans les terres légères, sablonneuses ou calcaires, où les céréales se trouvent fortement « déchaussées » à la suite des alternatives de gel et de dégel.

Le passage du rouleau supprime les vides des particules terreuses, procure aux jeunes plants un sol rassis, favorise l'ascension de l'eau par capillarité et la formation de nouvelles racines.

Dans les terres lourdes, argileuses, le roulage doit être pratiqué avec circonspection, qu'il s'agisse de céréales d'hiver ou de céréales de printemps, on risque de durcir le sol à la surface et d'arrêter le développement des plants tout en favorisant la multiplication des mauvaises herbes.

Le praticien l'exécute alors avant le hersage et lorsque le sol est ressuyé à la surface.

(1) MALPEAUX, *La Vie agricole*, mai 1920.

DEUXIÈME PARTIE

MISE EN VALEUR DES TERRES INCULTES

CHAPITRE PREMIER

DÉFRICHEMENTS

I. — BOIS, TAILLIS ET LANDES.

Généralités. — Après avoir étudié l'amélioration des terres cultivées, nous allons maintenant examiner la mise en valeur des sols incultes.

L'agriculteur voulant appliquer son activité à l'exploitation d'un sol neuf peut se trouver en présence d'une terre couverte de bois. Il peut essayer d'autre part de mettre en valeur un sol envahi par une végétation semi-ligneuse (landes) ou une végétation herbacée (prairies). Bois, landes, prairies, tels sont les trois types de défrichement.

L'opération la plus rémunératrice est la dernière, et les déboisements sont rarement des tentatives intéressantes.

L'ère des grands défrichements est d'ailleurs close en France, les pays neufs seuls permettent ces opérations fructueuses. En France, à côté des 44 millions d'hectares de terres cultivées, on trouve 4 millions d'hectares de terres incultes, soit 1/11.

1° Défrichement des sols boisés.

Généralités. — L'enlèvement des arbres abattus étant achevé, il convient d'extraire du sol les souches et les racines. Ces travaux souvent pénibles s'effectuent à l'aide de coins, pics (fig. 78), leviers, etc., ou à la mine.

Le sol nivelé, on fait passer de puissantes charrues dé-
déboiseuses, munies de plusieurs coutres tranchants, agissa[nt]
à des profondeurs successivement accrues, qui divisent [et]
arrachent les racines encore existantes.

Ce labour de défoncement a lieu avant l'hiver, et on lais[se]
le sol dans cet état pour que l'action ameublissante des gelé[es]
puisse s'exercer. Un second labour au printemps permet [de]
semer de l'avoine suivie d'une récolte de plantes-racines o[u]
tubercules : betteraves, pommes de terre, etc., après a[voir]
saturé l'acidité naturelle de ces terres par un abondant [chau]-
lage, des phosphates naturels ou des scories.

Ces terrains contiennent en général de puissantes rése[rves]
d'azote fournies par les feuilles mortes et l'humus des
bois. Il suffit de favoriser l'action du ferment nitrifica[teur]
pour disposer ainsi d'une source importante d'engrais az[oté.]
Mais il faut reconnaître que les défrichements de bois ex[igent]
des capitaux élevés et constituent rarement une opération [avan]-
tageuse, sauf sur les sols vierges, dans des pays inexpl[orés.]
En Amérique, ces défrichements ont lieu à la vapeur, [on]
sème sur les terres obtenues du maïs, du millet ou du [blé.]

En Corse, une partie des terres est occupée par le *m[aquis]*,
c'est-à-dire par la grande broussaille qui revêt les mon[tagnes.]
Lentement ces terres sont mises en valeur ; 11 p. 100 [seule]-
ment de la surface de l'île sont actuellement consacrés au [maquis.]

Au cap Corse, le maquis s'est transformé en verger[s,] en
champs, en jardins des pentes abruptes. Les vins ainsi obten[us]
sont célèbres, les cédratiers donnent d'abondants produ[its.]

Essartage. — L'essartage est un procédé de mise en [cul]-
ture très particulier, qui s'applique aux taillis et aux b[ois] ;
c'est à proprement parler un système de culture semi-fo[res]-
tier (1).

Les taillis sont coupés, en ayant soin de ménager les souc[hes]
qui devront émettre de nouveaux rejets ; on brûle ensuite [les]
fragments de bois et la végétation superficielle du sol ; [la]
terre et les racines, réduites en cendre, sont épandues su[r le sol.]

____

(1) Ces procédés, très anciennement connus, ont été décri[ts par]
Bernard Palissy au xv° siècle et tendent d'ailleurs à disparaît[re.]

surface du champ ; on laboure ensuite et on ensemence du seigle, de l'avoine, obtenant ainsi quelques récoltes jusqu'à épuisement du sol.

Les souches émettent alors de nouveaux rejets, et le taillis est exploité pendant une durée moyenne de seize ans, pour subir un nouvel essartage après ce délai.

Cette méthode de défrichement était autrefois suivie dans

Fig. 78. — Défrichement à la pioche et au pic.

les Ardennes et constitue un procédé défectueux d'exploitation du sol. L'incinération occasionne la déperdition de la matière organique et les dépenses résultant de la combustion du bois sont parfois élevées.

2° Défrichement des landes, bruyères et pâtis.

Nous avons examiné les cas où le sol était couvert de hautes futaies (*déboisement*) ou de taillis (*essartage*). Souvent, la végétation de ces terres incultes ne comprend que des arbrisseaux, des buissons, comme dans les landes, pâtis et bruyères.

Ces terres occupent en France une superficie de 4 000 000 d'hectares environ, principalement en Bretagne, Vendée, Mayenne, dans la Sologne, le Berry, le Poitou, la Gironde, les Landes, etc., et sont couvertes d'ajoncs, de fougères, de bruyères, etc.

Pratique du défrichement. — La destruction de la végétation spontanée est la première opération à effectuer. Elle nécessite des travaux différents selon la nature du sol et la composition de cette flore naturelle. Dans les landes de l'Ouest, on pratique ordinairement avant l'hiver un labour superficiel (10 centimètres) en bandes minces ; la terre est ensuite abandonnée à elle-même pendant un an.

L'hiver suivant, un second labour est pratiqué dans une direction perpendiculaire au premier et en entamant le sol jusqu'à une profondeur de 20 centimètres. On laisse le terrain motteux jusqu'en mai, puis on termine par un troisième labour dans la direction du premier.

Le sol est plombé et reçoit une abondante fumure de phosphates. On y sème du sarrasin qui achève rapidement son développement et permet d'établir, avant l'hiver, une emblavure de blé, puis une avoine. A la quatrième récolte seulement, on apporte du fumier de ferme, les réserves considérables d'azote accumulées dans le sol des landes suffisant aux exigences des trois premières cultures (Riefel).

Dans le Poitou, le Berry et le centre de la France, le sol est, en général, plus profond et couvert d'une végétation spontanée pénétrante, plus difficile à extirper. On donne un premier labour de 30 centimètres avant l'hiver ; la terre est ensuite travaillée superficiellement au printemps afin de déterminer son ameublissement. Vers le mois de juin, on sème, après un apport considérable d'engrais phosphatés, du colza suivi d'une sole de blé, puis des vesces fourragères. De la quatrième à la huitième année, on établit des prairies, fauchées deux ans et pâturées ensuite. Entre les récoltes principales, on enfouit des cultures dérobées d'engrais vert : sarrasin, moutarde blanche, etc. (Moll).

Alios. — Le sud-ouest de la France présente des landes d'une nature spéciale : le sol sablonneux surmonte une couche impénétrable, l'*alios*, formée par l'agglutination, au moyen d'un ciment organique et ferrugineux, des éléments de la terre et qui rend ces sols imperméables et humides. Dès la fin du XVIIIe siècle, Brémontier avait fixé les sables des dunes en les couvrant de bois de pins maritimes. Dans les grandes Landes, ces essais de plantations restaient stériles à cause de la présence de l'alios, le sol étant alternativement submergé en hiver et desséché en été. L'ingénieur Chambrelent montra le

Fig. 79. — Défrichement et dérochement.

premier, en 1849, que l'assainissement du sol et la rupture de la couche d'alios étaient deux opérations indispensables. Les plantations de pins maritimes (*pignadas*) purent alors s'établir et donner par leur exploitation (bois et résine) des résultats satisfaisants.

Bruyères. — Les Flandres belges présentent, dans la Campine et les Ardennes, des bruyères souvent difficiles à défricher. Dans la Campine, le sol siliceux et ferrugineux est d'une pauvreté excessive. Après avoir extirpé les bruyères, on laboure ces terres assez profondément pour détruire l'alios, et la charrue est suivie d'une fouilleuse ou d'une sous-soleuse.

La bruyère sert comme litière ou est enfouie directement. On effectue sur ces terres pauvres des reboisements de pins sylvestres, bouleaux ou châtaigniers. Dans les endroits les plus humides, où l'alios est difficile à détruire ou tend à se reformer, on place des arbres à racine traçante : aulne, saule commun, etc... (Damseaux).

Lorsque la constitution du sol est meilleure, il convient d'enlever la couche de gazon et de bruyère qui sert de combustible ou de litière. Puis on donne un labour d'automne d'une profondeur de 40 à 50 centimètres. Au printemps, on répand des engrais (scories et kaïnite), des composts. On plante ensuite des pommes de terre suivies de récoltes de seigle et d'avoine qui alternent avec de nouvelles soles de pommes de terre. Le lupin jaune et la spergule peuvent donner des rendements satisfaisants.

La décomposition des schistes et des roches fournit dans les Ardennes une faible couche de terre arable placée immédiatement au-dessus d'un sous-sol imperméable et constituant de vastes plateaux couverts de tourbières et de marécages (*fanges* ou *fagnes*). La mise en exploitation de ces sols n'est possible qu'après l'assainissement des terres au moyen d'un drainage à ciel ouvert, en garnissant les fossés de pierres très abondantes parmi ces terrains. On laboure ensuite avant l'hiver, assez profondément, au moyen d'une araire à soc pointu. Au printemps, le sol est travaillé à nouveau, en appliquant les engrais appropriés (1). Ces terres sont cultivées, trois à quatre ans avant de semer, dans une céréale ou dans un lin, un mélange de graminées et de légumineuses, spécialement choisies, qui constitueront une prairie temporaire.

Les rendements de la prairie venant à diminuer, on sème quelques soles de céréales, lin ou pomme de terre ; puis une nouvelle prairie est établie, à moins que l'appauvrissement du sol ne nécessite un reboisement.

Les défrichements en Bretagne. — La Bretagne donne

(1) 4 000 à 10.000 kilogrammes de chaux par hectare, 600 à 1 000 kilogrammes de scories de déphosphoration, des farines d'os et de petites quantités de kaïnite (Damseaux).

une idée des transformations que peut amener dans un pays la pratique rationnelle des défrichements dans un pays favorisé par le climat (fig. 80).

Les landes de Lanvaux qui s'étendent en Morbihan sur 65 kilomètres de longueur, depuis la Vilaine jusqu'au Blavet, d'abord mises en valeur à l'ouest par la plantation de bois de

Fig. 80. — Une plantation de tomates-primeurs en Bretagne.

pins, avaient conservé à l'est des zones stériles (champ de tir de Meucon).

Utilisant le canal de Nantes à Brest, le chemin de fer de Ploërmel, puis la ligne à voie étroite de Vannes à Locminé, les propriétaires ont amené à bon compte la chaux, les phosphates, et entrepris le défrichement. Sur nombre de points, la lande a fait place à la culture ; des routes desservent les domaines conquis, de belles fermes animent ces espaces jadis mornes, parsemés d'innombrables ruines mégalithiques (Ardouin-Dumazet).

DIFFLOTH. — *Labours et Assolements.* 9

Entre Quimperlé, Pont-Aven et le Pouldu, on a conquis des landes très vastes, où les dolmens, les menhirs sont nombreux, à l'aide de pins qui fournissent des poteaux de mines aux ports de Douëlan et Pont-Aven. Ces bois tombent sous la hache, et la charrue retourne une terre noire et acide dont les engrais marins, goémons et sables calcaires, font bientôt un sol fertile.

La même transformation a lentement enrichi le littoral du Finistère. Ici le granit est souvent presque à fleur de terre. Alors, on emploie le pic et la mine. Sur les hauts plateaux de la Montagne Noire et des Monts d'Arrée, des entreprises de défrichements effectuent de prodigieux travaux de transport de blocs. Ces roches trouvent leur emploi dans la construction des maisons, le revêtement des fossés de clôture ou l'empierrement. La dépense de ces extractions dépasse souvent la valeur intrinsèque des matériaux, mais où s'étendaient jadis les nappes de bruyère, on voit partout des champs de seigle, commençant la mise en valeur, et qui feront bientôt place aux racines et au froment.

Quand le goémon ne peut arriver à cause de la distance, le paysan breton fait appel aux engrais chimiques, et lorsque des gisements calcaires sont à proximité, l'emploi de la chaux est général, même très loin des fours.

L'établissement des voies ferrées, et surtout le développement des chemins de fer locaux, aide considérablement au défrichement.

La chaux et le superphosphate, bases de la mise en valeur des landes, parviennent ainsi à peu de frais dans les régions les plus abandonnées.

Il est regrettable cependant que le paysan breton, en défrichant, conserve presque partout le système de clôture par muret ou par fossés, par talus de terre plantés d'arbres ou d'ajonc. Ce procédé, qui s'explique par la nécessité de protéger certaines cultures, les pommiers notamment, contre les vents violents et par la ressource précieuse du bois provenant de l'élagage, offre l'inconvénient de retenir les eaux pluviales, de transformer une partie du sol en marais ; il nécessite tout autour du champ une large bande pour le passage des attelages, en perdant une certaine surface du terrain.

Fig. 81. — Lande bretonne.

La destruction des fossés constitue la seconde phase de la métamorphose du sol breton. Les champs réunis en une seule aire peuvent être parcourus par les machines agricoles.

Nous avons étudié ici les quelques types de défrichement les plus intéressants : dans la pratique, chacune de ces opérations oblige à beaucoup de travail, de science et d'adresse. Il faut examiner au préalable la composition du sol, la nature du sous-sol, l'état d'assainissement du terrain, et se défier des sols trop compacts, des terres superficielles couvrant un sous-sol rocheux ou des terrains pauvres et très calcaires.

Étrépage. — En Bretagne, les cultivateurs, pour fertiliser les sols incultes, enlevaient à l'aide d'un instrument appelé *étrépe* les bruyères, genêts, fougères, etc., avec une légère portion de la terre qui les supportait. Cette croûte superficielle était employée comme litière dans les étables ou servait à constituer des composts après avoir été placée quelque temps dans la cour de la ferme.

Fig. 82. — Écobuage.

Écobuage. — L'écobuage diffère de l'étrépage : la couche superficielle, enlevée au printemps à l'aide de l'*écobue* sur une épaisseur de 15 centimètres, contient également le gazon, la végétation spontanée, et sera, cette fois, incinérée (fig. 82).

En grande culture, on obtient ces plaques de gazon en faisant passer un instrument à coutre qui divise le sol et bandes, soulevées ensuite par la charrue travaillant dans une direction perpendiculaire. Ces plaques de gazon sont dressées en petits cônes, on les laisse sécher l'été et on brûle. On cherche à obtenir une combustion sans flamme

et les produits de l'incinération sont répandus à la surface
du champ. La matière organique est ainsi perdue ; il ne
reste que les éléments fixes rendus parfois plus assimilables
et ramenés des couches moyennes ou profondes vers la surface du sol ; les mauvaises herbes et les insectes sont détruits.

Seules les terres humifères, terres de bruyère, terres noires
de landes, tourbes, les vieilles pâtures, surtout en terre argileuse, doivent être écobuées énergiquement. Sur les terres
légères, comme les arènes granitiques du Plateau Central,
l'écroûtement devra être superficiel, et il faudra se garder de
détruire tout l'humus accumulé par la végétation spontanée.
Sur les tourbes, au contraire, on pourra prélever une épaisse
couche du sol de façon à mélanger à l'humus acide sous-jacent
une masse importante de cendres riches (Berthaut).

On reproche à l'écobuage la destruction de l'azote organique ; à chaque combustion, le sol devient plus pauvre et les
rendements diminuent jusqu'à épuisement complet et stérilité.
Le feu s'avance souvent plus loin qu'on ne le veut, ou bien
il est éteint par les pluies ; la combustion est incomplète, les
semailles sont entravées, impossibles même parfois.

Le praticien obtient ordinairement quelques récoltes rémunératrices de céréales, colza, sarrazin, mais les applications
successives de cette opération appauvrissent tellement le
sol qu'il est nécessaire de l'abandonner de nouveau à lui-
même pendant une certaine période.

Ces méthodes ne sont plus justifiées à notre époque, où une
plus juste compréhension du travail mécanique du sol et
l'application d'engrais chimiques judicieusement choisis permettent de remédier à l'infertilité des sols d'une façon plus
rationnelle.

Un mode particulier d'écobuage consiste à brûler l'argile à
l'aide des racines de la végétation superficielle, des broussailles,
des haies : l'argile calcinée est répandue à la surface du champ
et améliore la texture de terrains argileux trop compacts.
C'est donc une pratique recommandable que de joindre, lorsqu'on le peut, aux feux des mauvaises herbes, de fanes, etc.,
un peu d'argile ; on obtient, sans perdre des quantités d'azote
importantes, un amendement précieux pour les terres fortes.

II. — PRAIRIES.

Généralités. — Les prairies constituent, pour la ferme, des ressources alimentaires importantes. Il convient de réserver à ces cultures les terres bordant les cours d'eau ou exposées à des inondations périodiques, les parcelles éloignées de l'exploitation, les sols en pente, etc. Cependant il est des cas où le défrichement s'impose à cause de l'acidité excessive du sol ou de l'envahissement par les mauvaises herbes. Ce défrichement permettra de mettre en circulation les puissantes réserves d'azote accumulées à la surface du sol et rendues inactives par l'absence de nitrification.

Il faut noter ici la faveur exagérée qui s'attache ordinairement aux *prairies naturelles*. Pour beaucoup de cultivateurs, il n'existe pas de bonne exploitation sans prairies naturelles. Ces terres valent très cher.

Cette préférence était justifiée autrefois, lorsque le bétail n'était nourri qu'à l'aide des prairies naturelles. Aujourd'hui les résidus industriels, les *prairies artificielles* apportent à l'exploitation du bétail un appoint sérieux ; une bonne luzerne, un trèfle fertile donnent des rendements supérieurs aux *prairies naturelles* (fig. 83). Ces légumineuses ne peuvent, il est vrai, revenir sur le même sol qu'à des intervalles plus ou moins éloignés, mais l'éleveur a la ressource de constituer des *prairies temporaires* à base de légumineuses et de graminées. On peut même, par un choix judicieux des espèces fourragères, établir des *prairies permanentes*.

Autrefois les semences livrées par le commerce étaient impures ou fraudées et les mélanges mal constitués. On semait des plantes de faible durée comme le ray-grass que les mauvaises herbes dominaient bientôt ; en outre, les graines des bonnes espèces fourragères étaient de qualité médiocre et germaient rarement. Actuellement la germination [1]

(1) Pour le vulpin on peut donner les indications suivantes :

Années.	Germination.
1883	7 p. 100
1887	22 —
1895	41 —

de ces plantes est supérieure, les mélanges sont bien établis et d'une qualité indiscutable. La création des prairies est donc une opération plus aisée, moins coûteuse, toujours rémunératrice.

Pour les prairies temporaires, on utilise le ray-grass, la fléole, le fromental, le trèfle blanc, le trèfle hybride, etc. Les prairies permanentes comprendront le vulpin, la fétuque, le dactyle

Fig. 83. — Luzernière en plein rapport.

pelotonné, la houque laineuse, le paturin des prés, le paturin commun, le lotier corniculé. Le fourrage obtenu est d'excellente qualité, facile à faucher et à récolter.

Les cultures de plantes-racines, de tubercules (betteraves fourragères, topinambours, raves, turneps, navets...), la production de plantes fourragères annuelles (vesce, gesse, maïs, moha), en contribuant efficacement à l'entretien du bétail, sont venues diminuer encore la nécessité des prairies naturelles

Les prairies ne donnent pas toujours des résultats suffisants. On y épandra des engrais potassiques, des scories, de la chaux; on détruira les mousses à l'aide du sulfate de fer, on luttera contre les mauvaises herbes. Si ces améliorations ne relèvent pas les rendements, la prairie, quoique saine, *devra être défrichée*.

Avantages du défrichement. — Cette opération est des plus recommandables. On met ainsi en circulation l'azote des matières organiques qui nitrifient mal (fig. 84). Le praticien pourra régler par des semis ultérieurs la composition de la flore de la prairie reconstituée.

Au trèfle hybride, au trèfle des prés, à la fléole qui donnent de bons rendements mais durent peu, on associera de bonnes graminées vivaces : le vulpin, le dactyle, l'avoine élevée.

En Suisse, des défrichements de bonnes prairies, mises en culture avec le tabac, la betterave, la pomme de terre, plantes gourmandes d'azote, ont constitué de fructueuses opérations tout en nettoyant le sol. Ainsi a-t-on pu semer de bonnes espèces fourragères, constituer d'excellentes prairies temporaires qui donnèrent des rendements élevés pendant dix ans. Puis on a défriché à nouveau pour cultiver tabac, pommes de terre, etc.

En Angleterre, on a même pu conseiller le défrichement méthodique et le réensemencement des vieilles prairies. Cette opération, en définitive, offre les avantages suivants :

1º Mise en circulation de l'azote organique, inerte par suite de l'acidité du sol, et concentré dans les couches superficielles;

2º Amélioration de la flore par des semis rationnels.

Sur les défrichements de prairie, les premières cultures seront choisies parmi les plantes exigeantes en azote : maïs-fourrage, betterave, colza, tabac ; on sème ensuite au printemps les plantes fourragères. Il importe de bien connaître la composition du sol ; si la teneur est moyenne en acide phosphorique, potasse et chaux, il suffira de mélanger les couches profondes et les couches superficielles et d'aider la nitrification en aérant le sol. Si la terre est pauvre, il faut apporter les engrais minéraux appropriés, à doses élevées.

Une prairie est une sorte de tourbière, il importe de mettre en circulation l'humus superficiel.

Fig. 84. — Pré-verger en Normandie

Avant d'entreprendre le défrichement, le praticien fera l'analyse chimique de la terre ; il ne gaspillera pas les précieuses réserves d'acide organique, et réglera la nitrification en se gardant de mettre en circulation trop d'azote.

Deux cas se présentent : 1° la prairie est saine ; 2° la prairie est humide.

I. — Prairies saines.

Pour réussir le défrichement des prairies saines, si fertiles dans nos belles vallées françaises (fig. 85), on donne, dès le

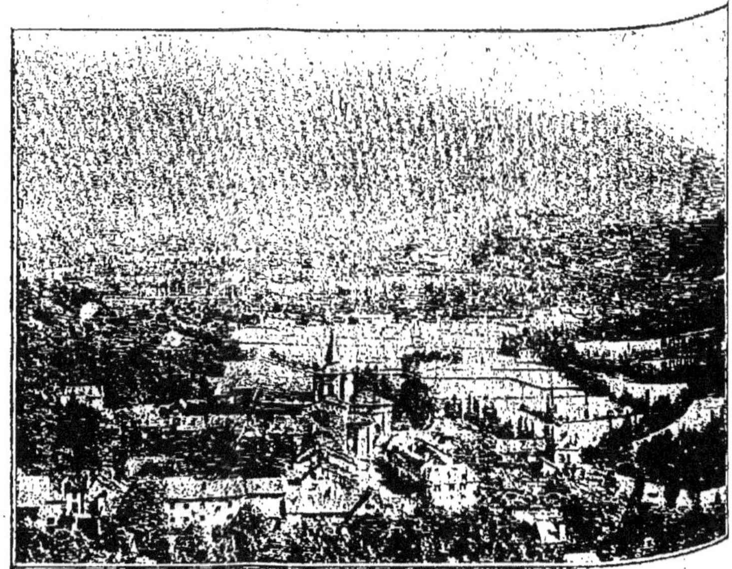

Fig. 85. — Prairies dans la vallée de la Garonne.

début de l'automne, un labour superficiel afin de renverser la couche du sol cultivé. Le gazon est retourné à plat, l'hiver passe ; puis les premières chaleurs du printemps dessèchent les racines, les stolons qui auront résisté aux froids ; on les enlève par un hersage. Les graines des plantes adventices pourront également germer, et un labour profond d'automne enterrera ces mauvaises herbes tout en ameublissant le sol,

La terre est laissée en cet état et subit l'action ameublissante des gelées ; au printemps, on nivelle et on détruit les mottes en hersant plusieurs fois dans le sens des bandes, puis dans une direction perpendiculaire.

Si les assises du sol sont calcaires, on enfouira la couche superficielle assez profondément en employant un brabant à rasette. Si le calcaire fait défaut, il faudra épandre des scories.

On chaulera seulement les années suivantes, afin de ne pas déterminer trop vite une nitrification trop active. Il sera tout indiqué de cultiver des plantes gourmandes d'azote : maïs-fourrage, betteraves, pommes de terre. Puis on pourra réensemencer la prairie en choisissant rigoureusement les semences et en semant sur terre nue au printemps ; les parties insuffisamment garnies seront réensemencées à la main en automne.

Si la prairie est infestée de chiendent, on fera le défrichement en deux fois : un premier labour détruit la végétation superficielle ; à l'automne, un hersage enlève les stolons du chiendent, Puis on effectue un labour profond.

II. — Prairies humides.

On distingue alors deux cas : 1° la prairie contient moins de 10 à 15 p. 100 de matière organique ; 2° la proportion plus élevée de matière organique classe ces prairies parmi les prairies tourbeuses.

Prairies renfermant peu de matière organique. — Il importe tout d'abord d'enlever l'eau en excès au moyen du drainage. L'État a organisé le *Service des améliorations agricoles,* qui se met à la disposition des cultivateurs groupés, établit un projet gratuit et accorde le tiers des dépenses.

L'application de 1 500 kilogrammes de scories, de 200 kilogrammes de chlorure de potassium associés à 3 000 kilogrammes de chaux si la terre est peu calcaire, suffit pour obtenir une excellente prairie sans qu'il soit nécessaire de recourir au défrichement. Le réensemencement de la prairie sur labour est cependant préférable (Schribaux).

III. — TERRES TOURBEUSES.

I. — Classification des tourbières.

Les tourbières sont des creux humides et marécageux dans lesquels s'accomplissent, sous la protection de l'eau, la décomposition lente de certaines matières végétales et leur transformation en un combustible : la tourbe, tenant le milieu entre le règne organique et le règne minéral.

Dans ces sols, la matière organique surabondante masque les propriétés de la matière minérale. Il convient de distinguer l'humus des tourbières et l'humus des terres végétales.

Le premier est *acide*, il se forme dans un milieu réducteur ; sa couleur varie du brun au noir. On y retrouve des traces d'organisation végétale. L'humidité le fait foisonner, la sécheresse provoque un certain retrait. Les gaz qui se dégagent de ces matières tourbeuses sont des carbures avec, parfois, du sulfhydrate d'ammoniaque. On y rencontre du soufre à l'état de sulfure ou de sulfates qui empêchent toute végétation (places maudites), ou des phosphates de protoxyde de fer.

L'humus des terres végétales est *doux*, sans acidité. Il se forme dans un milieu oxydant. Il se présente sous forme de particules noires extrêmement divisées, sans cohésion et intimement mélangées aux matières minérales. Au microscope on ne peut y déceler aucune trace d'organisation végétale. Cet humus se désagrège facilement par la sécheresse et se gonfle à peine quand on l'arrose. Les vers de terre, par leurs déjections, jouent un rôle évident dans la constitution de cet humus.

Tourbe. — Les facteurs qui interviennent dans la formation de la tourbe sont :

1º La nature et la quantité de l'eau.

2º L'intervention ou l'absence de matières minérales.

Il n'existe en effet pas de tourbière dans les retraits les plus profonds des forêts tropicales, ni en Algérie ni, sauf en des situations particulières, dans le midi de la France.

La proportion de terre tourbeuse augmente à mesure qu'on remonte vers le nord : Isère, vallées jurassiques et crétacées vallée de l'Ourcq, Somme, Pas-de-Calais, etc. En Suède et Norvège, en Danemark, les tourbières sont vastes et abondantes. Au Cap Nord, toutes les terres, tourbeuses, cèdent sous le poids du corps.

Il convient d'établir une différence entre les tourbières formées par les eaux *météoriques* venant du ciel et celles qui sont formées par les eaux *telluriques* venant du sol.

Les premières, dites tourbières *supra-aquatiques*, se constituent au sein des eaux de pluie pauvres en matières organiques. Ce sont les *tourbières hautes* des régions montagneuses (Jura, Vosges, Plateau central, Alpes).

En Hollande, Suède, Norvège, on trouve cependant ces tourbières à des altitudes peu élevées (tourbières *mousseuses*).

Les secondes sont dites *tourbières basses, infra-aquatiques*. Elles se constituent avec l'eau des rivières, lacs, marais, plus ou moins riches en matières minérales. Leur végétation spontanée se compose de plantes vertes (tourbières *vertes*).

Dans notre pays, ces deux types de tourbières sont distincts. En certaines régions tempérées où il tombe beaucoup d'eau, on peut rencontrer ces deux espèces de tourbe superposées et séparées par une tourbe de nature intermédiaire.

I. *Tourbières basses.* — Au fond d'un lac s'accumulent, chaque hiver, les débris des roseaux. Au cours des années l'amoncellement de ces débris organiques, aidé de circonstances diverses, assèche le lac. Les racines des roseaux plongeant dans le sol, les débris organiques reflètent la richesse du sol. Aux roseaux succèdent alors les carex, la nature de la tourbe va changer.

Deux cas se présentent : 1° Si le sol n'est pas inondé tous les ans, la tourbe ne comprend que des matières organiques, on peut en faire un combustible ; 2° Si le sol est inondé périodiquement, le limon se dépose à la surface de la tourbe. Les éléments minéraux s'ajoutent à la matière organique et ces sols formeront des terres excellentes.

On trouve donc à la base des tourbières basses ou tourbières infra-aquatiques, des roseaux puis des carex. Puis, sur la tourbe limoneuse, poussent des joncs, des prêles, des potentilles, des graminées de mauvaise qualité, des mousses du genre *Hypnum*.

II. *Tourbières hautes*. — Ces tourbières, dites supra-aquatiques, se forment sur des surfaces en pente ou sur des surfaces planes. La nature minérale du sol n'influence pas la formation de la tourbe et ne joue aucun rôle.

Dans une région où il pleut beaucoup, l'eau s'accumule dans une dépression ; bientôt pousse dans ce milieu humide une végétation spéciale rendant le sol imperméable. Le plafond de la tourbière est alors constitué. On voit alors apparaître toute une flore de *Sphagnum*, puis se développent des bruyères, des myrtilles, des drosera, des linaigrettes. Ces plantes formeront bientôt un humus imperméable et, dans ce milieu, les sphagnums réapparaîtront.

A la base des tourbières hautes on trouve donc des couches alternées de tourbe mousseuse de formation ancienne très décomposée, et des zones imperméables de débris provenant des bruyères, myrtilles, etc. Le sol supporte des plantes vivantes, myrtilles, linaigrettes, etc. Sur ce terrain spécial peuvent parfois pousser des pins de montagnes rabougris.

Les tourbières hautes, supra-aquatiques, se rencontrent indistinctement dans les plaines, sur les plateaux et sur les montagnes ; elles sont caractérisées par la présence de couches alternées de sphaignes, de bruyères, etc.

III. *Tourbières intermédiaires*. — Il existe un type intermédiaire de tourbières supportant des pins, des bouleaux, des aunes et des saules.

L'exploitation de ces terrains peut devenir rémunératrice, car on trouve dans la tourbe des souches ayant une grande valeur, bois rougeâtre d'une dureté remarquable et se conservant indéfiniment. La valeur de ces bois compense les frais d'extraction ; la vente de la tourbe constitue un bénéfice net.

Importance des tourbières. — Les sols incultes représentent actuellement 1/11 du territoire agricole de la France.

En 1882, on comptait exactement 4 273 787 hectares de terrains improductifs, comprenant :

	Hectare.
Landes, pâtis, bruyères..................	3 899 171
Terrains marécageux....................	328 297
Tourbières............................	46 319
	4273787

Les statistiques plus récentes fournissent les renseignements suivants :

	Hectares.
Landes, pâtis, bruyères	3 898 530
Terrains marécageux	316 373
Tourbières	38 202
	4 253 105

Soit un total de 4 253 105 hectares incultes sur 44 millions d'hectares cultivés ; on peut donc estimer à 20 682 hectares la superficie gagnée par la culture.

Les gains se répartissent ainsi :

	Hectares.
Landes, pâtis, bruyères	641
Terrains marécageux	11 924
Tourbières	8 117

Ainsi se montre l'effort des cultivateurs s'appliquant surtout à la mise en valeur des marécages et des tourbières. La richesse de ces sols en humus les désigne en effet parmi les terrains dont l'exploitation rationnellement entreprise peut constituer une source importante de revenus.

Classification. — Il y a divers types de sols humifères : les *prairies humeuses* (calcaro-humifères ou silico-humifères), les *sols de forêt*, les *terres de bruyère*, qui se produisent dans les landes, steppes et bois ; enfin les *tourbières* proprement dites. On classe les sols humifères de la façon suivante :

1° *Terres de bruyères*, généralement à base de sable et presque dépourvues de calcaire ;

2° *Terres demi-tourbeuses et marécageuses*, qui dosent moins de 50 p. 100 de matières organiques ;

3° *Terres tourbeuses*, caractérisées par leur grande richesse en humus (50 à 90 p. 100).

D'autres groupements, celui de M. Knop notamment, établissent la classification uniquement d'après la teneur en humus :

1° *Sols humifères* (1 à 5 p. 100 d'humus) ;

2° *Sols humiques* (5 à 10 p. 100 d'humus) ;

3° *Sols riches en humus* (10 à 15 p. 100 d'humus) ;

4° *Sols excessivement riches en humus*.

Au point de vue pratique, ces distinctions sont insuffisan[tes]
car elles négligent la teneur des sols tourbeux en princip[e]
minéraux.

Les tourbières sont nombreuses sous les climats humid[es]
du Nord. La superficie des tourbières existant encore en Ho[l]
lande serait de 37 573 hectares (soit environ 4,3 p. 100 de la su[r]
face improductive, comprenant les dunes, bruyères, mar[ais]
et 1,16 p. 100 de la superficie totale du pays). L'épaisseu[r]
la couche tourbière varie de 2 à 5 mètres ; exceptionnellem[ent]
au tourbier d'Emmen (province de Groningue), elle atteint
8 mètres de profondeur ; ce bassin tourbier, un des plus c[onsi]
dérables, couvre 15 000 hectares.

Le succès obtenu dans la mise en valeur des haut[es]
bières de Hollande tient à la proximité des grandes v[illes]
aux débouchés largement ouverts aujourd'hui à la
comme combustible et litière.

En France, on rencontre des tourbières à sphaigne[s]
crête des Vosges, dans le Morvan, dans les Alpes, le J[ura]
Bretagne. Les tourbières à graminées et à cypéracé[es]
minent dans les grandes vallées à fond perméable de la
(fig. 86), de la Lys, de la Vanne, de l'Aube, de l'Ourcq.

II. — Mise en valeur des tourbières.

Tourbières hautes. — Il importe de connaître la ric[hesse]
en calcaire des tourbières. Celles qui sont riches en chau[x]
les plus faciles à transformer.

Notons que, d'après leur mode de formation, la comp[osition]
du sol n'influe pas sur la composition des tourbières h[autes,]
contrairement à ce qui se passe pour les tourbières basse[s.]

Les tourbières hautes ne sont pas avantageuses à déf[richer]
les boisements y sont presque impossibles. En Bavière, les
ont montré que les arbres, qui végètent au début avec vi[gueur,]
s'étiolent soudain.

Cette tourbe est combustible ; on y trouve à peine 2 p.
matière minérale apportée par le vent. Elles sont acides
tion au papier bleu de tournesol)). La proportion de chau[x]

très variable. Ces tourbières sont peu intéressantes au point de vue cultural. On en tirera de la tourbe litière livrée au commerce, ou on la mélangera au fumier pour qu'elle absorbe l'ammoniaque ; l'azote de la tourbe deviendra assimilable au contact du fumier.

Tourbières basses. — Ces tourbières renferment souvent

Fig. 86. — Tourbières de la Somme.

autant de matière azotée que le fumier sec. On peut en tirer un excellent parti, à condition d'y apporter de la chaux, de l'acide phosphorique et de la potasse.

La composition moyenne des tourbières est la suivante :

	Matière minérale.	Chaux.	Azote.	Acide phosphor.	Potasse.
		p. 100 de la matière sèche.			
Tourbe basse........	10	4	2,5	0,20	0,10
— moyenne...	5	1	0,2	0,20	0,10
— haute........	2	0,25	0,8	0,05	0,03

Le poids du mètre cube de tourbe est faible : 250 kilogrammes pour la tourbe basse, 90 kilogrammes pour la tourbe haute

DIFFLOTH. — *Labours et Assolements.* 10

alors que le sol naturel pèse parfois 2 000 kilogrammes le mètre cube.

On peut aisément boiser les tourbières basses en épicéas, qui donnent en vingt-cinq ans des poteaux télégraphiques, en peupliers. Le peuplier peut se développer sans apport de terre végétale ; on mélangera au sol, à la plantation, 2 kilogrammes de scories et 1 kilogramme de chlorure de potassium par arbre. Les engrais minéraux phosphatés et potassiques donnent sur ces tourbières basses des résultats remarquables.

Propriétés physiques des tourbes. — L'état de division des sols tourbeux dépend de leur stade de décomposition. Les tourbes mousseuses de Hollande sont employées comme litière. On enlève la partie supérieure de la tourbière, puis on découpe en prismes les couches sous-jacentes. Cette tourbe est passée à la trémie, cardée, tamisée, criblée pour éliminer les poussières. Cette poussière (*torfmull*) est ajoutée à la mélasse aux engrais potassiques, etc.

La tourbe mousseuse possède un pouvoir absorbant plus considérable (24 fois son poids d'eau à l'état de saturation) que la tourbe de roseau, la tourbe verte (10 à 12 fois son poids d'eau). Gonflée d'eau, la tourbe devient asphyxiante pour les racines.

Elle se refroidit facilement et s'échauffe avec une grande rapidité (jusqu'à 50° C à la surface) ; il en résulte des variations de température considérables au cours de la journée, et mais peut y geler aux premiers froids de septembre.

Les tourbières constituent des terres très instables : elles « foisonnent », augmentent de volume et déchaussent les plantes durant l'hiver ; une seule culture d'hiver y réussit : le colza semé dès le début d'août. La sécheresse rend ces sols pulvérulents.

A la récolte, le fauchage arrache parfois les céréales au lieu de les couper. Sous l'influence de la chaleur solaire, ces terres modifient leur texture ; mouillées ensuite, elles ne reprennent plus leurs propriétés primitives.

La cohésion des terres tourbeuses est faible : 12 fois moins considérable que celle de l'argile ; aussi les laboure-t-on facilements. Ces sols manquent d'assiette et constituent parfois de véritables fondrières. Au défrichement on emploiera les bœufs, qui marchent lentement.

L'abondance des matières humides détermine une diminution de la densité, de l'adhérence, de la cohésion, de la perméabilité du sol à l'égard de l'eau. Elle exalte, au contraire, la faculté d'imbition, la puissance d'évaporation, le pouvoir hygroscopique, la porosité pour les gaz et l'absorption de la chaleur.

Fig. 87. — Un hortillonage près d'Amiens.

Les terrains tourbeux se dilatent, se gonflent beaucoup en absorbant l'eau ; la sécheresse occasionne de fortes contractions et détermine des fissures. Le gel, le dégel, causent des accidents semblables ; la culture des plantes hivernales y est difficile, sinon impossible. Ces sols sont dits *terres acides*; on y rencontre, en effet, l'anhydride carbonique, l'acide acétique (Dehérain, Paturel), l'acide butyrique, les acides humiques bruns ou noirs. Le pouvoir absorbant des sols tourbeux est considérable.

Propriétés chimiques des tourbes. — Leur composition est variable, comme l'indique le tableau ci-dessous.

Au point de vue chimique, ces sols se caractérisent par leur richesse en azote organique et, comme l'a montré nettement M. Dumont, par leur faible teneur en potasse ; la dose de chaux varie suivant la nature et la constitution des tourbières.

Voici quelques types d'analyse des sols tourbeux :

TERRAINS TOURBEUX.	P. 100 DE MAT. SÈCHE.			
	AZOTE.	POTASSE.	CHAUX.	ACIDE phosphorique.
Sols tourbeux du val d'Yerre (Cher).	13,2	0,36	4,2	traces
Tourbe de Huelgoat (Bretagne	15,4	0,10	»	0,52
— de St-Michel (Bretagne).....	13,2	0,50	»	0,17
— de Brunémont (Nord)......	17,3	»	70,1	1,03
— de Palluel (Pas-de-Calais)...	1,0	»	95,6	0,36
— d'Abbeville (Somme).........	21,0	»	46,9	1,77
— de Pontvallain (Sarthe)......	22,6	0,10	23,5	0,15
— du Jura.................	11,1	0,01	14,0	0,30
Sol tourbeux de Jauzy (Oise).......	12,54	»	10,16	0,58
— de Longemer (Vosges).	24,30	0,54	3,2	2,15
Sol humifère de Brassioux (Indre)..	10,7	»	24,03	1,06

Les tourbières basses sont pauvres en acide phosphorique, en potasse. On les améliorera facilement avec ces engrais, qui sont les moins chers d'ailleurs.

Plus pauvres encore, les tourbières hautes sont, nous l'avons vu, rarement d'une exploitation avantageuse.

Propriétés physiologiques des tourbes. — Les micro-organismes, dont le rôle est si utile en agriculture, font défaut aux tourbières hautes et manquent aux tourbières basses tant qu'elles sont noyées. Si le sol contient du calcaire, les micro-organismes s'y développent aussitôt après le dessèchement et l'aération du milieu. Une culture de légumineuses établie dès la première année sur ces sols améliorés montre la présence de nodosités des racines. Ces microorganismes sont amenés par le vent.

Sur les tourbières hautes situées à des altitudes élevées, on ensemencera des microorganismes en épandant des terres provenant de soles de légumineuses.

III. — Défrichement des sols tourbeux.

La stérilité des sols tourbeux tient à plusieurs causes, parmi lesquelles il faut citer, tout d'abord, le défaut de nitrification, tenant particulièrement à l'*état spécial de la matière organique* à la *non-transformation de l'azote organique en azote ammoniacal*.

C'est donc la première phase de la nitrification qui ne peut se manifester librement, car les sels ammoniacaux nitrifient [illegible]ement dans les terres humifères (Dumont).

Les *ferments ammoniacaux* fonctionnent mal dans ces terrains; c'est l'*ammonisation* qui est particulièrement insuffisante [illegible] nulle, et le manque de potasse est souvent la cause de la difficulté d'ammonisation de l'azote organique.

Technique de l'amélioration des sols tourbeux. — Un des principaux obstacles qui s'opposent à la mise en culture des tourbières est leur *état mouilleux*, qu'il importe de corriger à l'aide d'assainissement, de drainages. Cependant, en raison du grand pouvoir absorbant de l'humus à l'égard de l'eau, il faut éviter de trop assainir les sols tourbeux qui deviendraient pulvérulents et modifieraient ensuite leurs propriétés physiques sous l'influence des pluies. On drainera donc judicieusement, en évitant de trop abaisser le plan d'eau.

Les fossés de drainage seront coupés de barrages refoulant l'eau dans les petits drains. De distance en distance, on aménagera des levées de terre avec de petites vannes pour régler l'écoulement des eaux pendant la saison sèche. Les drains de terre cuite sont malaisément employés dans la tourbe qui, sans stabilité, cède à la pression; on les utilise seulement si la couche de tourbe est faible.

Dans le cas contraire, on draine avec des fossés, ou mieux, on place au fond des fossés, bouchés ensuite, des fascines (tiges [illegible] mètres de long, fagots de 30 centimètres d'épaisseur) soutenues par des croisillons de bois.

On met les fascines bout à bout, la tête de l'une reposant sur l'extrémité de l'autre. Avec les fascines on évite l'entretien des fossés, toujours onéreux.

On abaissera le plan d'eau à 0^m,50, 0^m,70 ou à 1 mètre au maximum, et quelques vannes disposées à cet effet permettront de régler à volonté le jeu des appareils d'assainissement et d'éviter un trop grand dessèchement du sol.

Le praticien analysera ces terres afin d'y épandre les engrais nécessaires : acide phosphorique, potasse et chaux.

Il est important et difficile de détruire la végétation spontanée, roseaux, joncs, carex :

Fig. 88. — Plantation de peupliers dans une prairie tourbeuse.

on y met le feu en automne. Parfois la présence de joncs, de carex, formant des masses feutrées, rend difficile le défrichement. Il faut pratiquer alors le retournement de la partie superficielle de la « couenne » sur 10 à 12 centimètres d'épaisseur, puis une seconde charrue travaille à 20 ou 25 centimètres

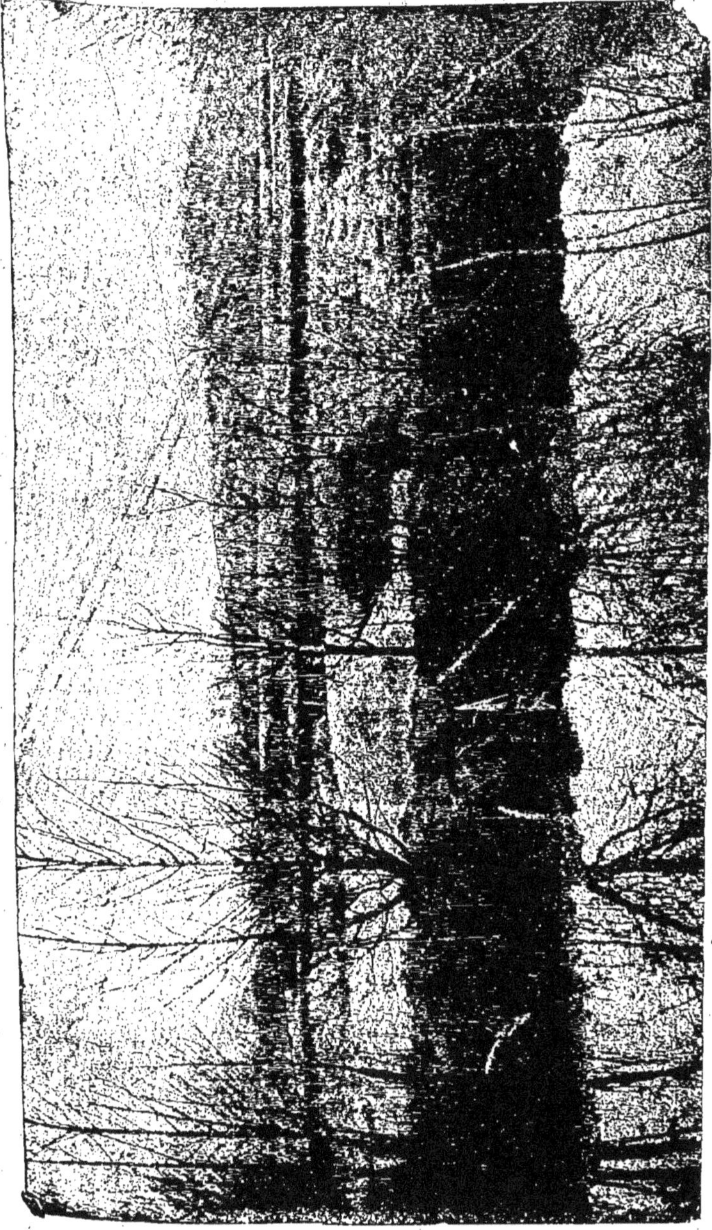

Fig. 89. — Une tourbière après exploitation.

de profondeur. Parfois un simple labour à 12 ou 15 centimètres donne, plus économiquement, d'aussi bons résultats.

On roule ensuite avec un instrument très lourd. *Le tassement énergique du sol, travaillé chaque année, est indispensable* (rouleaux spéciaux, passage des troupeaux, pâturage du bétail).

Aussitôt après le labour, on peut faire des semis de betteraves, on sème ensuite des semences fourragères et l'on obtient d'excellentes prairies. La première année, on sème de la fléole (2 kilogrammes à l'hectare), plante rustique et productive dont la semence coûte peu cher. Au bout de deux ou trois ans, le défrichement est effectué et on constitue immédiatement une seconde prairie de légumineuses et de graminées, prairie pâturée. Les animaux en effet tassent le sol, ce qui dispense des roulages du printemps après la première coupe. Par ses déjections, le bétail fait retourner au sol la potasse utile à ces terres et une partie de l'acide phosphorique.

Le praticien peut cultiver sur ce sol les navets, betteraves, rutabagas, carottes, choux, pommes de terre, colza, les plantes horticoles, les légumes, etc., sauf les primeurs, ces sols étant froids.

La culture des céréales y est moins avantageuse à cause du déchaussement et de la verse. On peut prévenir la verse en fauchant ou en faisant pâturer rapidement par les moutons l'extrémité des tiges (*écimage*).

Comme plantation forestière, signalons le peuplier (fig. 88), le frêne, l'aune, l'épicéa, les osiers qui prospèrent si l'on a soin — précaution trop rarement suivie — de leur accorder des engrais chimiques (champ d'essais forestiers de Bresles, Oise).

Les amendements calcaires ou sableux sont très efficaces pour la mise en valeur des sols tourbeux. La chaux améliore la texture de ces terres, facilite la nitrification.

Le sable, en couverture, atténue sensiblement les oscillations du taux d'eau en ralentissant l'évaporation et en facilitant l'infiltration ; la température du sol ainsi amendé s'élève sensiblement, surtout si le sable est utilisé en mélange plutôt qu'en couverture.

Les procédés d'ensablement par couverture se recommandent spécialement pour les climats secs, parce qu'ils diminuent le desséchement du sol. Au contraire, le procédé par mélange est préférable sous les climats humides, puisqu'il favorise l'évaporation de l'eau. Aux points de vue de l'aération du sol, de la décomposition de l'humus et de la régularité de la végétation, l'ensablement par mélange, d'après certains auteurs, se montre supérieur.

Si le sol est pauvre en calcaire et riche en potasse (landes humifères et vieilles prairies en terrain d'origine granitique), il suffit de mobiliser la potasse par l'apport d'amendements calcaires. Dans les sols non gypseux, on se trouvera bien de l'addition de plâtre (Dumont) ; les éléments, azote, chaux, potasse, seront ainsi mis en œuvre.

Lorsque le sol est pauvre en calcaire, en acide phosphorique et en potasse (terrains tourbeux au val d'Yerre), on emploiera avec succès les scories de déphosphoration et le chlorure de potassium.

Enfin, si le sol est riche en calcaire et pauvre en potasse active (terres calcaro-humifères d'Avilly, de Jauzy, Brunémont), on appliquera des engrais potassiques à la fin de l'hiver ; les engrais phosphatés compléteront heureusement ces améliorations. La mise en valeur des terres tourbeuses peut s'effectuer, en résumé, par différents procédés.

Mise en valeur par mélange de la tourbe au sol sous-jacent ou méthode hollandaise. — La tourbière étant drainée par des fossés à ciel ouvert, on exploite la tourbe, vendue comme combustible ou litière. Les couches de terre inférieure sont alors mélangées à la tourbe restante par des labours peu profonds et fumées à l'aide de gadoues ramenées des villes par les bateaux qui transportent la tourbe.

Aujourd'hui on utilise également les engrais chimiques. On plante la première année, après avoir fumé le sol, des pommes de terre ; puis on sème l'année suivante une céréale, dans laquelle est répandu un mélange bien choisi de graines fourragères qui constitueront une prairie.

Ces méthodes sont couramment employées en Hollande ; les moulins à vent mettent en action de puissantes machines élévatoires qui déversent l'eau des drains dans les nombreux canaux qui sillonnent tout le pays. Par ces mêmes canaux, les bateaux vont porter jusqu'aux villes la tourbe exploitée et en ramènent les gadoues, les résidus industriels, les engrais chimiques qui fertiliseront ces nouveaux sols.

Actuellement, on emploie ordinairement comme fumure 30 à 50 hectolitres de chaux, 18 à 20 quintaux de kaïnite, 3 à 10 quintaux de scories. On cesse d'abord l'application de la chaux, puis celle de l'acide phosphorique ; ces terrains demandent toujours beaucoup de potasse.

L'exploitation de la tourbe constitue en Hollande une industrie rémunératrice depuis la création de nouveaux débouchés : briquettes, carton de tourbe, tissus de tourbe, litière. Dès l'épuisement du tourbier, le sol passe aux mains du paysan hollandais, qui le met en valeur. Il existe même une législation spéciale réglementant cette exploitation et réprimant l'épuisement du terrain par les fabricants de litière de tourbe.

Autrefois, le tourbier replaçait, sur le fond sableux de la tourbière exploitée, la terre de la couche supérieure, qui n'avait pour lui aucune valeur, et c'est sur des dépôts de ce genre atteignant parfois 70 à 90 centimètres d'épaisseur qu'ont pris naissance les florissantes colonies de tourbières de Groningue. Depuis l'exploitation de cette terre (*bunkerde*) comme litière e tourbe, les industriels épuisaient complètement le tourbier ; aussi une réglementation est-elle intervenue pour édicter des mesures spéciales.

Il doit toujours rester sur le sous-sol au moins 50 centimètres de bunkerde, qu'on mélange au sable (*grauwveen*) pour mettre en valeur intensivement les sols tourbeux.

Si le dépôt exigé ne peut être constitué par la terre des couches supérieures, on exige seulement de l'exploitant qu'il conserve les couches tourbeuses par le sous-sol jusqu'à la tourbe noire.

Ces terrains, atteignant (en 1914) la valeur de 3 500 à 6 700 francs l'hectare, produisent de fructueuses récoltes de seigle, avoine, pomme de terre, etc.

Mise en valeur par écobuage. -- Il arrive que la tourbe, de nature trop terreuse, ne peut être utilisée ni comme litière, ni comme combustible. Les voies de transport et les débouchés font parfois défaut.

Le terrain assaini, on procède alors, dès le printemps, à l'écobuage. On fait passer des instruments garnis de coutres
agissant à 20 centimètres de profondeur qui divisent le sol
en bandes parallèles que l'on redivise ensuite en mottes carrées
avec la charrue travaillant à 12 centimètres dans un sens perpendiculaire. Les mottes de terre sont réunies en petits tas,

Fig. 90. — Labour au brabant double en sol tourbeux.

qu'on laisse sécher l'été pour être brûlés ensuite. Il importe
de ne pas laisser la combustion devenir trop vive, afin d'avoir
une matière carbonisée plutôt que des cendres blanches.
Le résidu de l'incinération est répandu sur le sol, enrichi
ainsi en substances salines, notamment en carbonates alca-
lins.

Ainsi sont corrigés par cette opération les deux principaux
défauts de ces sols tourbeux : pauvreté en éléments miné-

raux et réaction acide. En même temps, on détruit la végétation spontanée, herbacée ou ligneuse, les insectes.

L'incinération de la couche superficielle offre cependant le
grave inconvénient de déterminer ainsi la disparition des
matières organiques azotées détruites par la combustion.
Après plusieurs écobuages, on constate l'appauvrissement
excessif du sol en humus. Il est préférable, après un écobuage initial détruisant les mauvaises herbes, d'avoir recours
au marnage, si les conditions géologiques le permettent.
Aux marnages, aux chaulages, on associera l'épandage
d'engrais potassiques, de kaïnite notamment. Lorsque la
tourbe est constituée par du terreau, elle ne profite pas
sensiblement du chaulage ; les engrais phosphatés donnent de
meilleurs résultats.

La cendre de l'écobuage étant répandue sur le sol, on y
ajoute d'abondants amendements calcaires. Par des labours et
des hersages, on ameublit et on aère la terre, qui porte deux
ou trois soles de plantes-racines et de céréales avant d'être
engazonnée.

L'écobuage était autrefois pratiqué couramment, on abais-
sait ainsi le niveau de la tourbe, mais ce traitement est peu
rationnel et on lui préfère les autres méthodes d'exploitation.

Dans l'Allemagne du Nord, on écobuait parfois jusqu'à
10 000 hectares de tourbe. Le vent en transportait l'âcre
fumée de Leipzig jusqu'à Cracovie et Genève même. Cette
fumée de tourbe était accusée de graves méfaits, notamment
de nuire à la fécondation du seigle.

Mise en valeur par recouvrement. — L'exploitation des
terrains tourbeux par recouvrement a été appliquée pour la
première fois par Rimpau à une tourbière de 1 600 hectares
située à Cunrau, dans la province de Saxe.

La surface du sol nivelée, on assainit le terrain, en divisant
la tourbière en planches de 20 à 25 mètres séparées par des
fossés d'assèchement. Il faut éviter dans ces opérations de
déterminer un abaissement trop considérable du plan d'eau :
la capillarité ne s'exerçant plus, le sol deviendrait poussiéreux
et défavorable à la végétation. A Cunrau, de petits barrages
très simplement établis permettaient de régler l'évacuation et

d'entretenir une fraîcheur suffisante. Les fossés d'assèchement offrent sur le drainage l'avantage d'une réelle économie (1), d'une aération latérale du sol par les talus, d'une évaporation plus intense et d'un entretien aisé.

La tourbe reposait à Cunrau sur des assises de sable, et c'est là qu'apparaît l'originalité du procédé. M. Rimpau étendit sur la tourbière une couche de sable de 10 à 11 centimètres d'épaisseur (2).

Ce sable supprime, en effet, les défauts des sols tourbeux. Il modifie leur couleur, s'oppose aux variations de température et, par suite, aux soulèvements l'hiver et aux tassements l'été ; la capillarité étant réduite, l'évaporation diminue. Il importe donc de maintenir nettement la séparation entre les deux éléments, sable et humus, et d'éviter leur mélange ; à cet effet, on travaille seulement la couche superficielle du sol. Dans ce milieu, cependant stérile, les graines germent bien et se développent assez rapidement pour gagner l'atmosphère et atteindre la tourbe, où elles puisent leur nourriture. Grâce à ces conditions favorables, la plupart des cultures se maintiennent dans ces sols après un apport d'engrais phosphatés (scories, phosphates naturels) et de sels potassiques.

Le ray-grass d'Italie donne des rendements en fourrage des plus remarquables ; le colza, la pomme de terre, le chanvre ont pu être avantageusement cultivés. Le creusement des fossés avait occasionné une perte de terrain de 18 p. 100 et une dépense de 400 francs l'hectare. Les rendements ont un peu diminué au bout de quelques années ; le sable stérile s'est enrichi à la longue de débris végétaux et a perdu ses propriétés physiques. Les labours trop superficiels ont déterminé la formation d'une couche moins perméable ; néanmoins l'application de ces procédés constitue une des meilleures méthodes de mise en culture des tourbières. Il s'agissait, à Cunrau, de conditions éminemment favorables ; mais on a pu, avec succès, généraliser ces tentatives et modifier avantageusement

(1) Les drains, devant être rapprochés, s'obstruent souvent et restent difficilement dans la position primitive.

(2) L'établissement des fossés permit d'extraire facilement le sable épandu ensuite sur les portions voisines.

des sols tourbeux en les recouvrant simplement de terre
franche. Il est préférable d'employer le sable : le sable gros
et clair donne de bons résultats ; le sable trop fin est entraîné
par le vent. Les sables calcaires sont à rejeter, à cause de leur
soulèvement ou de leur tassement.

Lorsque la transformation des tourbières en terres labourables présente certaines difficultés, on arrive plus aisément
à leur mise en exploitation en constituant des pâturages et
des prairies. Dans ces cas particuliers, l'apport de sable ne
semble pas avantageux : les plantes fourragères manquent
d'assiette et ont une végétation peu vigoureuse. Les prairies
non sablées sont donc d'une meilleure exploitation, sauf dans
les cas où les gelées sont à craindre : il suffit alors d'une épaisseur de 4 à 5 centimètres de sable.

Méthode suédoise. — En Suède, les tourbières couvrent
de vastes étendues qu'on met en valeur suivant un mode
raisonné et judicieux. Flahult est le siège le plus important
des champs d'expérimentation de l'*Association suédoise pour
la culture des tourbières.*

Le 25 janvier 1886, l'Association était fondée par l'adhésion
au projet de 178 cultivateurs. Progressant rapidement, le
nombre des adhérents s'élevait, deux ans après, à 3 500,
répartis dans les diverses régions de la Suède. L'association
embrasse actuellement tout le pays.

Pour apprécier la valeur d'un sol tourbeux, il est fait, au
laboratoire de l'Association, de très nombreuses analyses de
tourbes. Une analyse complète comprend les dosages suivants :

Matière organique. — Oxyde de fer et alumine. — Chaux. —
Potasse. — Acide phosphorique. — Acide sulfurique. —
Azote. — Détermination de la densité de la tourbe.

La détermination rigoureuse de la matière combustible
(chaleur de combustion à la bombe calorimétrique) comprend,
en outre, le dosage de l'eau et des cendres.

En dehors de ces analyses de tourbe, le laboratoire de
l'Association procède à l'examen des matières employées pour
l'amélioration des tourbières : sable, argile, lehm, etc. Les
récoltes des champs de Flahult sont analysées au laboratoire

de Jonkoping. L'étude de la flore des tourbières est aussi importante que leur examen chimique ; le botaniste attaché à l'établissement s'occupe, à la fois, de l'étude botanique des tourbes et de la détermination de la flore des prairies d'expériences ; il contrôle également les semences employées dans les champs d'expériences.

L'Association réalise de nombreux essais, dans les *champs*

Fig. 91. — Tourbière-prairie.

d'expérience, les *champs de démonstration* ; des *conseils techniques* sont prodigués aux cultivateurs.

La surface totale de Flahult est de 150 hectares. On y distingue les *Hochmoor* (tourbières hautes), les *Niederungsmoor* (tourbières basses) et des sols sableux ou boisés. Le sol est essentiellement celui d'une tourbière haute, très peu décomposé et constitué par des *Sphaignes* et des *Eriophorum*. La puissance de la couche est, en moyenne, de 3 mètres. Aux confins de la tourbière haute, il y a quelques hectares de tourbière basse, caractérisée par la composition de sa flore (carex, mousses et roseaux). La couche de tourbe n'a, ici, qu'une épaisseur de 30 à

50 centimètres. Partout le sous-sol est constitué par du sable très pauvre.

L'analyse du sol tourbeux a montré sa pauvreté en chaux, potasse et acide phosphorique, aussi bien dans la Hochmoor que dans la Niederungsmoor. Dans la première, le taux d'azote est peu élevé (0,94 p. 100). La tourbe basse en renferme beaucoup plus (2,82 p. 100). La teneur en cendres est de 1,95 p. 100 dans la Hochmoor et de 11,16 p. 100 dans la Niederungsmoor.

Tourbière haute. — Si l'on se propose de transformer la *tourbière haute* en sol arable, en prairie temporaire ou en pâturage, la première opération consiste dans l'asséchement de la tourbière à l'aide de larges canaux ouverts de distance en distance.

On procède ensuite au nivellement de la surface en fauchant les bruyères et les touffes d'herbes. On arrache les pins rabougris, les arbrisseaux, réunis en tas et brûlés.

A la houe, on rompt les mottes de tourbe et le sol est égalisé.

Lorsque la surface se trouve ainsi à peu près nivelée, des fossés de drainage, espacés de vingt mètres environ, sont creusés. Dans les cultures déjà anciennes, on donne à ces fossés $1^{m},20$ de profondeur ; sur les parties récemment défrichées, les fossés n'ont que $0^{m},60$ de profondeur sur $0^{m},45$ de large.

Ces travaux s'exécutent pendant l'été et l'automne. Dès l'hiver suivant, on porte sur le champ 500 mètres cubes de sable par hectare, ce qui correspond à une couche de 5 centimètres d'épaisseur, étendu aussi uniformément que possible comme dans le système Rimpau.

Mais au printemps de la seconde année, lorsque la couche superficielle de 15 à 20 centimètres est dégelée, tandis que le sous-sol est encore assez fortement gelé pour que les bœufs de trait puissent y marcher, on herse la tourbe à la herse américaine, énergiquement, pour y incorporer régulièrement le sable.

La première année de transformation de la tourbière, la ténacité de la tourbe s'oppose en effet à l'emploi de la charrue.

Après cette opération, on répand à la surface 49 hectolitres et demi de chaux éteinte par hectare (3 500 kilogr. de chaux réelle), puis on donne un second hersage.

Comme fumure, on emploie les scories de déphosphoration (120 kilogr. d'acide phosphorique à l'hectare) et les sels de Stassfurth (40 kilogr. de potasse à l'hectare) ; pas d'engrais azotés. Afin d'aider au développement des bactéries accumulatrices d'azote, on épand, par hectare, 40 hectolitres de terre prélevée dans une vieille culture de légumineuses. On ensemence ensuite avec des légumineuses (300 kilogr. par hectare, d'une variété de pois (*peluschke*), très appréciée des cultivateurs scandinaves, à laquelle on a mélangé de 20 à 30 p. 100 de fèves). A l'automne on donne un troisième hersage.

Au printemps de la troisième année, l'avoine est semée (230 kilogr. à l'hectare), avec un mélange de trèfle et de graminées (environ 35 kilogr.). Comme fumure, 100 kilogr. d'acide phosphorique (scories), 70 kilogr. de potasse (Stassfurth) et 45 kilogr. d'azote sous forme de nitrate (300 kilogr. de nitrate de soude). La transformation de la tourbière en sol arable est ainsi terminée.

Pour créer la prairie, on procède de même, mais on n'emploie que 200 à 250 mètres cubes de sable à l'hectare, et les drains sont maintenus à $0^m,50$ au-dessous de la surface.

Les deux premières années, la peluschke est cultivée comme culture préparatoire, à l'aide des engrais minéraux ordinaires.

L'inoculation bactérienne du sol avec la terre donne d'excellentes récoltes de fourrage. Pendant ce temps, la tourbe commence à se décomposer, il se forme une couche de terre arable propre à porter la récolte principale. La troisième année de culture, on ensemence le sol avec un mélange pour prairie, sans plante-abri servant de couverture. On fume ensuite chaque année la prairie.

Si l'on fauche la prairie, pendant les deux premières années l'apport d'engrais minéral sans azote est suffisant ; il suffit d'épandre ensuite, dès la troisième année, l'acide phosphorique, la potasse et l'azote. Les prairies durent à Flahult cinq ans, sept ans et même davantage.

Si l'on fait pâturer les prairies pendant les deux premières années, on ne leur donne pas de nitrate ; on se borne à y répandre de l'acide phosphorique et de la potasse.

La première année, une seule coupe est pratiquée et donne environ 5 000 kilogr. de foin. La deuxième année en produit autant ; dans la troisième année, on ne récolte que 4 000 kilogrammes.

Sur les tourbières les meilleures, on borne la fumure à l'acide phosphorique et à la potasse, sans azote.

Tourbières basses. — Les *tourbières basses* sont labourées dès le début ou fortement hersées ; on les cultive ensuite de la même manière, mais sans addition de sable.

Les premières années, les fossés d'écoulement restent ouverts; on les protège ensuite contre l'éboulement en les remplissant de tourbe ou de fagots. Plus tard on remplace ces drains à ciel ouvert par des tuyaux.

Dans les années favorables, la pomme de terre peut réaliser de forts rendements, mais cette plante est sensible à la gelée, aux intempéries et les rendements sont faibles.

Les choux-raves et les turneps ne réussissent pas à Flahult, à moins de recourir à des quantités extrêmement élevées d'engrais. Les carottes semblent donner des résultats meilleurs. Dans la tourbière basse, toutes les plantes cultivées, à l'exception du seigle d'été, fournissent de bonnes récoltes.

L'Association a créé, à Flahult, des *Colonies d'essais* comprenant une superficie de 8 hectares : 4 hectares de tourbière haute, 1 hectare de tourbière basse et 3 hectares de bois. Au débuts, les colons étaient locataires ; au bout de quatre années, ils sont devenus propriétaires sous certaines conditions de prestations en nature ou redevances.

Les colons trouvent sur ces petits domaines un hectare de Hochmoor mis en culture par les soins de l'Association, qui s'engage à mettre, chaque année, un hectare dans le même état, de sorte qu'à l'expiration des baux (quatre ans), les cinq hectares de tourbières soient exploitables.

Le fermier s'engage à suivre les prescriptions de l'Association, il reçoit à très bon compte les engrais et les semences et utilise les bœufs de travail et l'outillage agricole de Flahult.

L'hectare de tourbière vierge de Hochmoor, estimé en 1914 70 francs, triplait de prix après sa mise en culture.

Toutes les légumineuses, sauf la serradelle et la luzerne, prospèrent à condition que le sol tourbeux qui les porte soit

Fig. 92. — Hortillon arrang.ant les berges de l'aire.

préalablement inoculé par l'apport de terre riche en bactéries.

Les meilleurs rendements en avoine sont obtenus avec des semailles hâtives. On n'emploie que des grains gros et lourds, ce qui assure une végétation régulière et hâtive de la plante. .

Lorsque le sol est suffisamment décomposé et assez ameubli les semailles sont pratiquées au semoir en lignes. L'emploi de la houe, dans les cultures de céréales sur tourbe basse non sablée, est très recommandable.

CHAPITRE II

SOLS SALÉS. — MARAIS

I. — TERRAINS SALÉS. — CAMARGUE.

La mise en valeur des terrains salés présente pratiquement quelques difficultés largement compensées par la plus-value ainsi conférée aux sols. Nous examinerons avec quelque détail l'exploitation des terrains salés de la Camargue.

La Camargue. — Les terres du delta du Rhône peuvent se diviser en trois catégories : les *terres hautes* ; les *terres basses* ; les *marais*.

Les *terres hautes*, situées à 60 centimètres et plus au-dessus du plan d'eau moyen d'hiver, sont les plus saines et supportent des cultures de vignes, de luzernes, de céréales. Leur fertilité est d'ordinaire accentuée, à condition d'y faire de temps en temps des arrosages et d'entraîner avec ces eaux, au moyen des fossés d'écoulement, le sel qui tend à remonter.

Les parties les plus relevées des *terres basses*, situées de 40 à 60 centimètres au-dessus du plan d'eau, sont favorables à la végétation des céréales d'automne, fèves, betteraves, maïs, moha, topinambours. Les cultures de printemps sont contrariées par les pluies printanières, accompagnées des hâles de mars et d'avril, qui, desséchant la surface du sol, produisent le *glaçage*. Il se forme une croûte dure, unie et glacée, obstacle absolu à la levée des semis, cause de strangulation de la tige des plantes déjà en terre, et condition très favorable à la remontée du sel.

A un moindre niveau que les terres basses, c'est le domaine des *enganes*, landes salées, recouvertes par endroits de tamarix, de touffes de joncs, de statices et de nombreuses salsolacées, qu'entourent des places nues, les *sansouïres*, où le sel cristallise et étincelle au soleil d'été. L'hiver, tous ces espaces sont inondés : les pluies, les infiltrations du Rhône, le mauvais entretien des *roubines* d'écoulement que les bergers obstruent en les comblant çà et là de sarments pour le passage de leurs troupeaux, les vents violents qui font refluer les eaux des marais sur les terres, toutes ces causes contribuent à noyer le pays. Néanmoins, les enganes, lorsqu'elles ne sont pas trop salées, sont transformables en prairies naturelles jusqu'à la cote du plan d'eau moyen d'hiver, grâce au concours de l'irrigation.

Au-dessous de ce niveau, se trouvent des surfaces qui ne sont évacuées par les eaux qu'en juillet-août, et où le sol est recouvert de la flore des marécages ; ce sont les prés palustres ou *têtes de marais*. Plus bas encore, là où l'eau reste en permanence, c'est le marais proprement dit, encombré de grands roseaux qu'on fauche en août, comme litière, et dont la partie haute sert même à la nourriture des mules.

L'utilisation des sols de Camargue est d'autant plus facile qu'ils sont plus relevés ; ce sont les terrains qui avoisinent le marais, les *enganes*, dont l'exploitation est la plus malaisée, parce que la proportion de sel y est élevée. Pour réduire les enganes, il faut abaisser le plan d'eau général, de façon à relever, en quelque sorte, artificiellement, les terres basses.

On parvient à ce résultat en établissant entre le pré palustre et le marais un appareil élévatoire capable de prendre les eaux des terres pour les rejeter dans le marais (fig. 93).

Des terrains assainis par les moulins peuvent être convertis en prairies naturelles ; mais il faut auparavant commencer par les dessaler au moyen de cultures de céréales. L'assolement généralement adopté est alors le suivant : *Première année* : riz ; *deuxième année* : avoine ; *troisième année* : prairie.

L'intervention du riz est indispensable, la grande quantité d'eau qu'il exige permet au sel d'être bien entraîné. On facilite le lavage du sol en employant, comme fumure pour le riz, des roseaux qu'on couche entiers au fond de la raie de charrue, et qui constituent un véritable drain en même temps qu'un engrais organique favorable à la céréale.

Culture du riz. — En Camargue, le sol à traiter est au préalable nivelé et divisé en planches par des fossés de 60 à 70 centimètres de profondeur, distants de 200 mètres environ. Chaque carré est entouré de bourrelets de 40 centimètres de haut. Un fossé de colature profond de 80 centimètres capte, tout autour, l'eau de filtration, qui risquerait de porter le sel dans les dépressions voisines (Rolet).

Le terrain préparé par un labour de 20 à 25 centimètres, hersé et roulé, est submergé en avril ou mai (5 centimètres d'eau).

Puis, on répand à la volée (1 hectolitre et demi, soit 90 kilogrammes par hectare) la semence préalablement trempée dans l'eau durant six jours. Ce trempage fait plonger la graine jusqu'au sol, et permet, en outre, d'éliminer les semences du millet des rizières. Le plus souvent, on laisse ainsi germer les graines, qui lèvent une dizaine de jours après. Parfois on passe la herse pour les recouvrir légèrement, ou l'on retire l'eau. A mesure que les jeunes plantules s'élèvent, le cultivateur augmente l'épaisseur de l'eau qui, de 4 à 5 centimètres, arrive jusqu'à une trentaine de centimètres.

L'eau séjourne ainsi quatre mois environ. Afin de dissoudre le plus possible de sel marin, il est préférable de temps en temps de renouveler l'eau ; on détruit ainsi les algues, mousses qui envahissent la rizière.

On cultive, en Camargue, une variété de riz hâtive, le *bertone*, peu productive (30 à 40 hectolitres par hectare), et une variété plus tardive de quinze jours, le *ranghino*, qui donne 60 hectolitres d'un grain de meilleure qualité. La paille est plus grosse, la panicule ample et ramifiée comme celle d'un millet.

Par suite des conditions climatériques de la région et de l'action réfrigérante du mistral, il faut n'employer que des variétés hâtives, n'exigeant que quatre-vingt-dix à cent jours d'évolution. On pratique des semailles précoces avec une semence ayant la radicelle franchement accusée.

La moisson est tardive (fin septembre, commencement d'octobre), elle ne peut se faire qu'à la faucille ou à la faux, car le sol est trop mou pour porter la moissonneuse. La sortie de la récolte du champ est pénible sur ce sol noir et vaseux, recouvert par endroits d'une couche de 5 centimètres de mousse, de *chara*, blanche, sèche et friable (Farcy).

Le bœuf, comme bête de trait, serait préférable aux mules, car cet animal ne piétine pas quand il sent le sol faiblir sous

(Fig, 93. — La Camargue avant l'assainissement du sol.

ses pieds, et, ainsi, l'enfonce moins. L'emploi du chemin de fer Decauville serait encore plus pratique. Il est vrai qu'on manipule ainsi les gerbes une fois de plus, et le riz s'égrène facilement.

Une fois au *mas*, la récolte est passée à la batteuse ; le grain sert à la nourriture des mules (8 litres par jour et par tête), en remplacement du même volume d'avoine. On fait consommer la paille aux animaux, qui en sont très friands tant qu'elle est fraîche. Cette paille, n'étant pas bien sèche, se conserve mal, il faudrait l'ensiler. Ordinairement elle moisit et n'est plus bonne que pour litière ou enjoncage. On s'en sert pour recouvrir d'un paillis protecteur les emblavures d'avoine qui succèdent au riz. Il faut toujours craindre, en ce pays de *salant*, que le vent desséchant ne fasse remonter le sel et ne détruise le semis. Le sol doit toujours, pour enrayer l'évaporation, être couvert de végétation, d'enjoncage, ou même de terre meuble.

La culture du riz permet donc de travailler efficacement au dessalement, tout en obtenant des récoltes rémunératrices, à la condition toutefois d'avoir à sa disposition de l'eau douce amenée par des rouets, pompes centrifuges, etc.

Lorsqu'on le juge opportun, on peut continuer la rizière la deuxième année. Souvent, dès cette deuxième année et pendant deux ou trois ans, on cultive des céréales, des fourrages verts, de la luzerne, puis on repasse en rizière. Après six ou sept ans il faut revenir de nouveau à la submersion.

Les bonnes prairies, remplaçant les prés palustres, assainis à l'aide du moulin à vent, orientent souvent la culture vers l'élevage du mouton. On y entretient des troupeaux de brebis africaines, résultant du croisement de deux races d'Algérie, le barbarin et le mouton à grosse queue (J. Farcy).

II. — MISE EN VALEUR DES MARAIS.

Généralités. — Les marais sont parfois exploités pour la production des roseaux (*roselières*), mais trop souvent on néglige de mettre en culture ces sols d'une fertilité cependant évidente.

Il faut distinguer les marais *non arrosés*, laissés à l'état natif, des marais *arrosés*, exploités pour la culture des roseaux. Les marais non arrosés ne reçoivent que des eaux pluviales et des eaux d'infiltration très irrégulièrement ; ils ne produisent que peu ou point de roseaux.

On y rencontre la flore des marécages : *scirpes, carex, zostère aquatique, plantain d'eau, polygonées* et des menues plantes

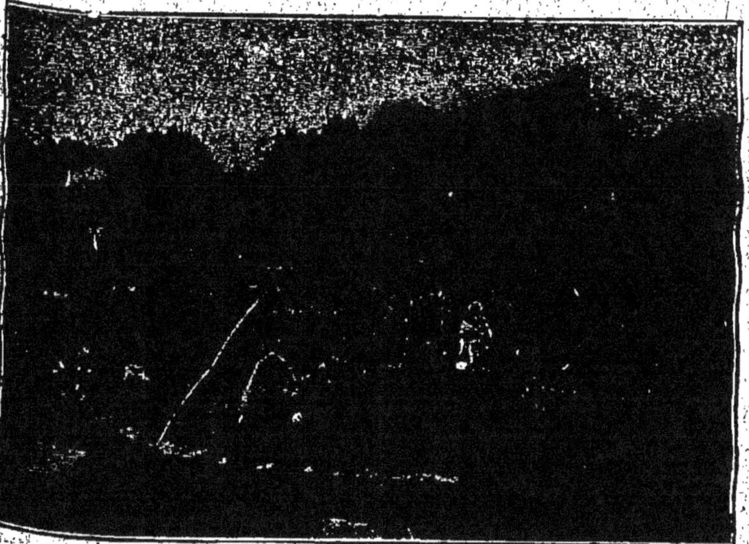

Fig. 94. — Mise en valeur des marais de la Somme.

formant ce que l'on nomme en Camargue la *bauque*, utilisée comme litière et engrais pour les vignobles.

La massette (*Typha latifolia*), employée pour la confection des paillassons, cannage de chaises et même comme fourrage à l'état frais, pousse également sur ces sols.

Mise en valeur. — Lorsque l'on veut assainir ces marais en Camargue, le drainage par pierrées est préférable aux tuyaux, à cause du grand volume d'eau à évacuer. Sur les bases de $1^m,20$ de profondeur, 40 centimètres de largeur de tranchée et 25 mètres d'espacement, le drainage peut être aisément établi (fig. 94).

On effectue ensuite le *dégazonnement* au moyen de charrues spéciales, qui découpent le terrain ; les gazons retournés sont brisés par la herse. Il importe alors d'effectuer un défoncement à une profondeur de 70 centimètres au moins. Les trois premières années, d'abondantes fumures sont indispensables, et il est nécessaire d'amender le terrain à l'aide de chaux ou de marne.

Le drainage, le défrichement, la fumure, l'ensemencement en avoine ou en sainfoin, coûteront la première année environ 1 200 francs. Au début, les parcelles sont ensemencées en céréales et fumées fortement jusqu'à ce que l'irrigation permette d'établir la prairie. La deuxième année, les plantes des marais, souvent, disparaissent ; la plante fourragère, la troisième année, se développe et peut, la quatrième année, donner, à l'hectare, 4 000 kilogrammes de foin. Les frais sont couverts la quatrième année, et le bénéfice de la septième année s'élève à 1 000 francs environ.

On obtient un bénéfice de 800 francs par hectare après sept ans de création. Les frais de transformation seraient couverts plus tôt si l'on mettait la parcelle en céréales (A. Rolet).

La *Compagnie de dessèchement des marais de Fos* indique comme production moyenne pour un hectare de marais transformé : prairie 8 000 kilogrammes, les frais de dessèchement par machine étaient comptés 100 francs par hectare, et les charges diverses à 3 p. 100 du revenu. Pour les vignes on obtient des rendements de 80 hectolitres ; les cultures maraîchères et diverses font ressortir la location à l'hectare à 500 francs.

Dans la partie de la presqu'île de Cotentin désignée sous le nom de *marais*, des marécages convertis en prairie valent aujourd'hui 8 000 francs l'hectare. Au voisinage de quelques grandes villes, certains marais transformés valent de 12 000 à 20 000 francs l'hectare.

CHAPITRE III

AMÉLIORATIONS FONCIÈRES

I. — FIXATION DES SOLS MOUVANTS.

Généralités. — La mobilité des sols sableux peut constituer un obstacle sérieux à la mise en culture de ces terrains. On a remédié à cet inconvénient par des clayonnages de roseaux et de joncs (1), ou de branches de sapins, l'extrémité de plus fort diamètre tournée vers le vent dominant.

Il est très recommandable de garnir le terrain de plaques de gazon, qui maintiennent le sol humide. Parfois, on trace à la charrue deux raies versées l'une contre l'autre à des écartements variables ; elles forment ainsi des petites digues arrêtant les mouvements du sable. Les intervalles laissés entre elles sont couverts ensuite de branchages, de paille, etc. (Damseaux).

Lorsque les sols sont d'une mobilité excessive, on les fixe à l'aide d'une végétation appropriée dont les racines contiennent les particules les plus ténues. On utilise à cet effet le gourbet ou oyat (*Arundo arenaria*), graminée se développant assez rapidement sur les sables. Ces plantations sont protégées par des lignes parallèles de haies sèches sinueuses.

Enfin le pin maritime, le bouleau, le genêt jouent un rôle important dans la consolidation de ces terres mobiles. Les dunes de Gascogne ont été fixées grâce aux plantations de pins, et les reboisements dus à l'initiative de Brémontier, Chambrelent, ont fait de ces régions une contrée riche et prospère (2).

Pour que la germination des graines de pins s'effectue dans ces terrains agités il faut faire des semis avec couverture.

(1) Il existe un instrument spécial pour cet usage : l'*enjonceuse*, employée sur le littoral méditerranéen.

(2) Ces dunes, poussées par les vents de la mer, progressaient de 20 mètres par an, et on avait prédit leur arrivée à Bordeaux, dans moins de deux mille ans. Les villages de Lilian, Lelos, Sart, Contis, Anchis, ont disparu sous cet envahissement ; au XVIᵉ siècle, Soulac été enseveli sous les sables.

On sème par hectare un mélange de semences de pin maritime (30 kilogr.), d'ajonc (6 kilogr.), de genêt (6 kilogr.) et de gourbet (3 kilogr.). Le semis est couvert de branchages, d'herbes, de bruyères, de genêts, etc., maintenus par de petits crochets ou des pelletées de sable. Le développement hâtif du gourbet, des genêts et des ajoncs permet au jeune plant de pin de prendre racine.

Sur le bord immédiat de la mer, le pin ne réussit guère, et le long des côtes il existe une zone littorale où le sable est fixé uniquement au moyen du gourbet. Plusieurs autres graminées viennent bientôt se joindre au gourbet : deux agropyres (*A. junceum* et *A. acutum*), une fétuque (*Festuca sabulicola*) et le chiendent pied-de-poule (*Cynodon dactylon*).

Dunes. — Les dunes littorales sont obtenues artificiellement en plantant une palissade qui arrête le sable et forme deux talus. Lorsque la palissade est couronnée, on déchausse les planches et on les exhausse de 1 mètre. Une fois recouvertes, ces planches sont encore exhaussées jusqu'à ce que la hauteur totale de la dune soit de 10 mètres environ. Le profit désiré étant obtenu, on sème le gourbet.

Sur le revers oriental des dunes, les métayers cultivent parfois un peu de seigle, de maïs, de millet, de pommes de terre et même des pois, vendus comme primeurs. Parfois des vignes ont été établies (cap Breton) ; elles donnent un vin estimé et ne peuvent être menacées par le phylloxera.

On a également utilisé ces sables mouvants pour la création de vignobles sur les dunes de la Saintonge (la Coubre) et dans l'île de Ré où les habitants, pour éviter le *cinglage* dû au choc du sable sur les pampres, construisent de petits murs en pierres sèches très rapprochés. Chaque année le sol est recouvert de paquets de *goémon* ou *sarre* qui s'opposent également à l'enlèvement du sable.

Sur le littoral de la Manche, les sables forment des grèves horizontales gazonnées (*mielles*) servant de pâture aux moutons de *pré-salé* ; mais, lorsque ces sables sont fins, le vent les soulève et forme des dunes ou *hougues*. D'après l'aspect qu'elles présentent, ces dunes sont dénommées *dunes noires* lorsque la surface est couverte de gazon, *dunes grises* lorsque le sable supporte à peine quelques pieds de gourbet appelé dans ces régions « milgreux », ou *dunes blanches*, lorsqu'elles sont à peu près nues (Risler). Ces sables ne s'avancent pas vers les terres, mais se déplacent à l'intérieur d'une zone qu'ils ne franchissent jamais. Il y aurait néanmoins un intérêt considérable à boiser les 2 000 hectares de dunes blanches du département de la Manche afin d'en tirer un rendement rémunérateur (1).

Le Pas-de-Calais, les Flandres, présentent un cordon de

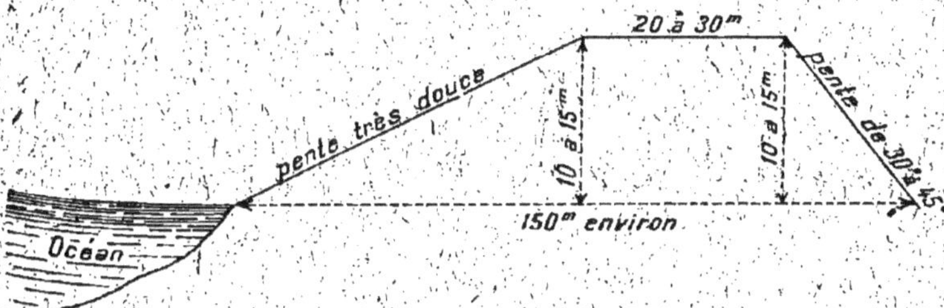

Fig. 95. — Profil de dune littorale.

dunes littorales formant une succession de collines mamelonnées (*rocs*) et de vallons (*lettes*). Les *sables gris* sont couverts de gourbet, les *sables blancs* ne sont pas encore fixés, les *sables morts* supportent des mousses et des lichens.

On immobilise ces dunes au moyen de plantations de pins maritimes sur les *rocs* et de bouleaux, aulnes, peupliers du Canada, sur les *lettes*.

Mise en valeur des dunes de Gascogne. — La masse énorme des sables jetés sur le rivage landais provient en partie des érosions de la mer sur ses côtes depuis l'île d'Ouessant jusqu'au cap Ortegal, en partie des matériaux arrachés au banc sous-marin de formation tertiaire existant au large des côtes landaises.

Les trois phases de la fixation des dunes. — La fixation complète doit comprendre trois séries d'ouvrages :

(1) L'initiative privée seule peut agir, avec l'aide de l'État, car le décret du 14 décembre 1810 ne rend obligatoire la plantation des dunes que lorsque leur marche est envahissante et de nature à compromettre l'intérêt général.

1° La construction et l'entretien d'une dune littorale ;

2° La fixation et la plantation des sables de l'intérieur ;

3° Les rectifications du rivage et la résistance contre les érosions.

1° **Construction et entretien d'une dune littorale.** — Une grande muraille sablonneuse, parallèle au rivage, est indispensable pour retenir sur la plage les nouveaux sables que la mer rejette chaque jour et pour protéger contre leur envahissement incessant les plantations de l'intérieur qu'elle abrite en outre de la violence des vents marins (Bertin).

Ce bourrelet de sable, la *dune littorale*, doit être installé près de la laisse des hautes mers, de façon que la crête de la dune soit à 100 mètres environ du rivage des plus hautes marées (fig. 95 et 96).

La dune littorale, à pente très douce vers l'Océan, se laisse submerger par les vagues, puis, la tempête finie, quand les eaux se sont retirées, elle reparaît intacte.

Lorsque le sable est déjà partiellement couvert de touffes de végétation herbacée, il faut piocher et ameublir le sol afin de le rendre mouvant en avant de la ligne de résistance choisie, pour que le vent puisse le rouler et l'accumuler derrière les obstacles qu'on lui présentera. On élève alors la dune en disposant perpendiculairement à la direction des vents dominants des lignes successives de petites haies faites de branches de pins hautes d'environ 0^m,60 et au pied desquelles le sable s'accumule (fig. 97).

Les branchages simplement dressés en *cordons simples*, peuvent être remplacés par des feuilles résistantes de plantes tropicales juxtaposées, par des palissades de planches non jointives, afin de laisser filtrer un peu de sable nécessaire au remblai arrière ou encore par des *clayonnages tressés* sur piquets.

Le profil de la dune dessiné, on achève de la fixer en plantant du gourbet ou des tamarix.

Le gourbet, qui peut se semer, est habituellement arraché à la bêche et se plante en automne par poignées en quinconces plus ou moins serrés. Le tamarix ou son succédané, l'arroche ed mer, se reproduisent par boutures de 0^m,60 de longueur branches de deux ans) qu'on plante à l'automne en lignes ou en quinconces en enfonçant chaque bouture de 40 à 50 centimètres dans le sable.

La dune littorale étant ainsi construite et garnie, il est indispensable de l'entretenir en réparant les brèches ouvertes

Fig. 96. — Cordon clayonné pour la construction des dunes.

par les tempêtes, et en reculant ou en avançant la dune suivant les variations du rivage.

2° *Fixation et plantation des sables de l'intérieur.* — Si le sol est déjà partiellement enherbé, on défrichera des potets ou des bandes, ensemencés ensuite et recouverts de branchages.

Si le sable est nu et mouvant, on doit surveiller : l'ensevelissement des semis par les dunes voyageuses qui arrivent de la mer, — la dispersion des graines par le vent, — leur recouvrement par le sable qui circule à la surface du sol.

Le premier danger peut être évité en installant les chantiers en arrière des zones déjà fixées, ou tout contre la dune littorale dès que celle-ci forme abri. On progresse ensuite en avançant vers la terre ; les travaux en cours d'exécution sont garantis par les massifs déjà constitués.

On sème à la volée par hectare un des mélanges suivants :

	Pins maritimes................................	30 kilogr.
	Ajonc..	3 —
1°	Genêt..	3 —
	Gourbet......................................	3 —
	Graines diverses pour attirer les oiseaux.	3 —
	Pin maritime................................	15 —
2°	Genêt..	9 —
	Gourbet......................................	5 —

Pour échapper au deuxième danger, aussitôt l'achèvement du semis, on recouvre toutes les parties ensemencées. On dispose sur le sol, et en avançant toujours vers la mer, des branchages aplatis en éventail, les ramilles de chaque rangée recouvrant la base et les gros bouts de celle qui précède. Pour maintenir cette couverture, on jette par-dessus des pelletées de sable espacées de 60 centimètres en tous sens (1).

Le semis sous couverture est indispensable, mais, comme la couverture morte ne doit pas durer indéfiniment, on lui fournit une couverture vivante qui continuera son rôle : la graine de pin maritime, comme nous l'avons vu, est semée en mélange avec des genêts et des ajoncs qui poussent vite et protègent les pins.

Contre le troisième danger, l'ensevelissement, on défend les chantiers par des bourrelets de sable ou des défilements perpendiculaires à la direction des vents dominants et parallèles à la côte. Ces défilements sont formés, comme la dune littorale, par des palissades de planches, par des clayonnages ou par des cordons simples.

3° *Rectification du rivage et résistance contre les érosions.* — On abandonne à l'action des vents et des flots les caps trop avancés où la résistance serait difficile, pour se fortifier au contraire sur la côte à maintenir.

Sur les points où la mer déferle en rongeant ses rives, sans déposer de sable, les matériaux font défaut. On combat alors la violence du flot par la création d'une forêt de solides pieux

(1) BERTIN, Les dunes de Gascogne (*La Vie agricole*).

enfoncés dans le sable et servant de brise-lames ou bien on substitue à la dune littorale des enrochements de blocs bruts. Le tamarix avec ses longs rameaux flexibles rend les plus grands services pour consolider toutes ces œuvres mortes par un feutrage vivant. On cherche à remplacer l'ancien profil tracé par le caprice des flots par une véritable plage artificielle, dont la pente descend jusqu'à 5 à 6 p. 100, de façon que la lame puisse s'y étaler en perdant sa force d'érosion.

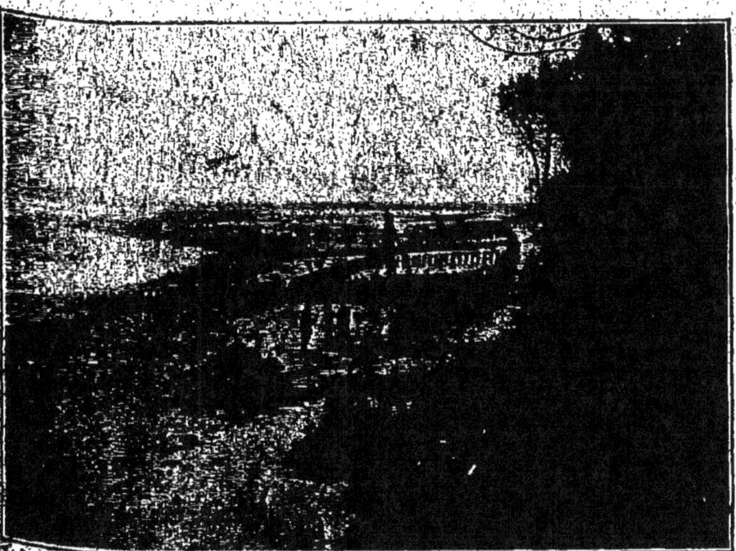

Fig. 97. — Tenailles en pieux et clayonnages.

Les meilleurs brise-lames sont formés par deux rangées de pieux avec épis et contre-épis. Le dispositif employé brise les lames et retient le sable comme dans une tenaille, d'où le nom, pour ces ouvrages, de *tenailles en pieux et clayonnages* (fig. 97).

Mise en valeur des dunes en Bretagne. — Le littoral breton (Ille-et-Vilaine, Côtes-du-Nord, Finistère, Morbihan) présente des dunes semblables à celles que l'on rencontre dans les Landes (fig. 98).

Ces dunes, formées d'un gros sable siliceux, sont occupées par une maigre végétation (chiendent pied-de-poule, carex des

sables, petites fétuques, flouve odorante, dactyle pelotonné,
fléole des sables). On y rencontre encore, en moindre abondance, le petit ajonc, l'ephedra ou sapin de falaise, l'asperge,
l'anthyllide, parfois un peu de fougère, et, au voisinage immédiat de la côte, la betterave sauvage, etc.

Les bois de pins maritimes sont rares ; il s'en trouve cependant à l'entrée de la presqu'île de Quiberon. Ces sols sont
abandonnés au pâturage commun des vaches bretonnes et
des petits moutons. Pour nourrir un mouton, plusieurs
hectares sont nécessaires.

Les dunes peuvent se transformer plus vite et mieux que
les landes gasconnes, comme le montrent quelques exemples
typiques. Les sables dunaires de Rotheneuf, près de Saint-
Malo, sont occupés par les cultures de primeurs ; les dunes de
Roscoff et surtout de l'ouest de Saint-Pol-de-Léon sont également mises en valeur et dans le Morbihan, on rencontre
quelques bonnes cultures au milieu des dunes. Les agriculteurs de Plouhinec, près de Lorient, y produisent en particulier
des carottes renommées.

Nature du sol. — La dune offre à la charrue une résistance
peu considérable, sauf lorsqu'il y a des sapins de falaise, des
ajoncs nains coupés pour liter les animaux, broutés par les
bêtes ou brûlés par les vents du large. Un labour suffit en général. Sa profondeur doit être d'autant plus grande que le
feutrage constitué par les plantes, et surtout leurs racines
descend plus profondément. Il faut ramener le sable à la surface. Dix centimètres peuvent suffire, vingt sont parfois
nécessaires.

L'acidité du sol n'est pas à craindre les premières années,
le chaulage préalable, l'emploi de scories ou de tout autre
amendement calcaire est inutile pour commencer. Ces dunes
sont non seulement livrées au pâturage des vaches et des moutons, mais surtout envahies par une multitude de petits
escargots qui n'appauvrissent pas le sol, car outre leurs
cadavres, ils laissent leur coquille calcaire qui y entretient,
semble-t-il, une proportion suffisante de chaux (P. Parisot).

Il est préférable de fumer au fumier de ferme ou aux goémons marins, et par surcroît, d'employer des superphos-

phates et des sels de potasse, etc., en quantité variable suivant la culture entreprise.

Il n'y a guère à compter sur les réserves du sol. Ces sables sont pauvres, il convient de pourvoir au besoin des plantes si l'on désire de grosses récoltes dès la première année.

Régularisation du sol. — La difficulté de mise en valeur tient à la sécheresse du sol et à sa mobilité.

Les parties hautes sont souvent d'un grain plus gros que

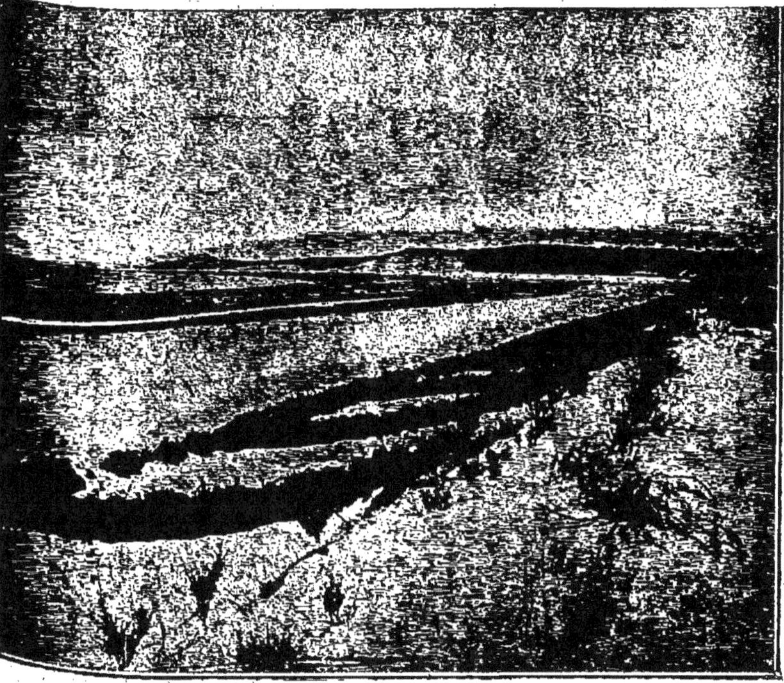

Fig. 98. — Dunes de Gascogne.

les portions basses. Les réserves d'eau y sont moindres et leur éloignement du plan d'eau est plus grand. Pour obtenir une végétation régulière, on cherche, dans une certaine mesure, à régulariser la surface de telle façon que le plan d'eau agisse uniformément sur toutes les plantes.

En nivelant le sol, on remédie à l'inégalité résultant de l'accumulation de sables riches aux endroits bas. Cette régularisation se fait à moments perdus. Si elle porte sur un gros cube de terre, l'emploi de la pelle à cheval est économique.

Fixation de la dune. — La mise en culture détruit la végétation spontanée qui assure la fixité de la dune, et il faut s'attendre à constater l'enlèvement des particules les plus fines, les plus précieuses. Après les deux premières années, le feutrage des racines est cependant suffisant pour les retenir, surtout lorsque l'on évite la mise en valeur de trop grandes parcelles et lorsque l'on abrite la dune.

En Bretagne, les vents du sud-ouest (surois) raclent le sol, coupent les bourgeons des arbres, brûlent tout. Les vents du nord-ouest (norois), si l'on n'abrite pas, dénudent la pro-

Fig. 99. — Fixation de la dune (abri permanent).

priété et, en quelques heures, par le cinglage du sable, scient les plantes au niveau du sol et anéantissent la récolte.

Les portions des dunes particulièrement exposées au vent, ou constituées par du sable à gros grains, sont à conserver en l'état, ou mieux à abriter fortement (fig. 99). On pourrait renforcer leur résistance au vent par l'apport de pierres.

Le pourpier de mer (*Atriplex*), le tamarix, l'éléagnus ou griset, l'ajonc permettent de boiser les endroits éventés ou particulièrement mauvais. Le peuplier blanc, les cytises, l'orme champêtre, le pin maritime rendent des services, mais les deux dernières essences se développent lentement. On les sème ou on les plante les premières, sans s'illusionner sur leur efficacité. Ces abris agrémentent la dune, donnent un refuge aux oiseaux et même aux lapins.

Il faut remplacer la végétation détruite et assurer de bonnes conditions aux semis. Les abris, analogues à ceux de l'Avignonnais, formés par des branchages, sont trop coûteux. On les remplace par des plantes résistantes au vent.

Celles qui réussissent le mieux sont le seigle et le chou fourrager. Le seigle est haut d'avril en juillet, et les choux fourragers, de septembre jusqu'au printemps. En août, les chaumes, les jeunes choux et le calme de l'atmosphère évitent le cinglage. Les lignes d'abri à exécuter généralement dans la direction nord-sud, doivent être claires pour *filtrer le vent* et non le canaliser (fig. 100).

Cultures à établir. — La dune, ainsi préparée, est susceptible de recevoir de nombreuses cultures. Celles qui réus-

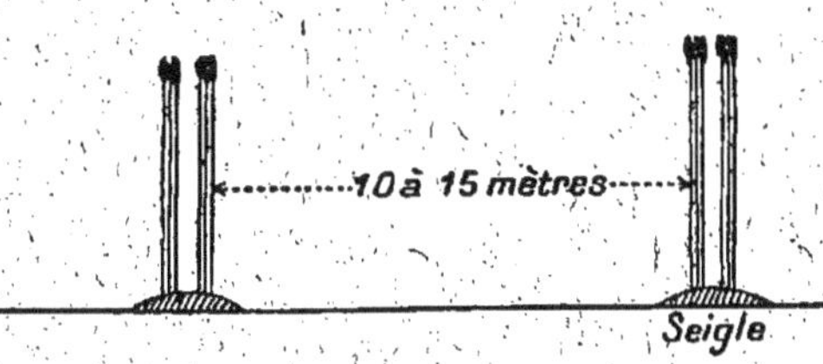

Fig. 100. — Abri temporaire constitué par le seigle.

sissent le mieux doivent mûrir tôt, avant que le sable ne soit sec. La pomme de terre, plantée germée, en février ou mars, et produisant en fin mai ou début de juin, le seigle-fourrage, le trèfle incarnat réussissent particulièrement bien. Il en est de même des asperges et de la luzerne. La pousse des asperges est hâtive, la qualité supérieure et les prix avantageux. Il faut trois ou quatre ans pour que la luzerne prenne bien possession de la dune, elle y reste ensuite presque indéfiniment. Des luzernières de cinquante-cinq à soixante ans fournissent encore d'assez bons rendements (1).

Après l'enlèvement des pommes de terre, les choux, les betteraves semées ou repiquées, les carottes mélangées de salades ou de rutabagas, le navet, la moutarde, etc., sont susceptibles d'occuper avantageusement le sol et de fournir à l'arrière-saison des produits comparables à ceux des meilleures terres.

Évidemment, ces terres sableuses demandent à être copieusement fumées pour fournir annuellement deux bonnes récoltes. Le voisinage immédiat de la mer permet de ramasser le goémon d'échouage et d'obtenir l'engrais à bon compte. Des engrais commerciaux sont en outre nécessaires.

(1) Parisot, Mise en valeur des dunes (*La Vie agricole*).

Les dunes de Bretagne, en résumé, sont aisément transformables en bonnes terres, délicates à cultiver, mais productives.

II. — COLMATAGE. — LIMONAGE.

Colmatage. — Le colmatage (de l'italien *colmare*, combler) consiste à amener sur un terrain des eaux troubles, à les y laisser déposer et à les évacuer lorsqu'elles sont éclaircies [1].

La rapidité des résultats obtenus, la richesse des terrains ainsi constitués, dépendent des eaux utilisées et de l'époque considérée. En dirigeant les eaux chargées de limon sur le gravier et les sables des rives de la Moselle, on a pu ainsi constituer des terres très fertiles (fig. 101).

Pour exécuter les colmatages, on établit un canal d'*amenée* greffé sur le cours d'eau qui conduit les eaux limoneuses. Un second canal, dit d'*évacuation*, emmène les eaux, lorsqu'elles ont déposé les matériaux qu'elles contenaient en suspension.

Le canal d'amenée présente une inclinaison suffisante pour que la pente ne permette pas le dépôt du limon avant l'arrivée des eaux sur le terrain à colmater. Au-dessous d'une vitesse de 30 centimètres par seconde, l'eau abandonne les sables fins qu'elle charrie ; au-dessous de 15 centimètres, les limons se déposent.

Les canaux d'amenée à grande section auront donc une pente de un demi-millimètre par mètre ; les canaux de petite dimension doivent avoir 3 à 4 millimètres de pente. Si l'on veut recueillir également les sables fins, il convient de donner 2 millimètres de pente aux grands canaux et 1 centimètre aux plus petits.

Le colmatage peut s'opérer de deux manières différentes : il peut être *intermittent* ou *continu*.

Le colmatage *intermittent* n'est recommandable que pour des surfaces à peu près horizontales, des marais.

Les eaux limoneuses sont introduites sur le terrain à colmater préalablement entouré d'une digue de terre et maintenues

---

[1] RILSER et WERY, *Irrigations et Drainages* (ENCYCLOPÉDIE AGRICOLE).

douze à quatorze heures, suivant leur richesse, sur une épaisseur de 1 mètre environ. On évacue ensuite, et l'opération s'effectue jusqu'à ce que l'on ait formé un dépôt suffisant. Le marais est ainsi comblé et recouvert d'une couche de terre très fertile.

Le colmatage *continu*, ordinairement appliqué aux sols inclinés, consiste à laisser circuler très lentement les eaux limoneuses sur le terrain à colmater, préalablement divisé en compartiments ou bassins. Grâce à la lenteur de l'écoulement, les matières solides se déposent. Le bassin qui forme la tête du colmatage se comble le premier ; on prolonge alors le canal d'amenée directement jusqu'au second bassin, qui devient alors tête de colmatage, et ainsi de suite jusqu'au dernier.

C'est en Italie que la pratique des colmatages a pris naissance et s'est développée rapidement. En 1878, une superficie de 25 000 hectares de marécages était déjà en ce pays améliorée par le colmatage, et plus de 53 000 hectares étaient en voie de transformation. En France, des travaux de colmatage ont été effectués, notamment sur les rives de la Moselle, dans la vallée de l'Isère, la Gironde (fig. 102), etc..

C'est au printemps qu'on commence en général les colmatages, l'eau étant à cette saison riche en matières en suspension. On les prolonge jusqu'en été pour éviter les inondations lorsque les surfaces d'irrigation sont suffisantes.

La quantité de matières déposées peut former une couche de 30, 40, 50, 60 centimètres de janvier à juin, dans les conditions les plus favorables. Il faut parfois trois ou quatre ans pour obtenir, dans des situations moins privilégiées, des résultats analogues.

Le colmatage terminé, il est indispensable de laisser la terre se sécher, se *ressuyer* et se tasser. On y cultive généralement de l'avoine, dans laquelle on sème en mélange du trèfle et du ray-grass, constituant une prairie artificielle qui durera deux années.

Sur ce défrichement, on cultivera alors du blé, dont les semences sont réputées pour leur qualité exceptionnelle.

Ce sont en réalité des sols d'alluvions artificielles que l'on

réalise ainsi. Le sable fin, le limon, l'argile en sont les éléments fondamentaux ; on y rencontre en notables proportions
des matières organiques, des principes nutritifs, sauf peut-
être de la potasse, en quantité suffisante.

L'inondation périodique des prairies par les cours d'eau qui
les arrosent constitue en réalité un léger colmatage.

Fig. 101. — Colmatage.

Le colmatage a pour but de faire déposer un limon fertile sur des
sols incultes.

Colmatage par les eaux saumâtres. — Les eaux des
fleuves et des rivières, dans lesquels se font sentir les marées,
permettent de constituer des dépôts d'une remarquable fer
tilité.

En Angleterre, on leur donne le nom de *warping*. Au
moment où les marées élèvent le niveau des rivières, on introduit ces eaux chargées de limon, de débris de coquillages,
de plantes marines, sur les terres à colmater.

Les sols situés de chaque côté des estuaires peuvent être

ainsi aisément colmatés à l'aide de canaux qui conduisent les eaux jusqu'aux terrains situés en contre-bas et divisés par des digues en parcelles de 20 à 30 hectares. La marée haute, chassant le courant fluvial, fait pénétrer sur ces terres l'eau.

Fig. 102. — Colmatage artificiel de la Gironde.
Ponton portant l'appareil refouleur, départ des tuyaux de colmatage

ensuite évacuée dès que le reflux se fait sentir. Le limon se dépose graduellement, et l'opération est prolongée jusqu'à ce que la couche formée atteigne 30 centimètres d'épaisseur.

On peut établir ainsi des dépôts dépassant 1 mètre d'épaisseur et constituant, une fois secs, des sols très fertiles. Ordinairement, le dépôt se constitue à l'orifice des canaux de distribution par suite du brusque ralentissement de vitesse du courant. Pour régulariser la surface, on devra donc modifier souvent la distribution de ces canaux.

Afin d'obtenir le dépôt des particules les plus fines, précieuses pour la constitution d'un sol riche, on laisse parfois les parcelles envahies durant deux marées successives. Souvent l'admission des eaux et leur écoulement s'effectuent à chaque marée, à l'aide d'écluses automatiques.

Limonage. — Le limonage consiste à laisser les eaux passer et déposer sur le sol, d'une manière uniforme, les limons qu'elles charrient. Ce travail diffère du colmatage en ce qu'il n'interrompt pas toujours la culture et qu'il vise à l'amélioration graduelle du sol plutôt qu'à son exhaussement. Le limonage, recommandable même si le sol est fertile, est surtout précieux dans le cas des terrains pauvres et stériles, qu'il permet de transformer soit en terre arable, soit en prairie permanente. Pour exécuter des limonages, on fait couler lentement sur le sol, préalablement aplani, l'eau trouble, en nappe très large et très mince.

La surface du sol doit donc être faiblement inclinée et interrompue de place en place par des levées de terre.

On suspend l'opération dès que la couche de terre formée permet à la jeune plante de prendre pied ; les bourrelets sont rabattus, des rigoles de distribution et d'arrosage établies ; puis on ensemence le terrain en graminées. Par les rigoles, on introduit fréquemment de faibles quantités d'eau pour entretenir l'humidité nécessaire à la germination et au développement des végétaux. Une fois l'herbe bien enracinée, on commence à faire couler l'eau avec précaution à la surface du sol. Puis, le gazonnement réalisé, on exploite la prairie tout en continuant l'amélioration foncière au moyen des limons en arrosant le sol d'une nappe d'eau limoneuse.

Pendant l'hiver, on pourra mettre l'eau sur la prairie durant plusieurs semaines consécutives ; mais, dès la pousse de l'herbe, on arrosera par fraction, afin de permettre une aération du sol indispensable. Toute l'année, sauf à l'époque de la maturité de l'herbe, la prairie pourra être partiellement limonée. Le principe essentiel est de ne faire arriver l'eau que très lentement et en nappes minces.

III. — TRAVAUX DIVERS.

Nivellement du sol. — Étaupinage. — Le nivellement du sol permet la régularité des travaux aratoires et facilite l'emploi des animaux de trait. Les plantes se développent régulièrement et uniformément. Cette condition est indispensable pour assurer la marche des instruments mécaniques : semoirs en ligne, houes à cheval, faucheuses, moissonneuses, etc., qui caractérisent les cultures intensives. Le nivellement du sol s'opérera à la main, à l'aide de pelles, pioches, brouettes, traîneaux, véhicules de toutes sortes, au moyen de la ravalle ou pelle à cheval, du rabot des prés, etc.

Les monticules de terre produits par les taupes dans les prairies s'engazonnent rapidement et détruisent la régularité du sol. Il faut les répandre sur le pré, en rechaussant les plantes, dont le tallage est ainsi favorisé. Cette opération permettra le fauchage régulier du fourrage à la faux ou à la faucheuse mécanique. L'étaupinage doit s'effectuer à la sortie de l'hiver au moyen de bêches, pioches, pelles, râteaux, etc. Les instruments traînés par des animaux : herse des prés, rabot des prés de Schwerz, étaupinoir de Mathieu de Dombasle, peuvent également faciliter ce travail.

Épierrement du sol. — Les pierres abondantes et volumineuses nuisent au développement des plantes, diminuent l'étendue cultivée et rendent difficile la marche des instruments de culture exposés à des ruptures ou à une usure rapide. Le fonctionnement régulier des semoirs en ligne, des faucheuses ou moissonneuses mécaniques, est impossible ; de plus, les sols pierreux et graveleux souffrent d'un excès d'humidité en hiver et de la sécheresse en été. On effectue l'enlèvement de ces pierres, en hiver, par un temps sec, le plus souvent à la main. Les pierres ramassées sont alignées en tas réguliers, qui seront chargés dans un tombereau au printemps ou après la fenaison, la moisson.

Dans certains sols calcaires ou schisteux, les charrues soulèvent des parties de roche feuilletée. Ces pierres plates sont enlevées du champ : par leur grande superficie, elles rendent les labours défectueux et la végétation languissante. On les utilisera aisément aux diverses constructions de la ferme.

Dérochement. — Lorsqu'au milieu des terres se trouvent de véritables roches qui contrarient les opérations culturales et réduisent les rendements, il est indispensable de procéder au *dérochement*. C'est surtout dans les régions granitiques de la Bretagne, de l'Allier, du Morvan, de la Haute-Vienne, etc., que ces améliorations foncières sont entreprises.

Ces roches se présentent sous forme de masses isolées ou d'îlots compacts et profonds avec affleurement et voussure plus ou moins prononcée. Il faut examiner la situation et l'importance du bloc considéré à l'aide de fouilles.

L'enlèvement des roches est donc précédée de fouilles qui permettent de reconnaître leur situation et leurs ramifications souterraines. Lorsqu'on a affaire à des éléments isolés, renfermant des crevasses, il est possible de les diviser, à l'aide de coins enfoncés violemment dans ces crevasses, ou même simplement avec des pics, dans le cas de roches tendres. Pour celles qui sont très dures, on procède par abatage, en creusant au ciseau et au marteau des sillons de 5 à 8 centimètres de largeur dans les parties les moins résistantes, tout en suivant autant que possible les veines ou fissures naturelles. On y enfonce, avec la masse, des coins de fer et on se sert de grands leviers ferrés à l'extrémité ou anspects pour détacher les quartiers (M. Malpeaux).

Si le roc isolé présente de fortes crevasses, il sera possible de le diviser en détachant des quartiers plus ou moins volumineux à l'aide de pics ou de pinces. Les fragments sont chargés à bras d'homme sur un traîneau et transportés hors du champ. Souvent la roche granitique est à grain serré, sans failles ni crevasses, et soudée à la masse souterraine : on doit alors avoir recours aux explosifs : *poudre noire de mine, grisoutine à 3 p. 100 de glycérine, mélinite* ou *dynamite*.

Poudre. — Pour diviser un rocher à l'aide de la poudre, on dégarnit tout d'abord le pourtour de la terre rejetée sur le côté. Généralement on creuse le trou de mine verticalement, mais, la force de l'explosion se produisant surtout en hauteur, la poudre *chasse*, on n'obtient que quelques éclats latéraux

et une fente en profondeur. Il est préférable d'établir le trou
de mine obliquement, sans chercher à vouloir trop embrasser
à la fois. L'explosion détermine le décollement du morceau
épais et résistant. Un deuxième coup de mine oblique déta-
chera un autre fragment important.

La profondeur du trou de mine est variable avec la dureté,
la taille du rocher. Les dimensions habituelles sont de 40 centimètres à 1 mètre de profondeur et 2 à 4 centimètres de diamètre. La charge de poudre noire et de poudre de mine à
employer, peut aller depuis 2 jusqu'à 5 décilitres.

Pour percer le trou, on emploie le pistolet et la masse. Un
ouvrier tient le pistolet, un autre frappe dessus ; à chaque
coup de masse appliqué par l'ouvrier frappeur, on doit faire
tourner le pistolet d'un quart de tour. Le trou est vidé de temps
à autre à l'aide de la curette, on y verse fréquemment un peu
d'eau. Avec une petite masse à manche court, un ouvrier
mineur peut exécuter, seul, de petites chambres à poudre
de 30 à 40 centimètres de profondeur.

La barre à mine est un pistolet à deux tranchants, pouvant
être manœuvré par un seul homme ; l'impulsion donnée à
l'outil, jointe à son propre poids, provoque sa pénétration.

Le trou achevé, on le dessèche en travaillant un instant
à sec, puis on y introduit la moitié de la charge de poudre.
On bourre solidement, avec un bourroir en bois dur ou en
cuivre, *jamais en fer*, afin d'éviter les accidents qui pourraient survenir au contact d'un grain de silex.

Pour avoir le temps de se garer de l'explosion, on établit
une longueur de cordeau Bickford suffisante. Cette fusée brûle
à raison de 1 mètre en 90 secondes. Puis, après avoir coupé
une de ses extrémités en sifflet, on l'introduit dans le trou, jusqu'au contact de la charge de poudre restante tassée à nouveau
comme précédemment. Le bourrage s'achève jusqu'en haut,
avec de la terre non caillouteuse, en prenant des précautions
pour ne pas endommager le bickford, ce qui pourrait occa-
sionner des *ratés*. L'efficacité d'une explosion dépend en partie
des soins apportés au bourrage.

On peut employer le second procédé un peu différent
particulièrement en Algérie et en Tunisie. On creuse un trou

de 3 à 6 centimètres de diamètre suivant la dureté des roches, à l'aide d'un fleuret constitué par un grand ciseau cylindrique tenu par un homme. Un ouvrier frappe à la masse sur la tête de l'instrument qu'on a soin de faire tourner d'un certain angle après chaque coup. Les débris sont enlevés avec une curette, et lorsque le sol est très dur, on empêche l'échauffement de l'outil en maintenant le trou plein d'eau. Pour les roches tendres on peut se servir d'une tarière (Ringelmann).

On assèche le trou avec des chiffons placés dans l'œil de la curette, on y met de la poudre jusqu'au tiers environ de sa hauteur, puis après avoir mis l'épinglette (petite tige en bronze dont la tête dépasse le niveau du sol), on fait un bourrage en terre glaise à l'aide d'un refouloir en bois ou en bronze.

L'épinglette retirée, on remplit le vide avec de la poudre ou mieux avec la mèche de sûreté connue dans le commerce sous le nom de fusée Bickford. Le feu est mis à la charge au moyen d'une mèche soufrée qui brûle assez lentement pour permettre aux ouvriers de se mettre à l'abri avant l'explosion. S'il y a un raté, il convient de ne pas débourrer le trou de mine sans l'avoir préalablement noyé pendant plusieurs heures.

La poudre de mine se compose de 62 parties d'azotate de potasse, 20 de soufre et 18 de charbon. Elle est d'une manipulation délicate et il est nécessaire de ne jamais employer d'outils, ni d'avoir des objets en fer à proximité des chantiers, car le moindre choc sur une pierre peut faire jaillir une étincelle et déterminer une explosion.

Voici quelques données pratiques fournies par M. Ringelmann concernant l'abatage à la poudre lorsqu'on opère à ciel ouvert (Prix d'avant-guerre, à tripler actuellement) (Voy. Tableau p. 191).

Explosifs. — La découverte de certains explosifs brisants a rendu le travail d'abatage des roches plus facile. La grisoutine, la dynamite et la mélinite trouvent leur emploi lorsqu'il s'agit de désagréger les matériaux qui les enveloppent, mais il est indispensable de provoquer leur explosion par la détonation d'une capsule au fulminate de mercure sertie à l'extrémité d'une mèche ou fusée Bickford (M. Malpeaux).

	Poids de poudre nécessaire par mètre cube de roche.	Prix de revient du mètre cube d'abatage.
	logr.	francs,
Roches exceptionnellement dures..	3,6	17
Granit dur et quartzeux............	2,4 à 3,0	8 à 10
Filons très durs et très quartzeux.	1	7,50
Grès et poudingue.................	1,2 à 2,4	5 à 7
Granit ordinaire..................	0,9 à 1,2	3,50 à 5
Schistes argileux ou micacés tendres................	0,5 à 0,9	2,30 à 3,30
Terrain houiller facile et grès....	0,3 à 0,5	1,50 à 2,30
Roches diverses tendres...........	0,05	0,40 à 0,7

La dynamite, mélange intime de nitroglycérine avec une matière inerte solide, très divisée et poreuse, est livrée au commerce en cartouches cylindriques contenant une charge déterminée. Elle brûle lorsqu'on l'allume et elle n'explose que sous l'influence d'un choc énergique par une capsule-amorce au fulminate de mercure.

Pour assainir les terres compactes des îles Sandwich, on emploie depuis quelques années la dynamite. Des cartouches de 20 centimètres de longueur et 3 centimètres de diamètre sont placées dans des trous profonds de 60 centimètres, distants de 2^m,40 en tous sens. Les fentes produites par l'explosion des trous se rejoignent et le sol est défoncé jusqu'à une profondeur de 1^m,25 sur un cercle de 1^m,60 de diamètre. Les cartouches de dynamite sont constituées de telle sorte que l'action de l'explosion soit progressive.

La dynamite peut être utilisée pour l'assainissement des endroits marécageux ; l'eau disparaît par les fissures du sol produites par l'explosion. On a enfin créé des vergers, en faisant éclater les cartouches de dynamite sur chaque emplacement que l'arbre fruitier doit ultérieurement occuper.

La mélinite est plus brisante et peut-être moins dangereuse car elle ne détone que si elle est amorcée. Il existe des pétards qui, ne pouvant pas être employés dans les mines en raison des gaz émis par l'explosion, servent pour les travaux à ciel ouvert.

Qu'il s'agisse de dynamite ou de mélinite, on prépare une cartouche avec mèche et capsule de fulminate qui sert d'amorce à la charge. Celle-ci, composée d'une ou plusieurs cartouches, est introduite dans le trou de mine sans choc, puis bourrée avec du sable ou de la terre, en réservant un passage à la mèche.

D'après les observations de M. Vacher, l'ébranlement est moins considérable avec la poudre ordinaire qu'avec la grisoutine, la dynamite ou la mélinite; il est aussi beaucoup plus circonscrit.

L'émiettement de la roche est presque nul; elle se trouve divisée en gros morceaux immédiatement transportables et utilisables pour les clôtures en pierres sèches ou pour les constructions. Dans les masses importantes et profondes, la grisoutine donne souvent de bons résultats; plus brisante que la poudre, elle réduit toutes les parties du rocher en menues parcelles et provoque dans les portions souterraines et non émiettées un ébranlement qui permet de reprendre le travail avec des coins et des leviers, partout où se sont produites des fissures accidentelles. Avec la dynamite l'action brisante n'est pas aussi considérable et, en outre, l'explosion provoque une véritable pluie de pierres qui, en dehors du danger qu'elle peut faire courir aux ouvriers, encombre le sol et ne permet pas l'utilisation des résidus pour les constructions.

La poudre noire est le meilleur type d'explosif agricole lorsqu'il s'agit d'un dérochement peu profond ou de roches isolées. La grisoutine lui est préférable pour attaquer une masse profonde.

Avantages économiques. — L'utilité du dérochement n'est pas contestable lorsqu'on envisage l'amélioration foncière qui en résulte. M. Vacher fit de cette opération sérieusement conduite la base de la transformation d'un domaine de 100 hectares situé dans le Bourbonnais et dont plus de 25 hectares étaient incultivables, en raison du grand nombre de rochers roulants ou d'affleurements rocheux qui émergeaient de distance en distance. Il poursuivit ainsi un quadruple but :

1° Détruire les rochers qui encombraient les champs pour

obtenir une plus grande surface de terre labourable et favoriser l'emploi des instruments perfectionnés ;

2° Se servir des pierres extraites pour drainer le sol sur les
plateaux et diriger les eaux surabondantes dans les prairies
créées et entreprises sur les parties inférieures et accidentées
du domaine ;

3° Édifier avec les pierres sèches non utilisées par le drainage de solides clôtures indispensables dans un pays d'élevage ;

4° Transformer et améliorer avec les petites pierres les
chemins d'exploitation fort mauvais en toute saison.

Dans ces conditions, le prix de revient de l'extraction des
roches a pu être réduit, grâce à l'imputation d'une partie de la
dépense sur les travaux de construction, de clôture et d'empierrement. Le sol, qui avant le dérochement, fournissait à
peine un produit de 20 à 25 francs par hectare, a vu celui-ci
s'élever à 50 et même 55 francs et, pour une dépense totale de
300 à 400 francs par hectare, la valeur foncière du terrain a passé
de 500 à 1 000 et 1 200 francs (en 1908). Si l'on ajoute à ces
chiffres le coup d'œil donné à la propriété, la facilité accordée
à tous les travaux de culture, la possibilité d'employer une
machi- nerie agricole perfectionnée, il est difficile de nier
l'importance économique du dérochement dans toutes les
terres à roches isolées et à affleurement multiples.

***Emploi des explosifs pour la plantation des arbres
fruitiers.*** — On a proposé d'étendre l'emploi des explosifs
à la plantation des arbres fruitiers. La fissuration du sol et
son imprégnation par les produits nitrés peuvent être utiles.

Des expériences poursuivies dans l'ouest des Etats-Unis
ont montré que des cerisiers de deux ans plantés dans des
trous creusés à la dynamite atteignaient plus de 3 mètres de
haut, alors que les mêmes arbres plantés à la bêche restaient
chétifs et avaient à peine 1^m,50.

M. Piedalu a établi la composition d'un explosif insensible
aux chocs et à l'humidité, susceptible d'être moulé, complètement exempt de produits chlorés, très énergique sous un faible
volume et ne détonant que sous l'action d'une amorce au
fulminate de mercure. La cartouche se présente sous la forme
d'un tube en celluloïd, en papier fort ou en carton, dans le fond

duquel on comprime un mélange d'engrais : phosphate, nitrate, potasse, etc., avant de placer le cylindre d'explosif à la partie supérieure duquel est aménagée une cavité pour loger l'amorce. Le tout est fermé par un bouchon percé d'un trou laissant passer à frottement un peu serré le cordon Bickford.

Pour l'application, on creuse à la barre à mine un trou de 60 centimètres et d'un diamètre un peu plus fort que celui de la cartouche ; on introduit cette dernière, puis on bourre avec du sable ou de la terre fine et on allume. L'explosion produit une cavité sphéroïdale d'environ 80 centimètres de profondeur dont les parois sont fortement fissurées ; on laisse la terre absorber les vapeurs dégagées et il ne reste plus qu'à planter l'arbre en rabattant les éléments terreux sur les racines. Dans ces conditions, celles-ci trouvant pulvérisés et intimement mélangés le sol et les produits nécessaires à leur développement, ne peuvent pas manquer de se développer vigoureusement et la formation des fruits se fait dans un minimum de temps.

C'est dans les terrains compacts où les parois de la tranchée de plantation constituent des murs devant lesquels les radicelles sont bloquées que l'emploi des explosifs pour creuser les trous est utile. La méthode s'applique également à toutes les plantations d'arbres fruitiers. Elle pourrait rendre de grands services aux colonies, puisqu'elle diminue la main-d'œuvre et favorise la végétation.

Emploi des explosifs pour la culture des terres. — On utilise depuis longtemps déjà les matières explosives pour les défrichements forestiers. Dans l'exploitation des bois on se contente, en effet, de couper les arbres au ras du sol en laissant la souche en terre.

Lorsqu'on doit préparer le terrain à l'exploitation agricole proprement dite, il y a intérêt à enlever les souches qui constituent des obstacles aux diverses machines de culture. L'emploi de la dynamite présente à cet égard des avantages marqués, tant par l'action directe de l'explosif que par la désagrégation du sol environnant qui facilite les déblais nécessaires à l'arrachage. La direction de l'agriculture en Tunisie a fait procéder, il y a quelques années, dans la plaine de Bordj-Touta, à des essais de dessouchement de jujubiers à la dynamite qui ont donné de bons résultats. Des expériences plus récentes, entreprises par la direction de l'artillerie de Toulon avec des pétards de 200 grammes à la mélinite, ont montré que le procédé est très bon avec les souches dures et dans les sols compacts. Par contre, avec les souches de pins en terre légère, le résultat n'est pas remarquable, la souche est simplement fendue, mais non brisée, le travail de l'explosif étant faible par suite de la moindre résistance offerte par le sol.

On a songé à étendre les effets agricoles des explosifs au labourage des terres et on a vu dans l'extension de ce procédé le moyen d'employer utilement les énormes réserves d'explosifs actuellement existantes. Le « Bureau of plant industrie » des États-Unis a entrepris des expériences sur des cultures très variées et dans les terrains les plus différents. Les conclusions sont entièrement défavorables au labourage par explosifs et d'une façon générale au labourage trop profond. Cette méthode augmente considérablement les frais de culture, mais n'améliore pas les rendements et ne réduit pas les effets de la sécheresse.

TROISIÈME PARTIE

LES ASSOLEMENTS

***

CHAPITRE PREMIER

PRINCIPES DES ASSOLEMENTS

I. — HISTORIQUE.

Généralités. — On appelle *assolement* la succession des diverses cultures dans une exploitation agricole. L'expérience et la pratique durent montrer aux premiers laboureurs la nécessité de varier les récoltes cultivées sur un même champ, et sans qu'une explication rationnelle puisse en être donnée, cette notion s'établit dès l'apparition des premiers progrès de l'agriculture.

Les Grecs recommandent, avec Xénophon, de laisser la terre se reposer un an après la récolte du froment : c'est l'année de *jachère*, encore pratiquée de nos jours. Chez les Romains, afin de ne pas laisser le sol inoccupé pendant ce long intervalle de temps, on intercalait parfois, dans l'année de jachère, des plantes moins épuisantes (Varron) et Caton indiquait déjà les propriétés améliorantes des légumineuses (fève, lupin, vesces...). L'assolement biennal était alors couramment pratiqué.

A mesure que la civilisation progresse, l'agriculture doit subvenir aux besoins de peuples plus nombreux et plus affinés, qui exigent une quantité plus considérable de grains ; c'est alors qu'apparaît l'assolement caractérisé par la succession de trois récoltes revenant à intervalles réguliers, c'est-à-dire *l'assolement triennal.* Columelle indique la rotation suivante navet, froment, fèves. Pline conseille l'assolement triennal :

Fig. 103. — En Campine Belge. Ferme construite il y a quatre-vingts ans.

navet, froment, orge. Tantôt le sol était laissé sans culture (*jachère*), tantôt on y semait des plantes à végétation rapide, occupant la terre peu de temps (*demi-jachère*).

Les assolements biennaux, avec jachère complète ou demi-jachère, furent cependant la règle générale des cultures des peuples de l'antiquité. Dans le sud de l'Europe, c'était une céréale d'automne, généralement du blé, qui était cultivée, la sécheresse du climat ne permettant pas les semailles de printemps. Les régions septentrionales utilisaient au contraire les céréales de printemps, avoine ou orge, les hivers étant trop rudes pour le blé. Cependant, à mesure que les défrichements de forêts eurent adouci la température et que les améliorations foncières permirent l'assainissement des sols, la culture du blé s'avança du sud des Gaules vers le nord et gagna la Germanie et la Grande-Bretagne.

Assolement triennal. — Les variétés s'acclimatèrent, de nouvelles espèces se constituèrent, plus rustiques et plus vigoureuses, et, sous le règne de Charlemagne, on put adopter l'assolement triennal : *jachère, blé d'automne, céréale de printemps*, qui se répandit dans l'Europe centrale.

Ce système de culture y prédomine encore, plus ou moins modifié par l'adoption des racines et du trèfle. Son cadre triennal est plus ou moins bien rempli, mais il se conserve, et il est entré non seulement dans nos mœurs agricoles, mais dans nos lois : les biens des mineurs ne peuvent être loués que tous les trois, six ou neuf ans.

Les troupeaux élevés dans les fermes se nourrissaient sur les jachères et, en automne, sur les chaumes. La jachère nue était la règle générale, et le bétail n'avait guère que la paille pour se nourrir durant l'hiver.

La population augmentant dans le centre de l'Europe, il fallut procurer à la consommation plus de pain et plus de viande. Ces deux conditions, dans l'état présent de la culture, étaient incompatibles : en augmentant la superficie réservée au blé, on diminuait l'étendue des pâturages, en réduisant du même coup la production de la viande. Pour avoir plus d'herbages, on empiétait sur les terres arables ; les récoltes de blé n'auraient plus suffi à la consommation générale.

Fig. 104. — Une Ferme-modèle en Campine en 1920.

Prairies. — La question fut résolue par l'établissement des *prairies artificielles* : on employait une partie de la jachère à faire des trèfles, ou bien l'on semait dans l'avoine de la luzerne, du sainfoin. C'est alors qu'apparaît le principe de l'assolement *quadriennal*, énoncé par Tarello, de Venise, au xvi⁰ siècle et mis en pratique tout d'abord dans les cultures perfectionnées des Flandres et de la Lombardie.

Après avoir introduit dans leurs assolements les fourrages artificiels, les raves et un certain nombre de plantes industrielles, les Flamands ont reconnu qu'il fallait éviter de faire céréale sur céréale, mais intercaler entre elles soit une plante légumineuse, soit des plantes-racines. Ils ont ainsi découvert le principe de la *culture alterne*, déterminant l'amélioration des produits obtenus se succédant ainsi dans un ordre plus conforme à leurs besoins.

C'est ainsi que les Flandres, même dans les contrées ingrates de la Campine belge, poursuivaient leur perfectionnement cultural et parvenaient aux premiers rangs parmi les pays de culture intensive modifiant la physionomie même des fermes et des domaines agricoles (fig. 103 et 104).

Des Flandres, ces méthodes rationnelles de culture ont passé dans la vallée du Rhin et en Angleterre, où elles ont servi de base au célèbre assolement *quadriennal* de Norfolk : turneps, betteraves ou pommes de terre, — céréales d'été, — trèfle et graminées, — blé d'hiver.

Assolements modernes. — Grâce aux découvertes de la chimie agricole et à une parfaite connaissance de la fertilité des sols, on a pu généraliser ces règles et réaliser des assolements de cinq, six, sept années, à mesure que de nouvelles cultures s'établissaient et que les progrès de la civilisation nécessitaient la production des matières premières utiles à l'existence de l'homme ou au développement nouveau du commerce et de l'industrie : plantes alimentaires, plantes textiles, plantes oléagineuses, plantes industrielles, etc.

Un sol ne peut porter, sauf certains cas exceptionnels (vigne, forêts, prairies naturelles), la même récolte sans voir les rendements baisser. Lawes et Gilbert, à Rothamsted, cultivèrent (1844) du blé sur la même terre pendant cinquante ans, sans engrais ; les rendements tombèrent de 30 à 12 boisseaux. P. Dehérain, renouvelant cette expérience à Grignon sur l'avoine, parvint dès la huitième année à des rendements misérables. Au bout de quinze ans, la pomme de terre refuse à pousser sur la même parcelle. On ne peut cultiver deux ans de suite avec profit sur un même champ du lin ou des pois. Un semis de luzerne effectué sur un défrichement de luzerne ayant duré quatre à cinq ans ne donnera aucun résultat ; il faudra attendre au moins un intervalle aussi grand, quels que soient les soins d'entretien, de fumure, etc.

Il existe donc une nécessité absolue : celle de varier les cultures, de les alterner, d'établir une rotation comportant un certain ordre : l'assolement.

II. — ÉTABLISSEMENT THÉORIQUE DES ASSOLEMENTS.

Nécessité de l'alternance des cultures.

Les progrès de l'agriculture et l'établissement des principes primordiaux de l'agronomie ont permis peu à peu de dégager les lois physiologiques et économiques présidant à l'établissement des assolements. La nécessité de l'alternance des cultures peut s'expliquer en effet par diverses hypothèses.

1° **Variété des aliments des plantes.** — Les végétaux, pour achever complètement leur développement, doivent trouver dans le sol les éléments nutritifs ; mais chaque plante possède une sorte de faculté d'*élection* qui lui permet de choisir parmi ces principes alimentaires et d'absorber certains d'entre eux en plus forte proportion.

Chaque culture, considérée en particulier, laisse donc le sol appauvri plus spécialement en azote, acide phosphorique, potasse ou chaux, et la terre ne pourrait plus subvenir d'une manière générale aux besoins des récoltes semblables, établies pendant de longues années sur un même sol.

On a voulu généraliser ces résultats en établissant la théorie trop absolue des *dominantes*. D'après cette règle, il existait pour les différentes plantes cultivées un élément de fertilité, azote, acide phosphorique, potasse ou chaux, qui devait

« dominer ».et se trouver dans la terre, pour chaque culture, en proportion considérable. Pour les légumineuses, les dominantes étaient la potasse et la chaux ; pour les graminées, l'azote ; pour la pomme de terre, la potasse ; pour les racines et tubercules, la potasse et l'azote, etc.

Ces affirmations trop précises n'enlèvent aucune valeur à la théorie de l'alimentation spécifique des diverses plantes. Bien que l'observation de ces principes soit devenue moins nécessaire depuis l'emploi des engrais chimiques, qui permettent d'enrichir à nouveau le sol en y incorporant l' « élément » exporté en grande quantité, il faut néanmoins tenir compte, dans l'établissement des assolements, des préférences particulières des cultures.

Les ravages occasionnés par les nématodes dans les cultures de betteraves à sucre paraissent tenir au retour trop fréquent de ces plantes dans les sols, qu'elles appauvrissent en potasse.

2º Forme des racines. — On peut classer les plantes cultivées en deux grandes catégories, d'après la forme de leurs organes souterrains : les végétaux à racine *pivotante* et les végétaux à racine *fasciculée* ou superficielle.

Les premiers (céréales, graminées de prairies), pénétrant dans les couches profondes, utilisent les parties de la terre arable les plus éloignées du niveau du sol, et même le sous-sol. Les plantes à racine fasciculée (luzerne, trèfle, sainfoin, betterave, etc.) n'absorbent au contraire que les éléments nutritifs situés dans les couches superficielles du sol.

Une bonne utilisation de la terre cultivée comportera donc la succession de plantes pivotantes et de plantes à racines superficielles. Chaque partie du sol non exploitée pourra s'enrichir à nouveau, pendant les années de repos, soit par l'entraînement des éléments solubles sous l'influence des eaux pluviales, soit par la nitrification ou l'action des micro-organismes, etc.

3º Fatigue du sol. — Il est d'observation courante que certaines cultures ne peuvent s'établir immédiatement après la récolte des végétaux déterminés.

Cette sorte de *répugnance,* d'*antipathie* remarquée chez les plantes cultivées, avait été déjà observée par de Humboldt.

avant d'être étudiée par Hall, Russell, Hutchinson, etc... On a tenté d'expliquer ces faits en supposant la présence dans le sol de sécrétions particulières à chaque culture, qui joueraient un rôle toxique vis-à-vis des récoltes suivantes. A l'appui de ces assertions, il est aisé de citer le cas des légumineuses qui ne peuvent revenir sur un même sol qu'à de longs intervalles, les excrétions des bactéries de leurs nodosités pouvant infecter la terre pendant un certain temps. Ces excréta se détruisent peu à peu dans le sol, se minéralisent. Cependant on pourrait également expliquer cette répugnance en évoquant le principe d'élection que possèdent les végétaux dans la recherche de leurs aliments, l'absorption trop considérable de certains principes empêchant l'établissement des cultures exigeant ces mêmes éléments nutritifs.

Ces théories ont reçu une affirmation nouvelle depuis les travaux récents des chimistes et des agronomes. La question de l'intoxication des terres, de la stérilisation du sol est à l'ordre du jour et tout un champ d'action nouveau s'offre aux recherches des techniciens (1).

4° **Destruction des insectes nuisibles; préservation des maladies parasitaires.** — Les différentes cultures sont soumises aux ravages d'insectes particuliers et peuvent être attaquées par des maladies cryptogamiques qui leur sont propres (2). C'est ainsi que l'altise ravage de préférence les crucifères ; l'atomaria linearia détruit surtout les betteraves ; l'altise, la cochylis sont redoutables pour la vigne (fig. 109) ; l'alucite exerce sa déprédation sur les blés.

Parmi les maladies cryptogamiques, la rouille est fréquente parmi les froments ; l'ergot attaque de préférence le seigle ; l'avoine est très sensible au charbon. Les nématodes compromettent les récoltes de betteraves ; la cuscute est un ennemi redoutable des luzernes et des trèfles, etc.

En maintenant plusieurs années de suite la même culture sur une même terre, on facilite ainsi la propagation de ces

(1) Voy. P. DIFFLOTH, *Agriculture générale* (1er et 3e tomes).
(2) Voy. DELACROIX, *Maladies des plantes cultivées* (ENCYCLOPÉDIE AGRICOLE).

dangereux ennemis. Les insectes nuisibles trouvent une nourriture abondante et un gîte sûr ; les spores de champignons attaquent, l'année suivante, les nouvelles récoltes et provoquent la rouille, la carie, l'ergot, etc. ; les filaments ou les graines de cuscute envahissent à nouveau les luzernières (1).

L'alternance des cultures permet, au contraire, de placer les insectes, les spores, les parasites dans les conditions les plus défavorables à leur développement et de contribuer ainsi efficacement à leur disparition.

La nécessité d'entretenir sur la ferme un bétail varié, chevaux, bêtes d'engrais, moutons, porcs, l'alimentation du personnel exigent en outre, à un autre titre, des cultures variées.

La permanence de certaines cultures arbustives, vergers, etc., accélère la propagation des insectes nuisibles.

5° **Mode de végétation des plantes.** — Certaines cultures ont un développement herbacé peu abondant et une végétation assez lente ; les mauvaises herbes peuvent occuper le terrain, compromettre les récoltes, surtout si l'exécution des semailles à la volée rend les binages difficiles.

Au contraire, les plantes semées en lignes à un certain écartement laissent la faculté d'effectuer des binages et des sarclages fréquents et contribuent au nettoiement du sol. Ces plantes sarclées sont dites *cultures nettoyantes* ; les récoltes qui permettent aux mauvaises herbes de se développer sont dénommées *cultures salissantes*.

Il existe des plantes cultivées et non semées en lignes, mais dont la végétation est si luxuriante, et la croissance si rapide que les plantes adventices ne peuvent s'établir sur le terrain (sarrasin, chanvre, etc.) : ces cultures sont également nettoyantes.

L'établissement de l'assolement devra donc s'inspirer de ces faits et, par une habile succession de cultures salissantes et de cultures nettoyantes, assurer la destruction des plantes adventices.

(1) Le colza qui vers 1850 fit la fortune de la plaine de Caen, disparut par suite des inconvénients d'une culture trop généralisée qui amena, avec l'avilissement des cours, la propagation des parasites, la fatigue du sol, etc. Le pétrole, l'électricité achevèrent cette dépression.

Ces considérations générales montrent nettement la nécessité de l'alternance des cultures. Elles justifient en outre l'utilité du repos des terres et le rôle de la jachère.

III. — JACHÈRE.

Jachère morte et jachère cultivée.

Généralités. — Les anciens agriculteurs ayant observé la « fatigue » de la terre, sa stérilité momentanée, la laissaient en jachère.

Ce repos de la terre peut s'interpréter de deux façons différentes : ou bien la terre est abandonnée à elle-même sans aucun travail ni soin — c'est la *jachère morte*. Ou bien, sans y produire de récoltes définies et rémunératrices, la parcelle en jachère reçoit des labours, des hersages et de nombreux travaux d'entretien, même des engrais : c'est la *jachère cultivée*. Il s'agit là d'une destruction essentielle dont il faut saisir l'importance pour comprendre le rôle exact des jachères dans l'économie générale d'un domaine. La *jachère nue* est appelée encore par des dénominations locales : *sombre, verchère, guéret*, etc.

Historique. — La jachère ancienne n'était pas une jachère améliorante ; elle régnait en maîtresse dans les plaines de la France du Nord, la Flandre et l'Artois exceptés. Les sols du nord de la France pouvaient donner une récolte de blé et une récolte d'avoine ou d'orge ; il fallait ensuite s'arrêter, laisser reposer la terre, pour recommencer un an plus tard à semer du blé et, l'année suivante, à récolter de l'avoine.

C'était le régime de l'assolement triennal avec jachère utilisée au pâturage des moutons dès le printemps. Le mouton était d'ailleurs un agent de nettoiement du sol à une époque où le travail général des terres, même dans les pays de labourage perfectionné, était conduit de façon médiocre. Malgré son intervention, dans les années humides surtout, les cultures étaient cependant envahies de plantes adventices.

L'assolement triennal ainsi établi dans tout le nord de la France a fait peser sur notre agriculture une redoutable tyrannie, car les terres n'étaient pas encloses. C'eût été les soustraire à la servitude de pacage et aux droits des usagers, c'est-à-dire de tous les habitants, qui pouvaient confier au berger communal leurs moutons.

En Lorraine et en Champagne, ce droit des usagers était ordinairement oppressif. Dans une région de petite propriété divisée en très petites parcelles, il n'était pas possible de se clore, et celui qui aurait tenté de le faire aurait mis le pays en révolution.

Dans l'Ile-de-France, pays de grande propriété et de fortes exploitations, la chose n'était pas impossible. Les clôtures avaient disparu, parce que la terre était fertile et de facile culture, et que les fermiers ne voulaient point en perdre une parcelle. Il eût été facile cependant en règle générale de réduire ou de racheter les droits des pacagers sans aucune perte pour les pauvres, même dans les maigres régions montagneuses.

La conservation de la jachère ne tenait donc pas essentiellement à cette cause de la non-clôture. Beaucoup de terres étaient d'ailleurs à cette époque déjà soustraites au droit d'usage et portaient de belles luzernes. Il faut chercher la cause de la conservation de la jachère dans la pauvreté générale de la culture, peut-être aussi dans le manque de débouchés. La suppression de la jachère correspondait en effet à un accroissement du nombre de têtes de bétail et de la consommation de viande (F. Nicolle).

La jachère ancienne, bien conduite, donnait cependant de bonnes récoltes de blé. Les cultivateurs dans les plaines du Nord arrivaient facilement à un rendement de 20 hectolitres à l'hectare. Certains sols ne rendaient pas plus de 10 à 12 hectolitres, mais la moyenne était certainement de 16 à 18 en Normandie, en Picardie, dans l'Ile-de-France, l'Orléanais, la Bourgogne du Nord ; c'est un rendement à peu près égal à la moyenne d'aujourd'hui. Malheureusement, les récoltes d'avoine qui suivaient, dans les terres ordinaires, celles d'orge dans les meilleures terres, étaient fort inférieures ; elles ne dépassaient pas en moyenne 12 à 14 hectolitres. Il n'y avait pas parité entre les deux rendements ; la récolte de blé donnait en poids le double à peu près de la récolte d'orge ou d'avoine. En définitive, la jachère légèrement fumée comme elle l'était autrefois permettait d'obtenir une bonne récolte de blé et une médiocre récolte d'avoine. Elle préparait convenablement la terre pour la première sole, pas du tout pour la seconde. L'axiome agricole assurant que la première récolte après jachère utilisait les deux tiers de la fumure et la seconde le tiers seulement était loin d'être exact.

En réalité, dans les années favorables où la nitrification s'effectuait bien, la première récolte utilisait presque tout, et il ne restait presque rien pour la seconde. Avec les 10.000 kilogr. de fumier médiocre que l'on pouvait conduire sur la jachère, comme dans certaines contrées ingrates du Midi français (fig. 109), on donnait au sol moins de 30 kilogr. d'azote nitrifiable. Lorsque l'année était favorable, la nitrification marchait bien, le blé trouvait à sa disposition au moins 30 kilogr. d'azote nitrifié provenant de la fumure et, en outre, 10 kilogr. assurés par les réserves anciennes du sol. C'était suffisant pour une production de 10 à 20 hectolitres de blé; mais, après cette culture, il ne restait plus de la fumure que 5 à 10 kilogr. d'azote disponible, engrais juste suffisant pour produire une faible récolte d'orge ou d'avoine de moins de 15 hectolitres.

La plante prenait donc dans le sol le complément; la culture ancienne, au lieu d'être *améliorante*, était nécessairement *épuisante*. Cependant elle se maintenait séculairement avec le faible appoint des réserves communales; c'est que des causes spéciales, que nous allons examiner maintenant, contribuaient à l'enrichissement du sol.

Action améliorante de la jachère.

Jachère morte. — Le sol laissé sans culture pendant une année devait, dans l'esprit des premiers cultivateurs, *se reposer* pendant que des façons appropriées permettaient la destruction des mauvaises herbes.

Or, durant cette année de jachère, la terre nitrifie activement; les nitrates formés sont absorbés par la végétation spontanée qui restituera au sol ces principes nutritifs lorsque les labours ultérieurs auront enfoui ces plantes adventices.

Les mauvaises herbes, par leur développement aérien, puisent dans l'atmosphère du carbone, de l'hydrogène, de l'oxygène, parfois de l'azote (légumineuses), et contribuent à enrichir les terres en humus lorsqu'on les incorpore au sol. La jachère est le moyen *le plus économique* de nettoiement des terres.

Il faut de plus compter sur l'influence améliorante des algues, champignons (1), placés à la surface du sol, qui puisent l'azote dans l'air.

Par les façons culturales nombreuses, la jachère permettait donc d'enrichir à nouveau la terre, tout en assurant la destruction des plantes adventices.

D'autre part, toutes les saisons ne sont pas également favorables à l'exécution des travaux aratoires ; sans l'établissement des jachères, les récoltes se succéderaient parfois si rapidement que le moment opportun d'ameublissement des terres ne pourrait être saisi.

Le maintien de la jachère durant de longs siècles s'expliquerait ainsi par ces avantages sensibles.

Jachère cultivée. — Mais l'établissement de ces faits nous montre bien la nécessité de travailler le sol par des labours et des hersages pendant l'année de jachère.

L'absorption de l'eau atmosphérique, la nitrification activée, l'enrichissement en matière organique, la germination même des plantes adventices sont autant de phénomènes favorables et bienfaisants que le travail des jachères amplifiera et développera.

Un point de vue doit être spécialement envisagé, c'est celui de l'approvisionnement du sol en eau, élément primordial de fertilité. On connaît le rôle des plantes, des arbres mêmes, dans l'évaporation de l'eau du sol, grâce à leurs organes végétatifs. Des échantillons de terre prélevés à diverses profondeurs sur des parcelles emblavées ou en jachère révèlent des proportions d'eau bien plus faibles dans le premier cas.

(1) Voy. P. Diffloth, *Agriculture générale,* Ier tome.

Humidité du sol. — Les chiffres suivants, dus à Dehérain, donnent des renseignements précis à cet égard :

	Eau contenue dans 100 parties de terre prélevées à différentes profondeurs.		
	De la surface à 10 cent.	De 10 à 20 cent.	De 20 à 30 cent.
Prairie	4,25	13,6	10,7
Avoine	14,6	14,4	8,45
Maïs-fourrage	13,8	10,8	10,0
Blé	13,09	16,6	8,9
Pommes de terre	13,0	10,0	10,5
Vigne	14,6	12,8	10,6
Betteraves	14,3	9,4	10,3
Jachère	16,75	15,50	18,75
—	17,75	19,15	19,15
—	19,50	19,80	20,40
—	17,6	18,40	19,13

On constate ainsi que, surtout dans les couches profondes,

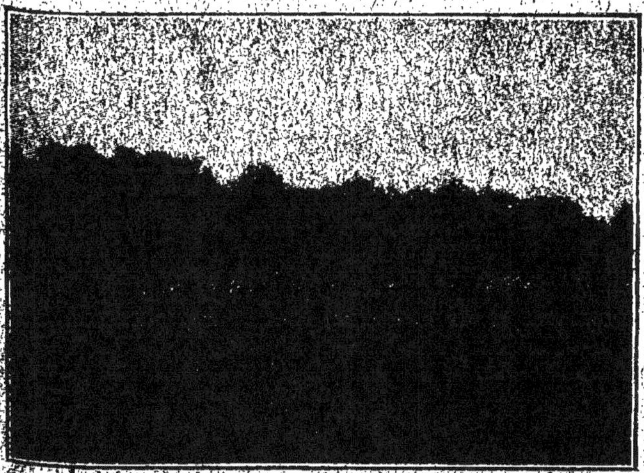

Fig. 105. — Sole de blé dans un assolement.

la terre en jachère est bien plus humide que le sol couvert de récoltes.

Ces différences s'accentuent encore au delà de 30 centimètres et montrent que, sur les jachères, l'eau s'infiltre aisément et constitue dans le sous-sol des réserves précieuses.

Les eaux de drainage des champs emblavés sont toujours moins abondantes que celles des parcelles en jachère, comme le constatait Dehérain à Grignon.

	Eau écoulée des cases de végétation.	
	Emblavées. millim.	En jachère. millim.
Mars 1894-mars 1895.........	7,9	75,8
Mars 1895-mars 1896.........	0,0	80,5
Mars 1896-mars 1897.........	176,0	287,0

La constitution de ces réserves d'humidité dans le sous-sol est particulièrement favorable au blé, et ceci explique le rôle améliorateur de la jachère dans l'ancien assolement.

La nitrification, pour s'établir, exige un sol humide. Les nitrates sont donc, toutes conditions égales, plus abondants dans les sols en jachère cultivée que sur les terres non travaillées, ainsi que l'atteste l'analyse des eaux de drainage :

	Eau écoulée.	Azote nitrique.	
		par mètre cube.	par hectare.
	millim.	gr.	kil.
Terre sans travail depuis 1891...	76,4	109,6	83,7
— travaillée à la fourche.....	99,2	120,0	117,8
— sans travail depuis 1895...	90,0	109,0	98,9
— travaillée à la bêche......	106,0	136,5	114,6

(Dehérain.)

On peut craindre cependant que les nitrates ainsi formés en abondance ne soient entraînés par les pluies sur ces sols non emblavés ; mais l'examen des époques d'écoulement des eaux de drainage d'été et de drainage d'hiver montre bien l'inexactitude de ces assertions. Le drainage d'été est peu appréciable ; c'est en automne, en hiver que les eaux s'écoulent les drains en forte proportion.

Époques d'écoulement des eaux de drainage.

	Par case en jachère.	
Années.	Été.	Hiver.
1892..................	89 litres.	472 litres.
1893..................	62 —	247 —
1894..................	61 —	214 —
1895..................	84 —	288 —

Les entraînements les plus considérables de nitrates se produisent à l'automne ; à ce moment, le blé qui, dans l'asso-

Fig. 106. — Landes de Sologne.

lement triennal, succède à la jachère (fig. 105), est déjà semé,
levé et peut profiter de ces éléments de fertilité. Ces jeunes
plants retiennent ainsi une proportion d'azote nitrique qui
peut atteindre jusqu'à $54^{kg},215$ par hectare (Dehérain, 1892-
1893).

Mathieu de Dombasle et le professeur Moll ont affirmé avoir
regretté plus d'une fois de s'être laissé entraîner trop loin dans
le mouvement de réaction contre la jachère, qui, bien comprise,
est l'une des pratiques les plus utiles du métier d'agriculteur.

Friches. — Les avantages ainsi reconnus à la jachère cultivée ne sont cependant perceptibles que lorsque le sol est bien ameubli et ne supporte aucune végétation spontanée ; les mauvaises herbes, en effet, évaporeraient l'humidité du sol, qui, ainsi asséché, ne formerait plus de nitrates. Il ne faut donc pas confondre la *jachère* avec la *friche*, les sols infertiles, les terres abandonnées sans culture et envahies par les mauvaises herbes, les roseaux ou le gazon (fig. 106). Au contraire, durant la jachère, on consacre tous ses efforts à la préparation complète du sol. Ainsi envisagée, la jachère ne saurait être bannie d'une culture rationnellement établie, car il est impossible de ne pas y avoir recours dans une mesure plus ou moins grande (Garola).

Propreté du sol. — Le rôle de la jachère dans le nettoiement du sol est considérable. Dans une terre infestée de mauvaises graines, les cultures de plantes sarclées peuvent exiger des frais considérables de binage et ne réaliser que de faibles rendements. De plus, ces cultures ne permettent pas d'atteindre les plantes adventices à racines traçantes et vivaces : charbon, tussilage, chiendent, etc. Les binages ordinaires ne travaillent le sol que sous une épaisseur de 6 à 7 centimètres, et la destruction des plantes annuelles ne peut être complète, les graines de ces plantes pouvant se trouver à des profondeurs plus considérables.

Les déchaumages, le triage des semences, les façons aratoires pourront aider efficacement dans la plupart des cas à la destruction de la végétation adventice ; mais, pour les terres sales et pauvres, ou les sols compacts et humides qui l'enherbent facilement, la jachère *doit être utilisée comme méthode de nettoiement.*

Conclusions. — En résumé, par la jachère travaillée, le sol s'enrichit en principes fertilisants qui proviennent soit de l'atmosphère, soit de la terre elle-même. Le sol modifié par l'influence des agents atmosphériques, est plus facilement pénétré par l'eau, l'acide carbonique, les solutions acides qui solubilisent les principes fixes. Les pluies fournissent au sol, sous forme d'ammoniaque et de nitrate, une proportion d'azote appréciable, environ 11 kilogr. d'azote par hectare et par an ; la terre ameublie absorbera plus aisément l'ammoniaque de l'air. C'est, en outre, un procédé efficace et pratique de destruction des mauvaises herbes.

La jachère ne peut rendre fertile une terre qui manque de matière organique ou de sels minéraux, mais elle servira à mettre en circulation une certaine proportion de l'azote total du sol. La nitrification est activée par les façons d'ameublissement qui aèrent la terre et répartissent le ferment nitrificateur dans toutes les couches du sol, par le chaulage, le marnage, l'apport de matières organiques, etc.

Travail des jachères.

Déchaumage. — Pour cultiver le sol en jachère, il est nécessaire, on le voit, d'effectuer un certain nombre de travaux aratoires. Sur les terres fortes, on opère un déchaumage sitôt après l'enlèvement de la dernière récolte. A la première pluie, il convient de herser pour hâter la germination des mauvaises graines, et un labour profond est donné dès la fin de l'automne.

Le sol est laissé en cet état pour que l'action destructive des gelées s'exerce sur les racines des mauvaises herbes. Après l'hiver, on donne un hersage ou un scarifiage pour déterminer la levée de toutes les graines qui sont près de la surface. La terre ayant de nouveau verdi en avril ou en mai, un profond labour enfouit la végétation spontanée. On le fait suivre d'un hersage ou d'un scarifiage, comme le précédent, et d'un roulage. Dès les premiers jours de juillet, on donne le troisième labour ; le quatrième labour est pratiqué en septembre.

Sur les terres légères, il suffit d'opérer un déchaumage très superficiel à l'automne pour ne pas enfouir trop profondément les semences de moutarde blanche ou de coquelicot développées dans la dernière récolte et assurer leur levée au printemps. Après la levée complète de ces plantes adventices, on ne donne qu'un seul bon labour en avril-mai.

Lorsqu'on applique le fumier sur la jachère, c'est par l'avant-dernier labour qu'on l'enfouit. Les mauvaises graines que le fumier renferme souvent ont le temps de pousser, le dernier labour les incorporera au sol. Enfin c'est pendant la jachère que doivent s'établir les cultures d'engrais verts, semées après les labours : colza d'été, vesces de mars, sarrasin, moutarde, etc.

Telles sont les opérations culturales qui doivent faire de la jachère une pratique agricole améliorante (fig. 107).

Durée de la fatigue de la terre.

Combien de temps doit-on laisser la terre « se reposer »? Cet intervalle dépend évidemment de son état, de son mode de culture, des plantes exploitées, etc.

Pour le blé il faut attendre trois ou quatre ans ; la betterave ne revient qu'une année sur deux, ou mieux tous les trois ans (Cambrésis, Hainaut) ou tous les six, sept, huit ans (terres pauvres de Silésie) ; le trèfle violet exige un intervalle de quatre à cinq ans pour réussir sur le même terrain. Une terre qui a porté de la luzerne cinq à six ans, doit rester quinze à vingt ans sans recevoir cette légumineuse. L'asperge ne revient à la même place que tous les dix ans ; le lin au plus tous les six à sept ans.

IV. — RÈGLES PRÉSIDANT A L'ÉTABLISSEMENT DES ASSOLEMENTS.

Généralités. — La détermination de l'assolement suivi devra s'appuyer sur un certain nombre de lois *physiologiques, culturales* et *économiques,* c'est-à-dire se reposer à la fois sur les besoins des plantes et sur les nécessités de l'entrperise agricole et le développement des débouchés et des revenus.

Les lois physiologiques et culturales des assolements sont relatives aux obligations suivantes :

1° Alterner les plantes nettoyantes et les plantes salissantes ;

2° Faire succéder les cultures ayant des exigences alimentaires différentes ;

3° Faire suivre une plante à racine pivotante par une plante à racine fasciculée ;

4° Contribuer à la destruction des insectes nuisibles, à la

disparition des maladies cryptogamiques par la succession de cultures différentes ;

5° Laisser entre chaque sole le temps nécessaire à la préparation du terrain pour les nouvelles semailles.

Lois culturales. — Nous avons étudié précédemment ces

Fig. 107. — Déchaumage sur chaumes de maïs au moyen de pulvériseur à disques.

cinq points particuliers. Il importe de remarquer cependant que ces conditions ont une importance différente. L'emploi des engrais chimiques permet, en effet, de satisfaire aux besoins des différentes cultures en donnant la possibilité d'incorporer au sol l'élément exporté par la plante précédente. De plus, les racines superficielles peuvent parfois s'étendre dans les sols bien travaillés à des profondeurs considérables, et la pratique des labours profonds, en mélangeant les différentes assises du sol, donne la possibilité d'utiliser concurremment toutes les couches de la terre cultivée.

Lois économiques. — Les lois économiques régissant l'établissement des assolements sont de divers ordres.

La première loi économique doit s'appliquer à distribuer judicieusement la *main-d'œuvre*. Certaines cultures : production maraîchère, vergers, primeurs, serres, exigent un personnel abondant et spécialisé. Il faut associer les récoltes de manière à répartir régulièrement les travaux sur les divers mois de l'année ; les attelages et le personnel sont ainsi utilisés sans fatigue excessive ni repos prolongé.

Débouchés. — La seconde loi économique repose sur la *destination des produits* et la *connaissance des débouchés*. Il convient, en effet, de s'assurer de la facilité de vente des récoltes et des facilités du transport.

Le développement des voies de communication et la réduction des tarifs ont affranchi en partie le cultivateur de ces nécessités. L'organisation commerciale de la vente des produits du sol sous les auspices des syndicats facilitera encore l'écoulement des denrées agricoles. Mais on ne saurait méconnaître la nécessité de tenir compte de l'importance des débouchés dans l'établissement des assolements.

C'est ainsi que la culture maraîchère ou fruitière, la production laitière sont localisées autour des villes ; la betterave à sucre ne peut être exploitée que dans le rayon d'approvisionnement des sucreries, etc.

Capital d'exploitation. — La troisième loi économique se rapporte au *capital d'exploitation* nécessaire à l'établissement de chaque culture, herbages, céréales ou prés-vergers. Le cultivateur doit être, en effet, en mesure de satisfaire aux dépenses exigées par l'achat d'engrais, de matériel, etc. La création des caisses de crédit agricole pourra venir en aide à l'agriculteur en lui accordant les avances nécessaires.

Ce capital d'exploitation se montre très variable. Sans s'exposer à des généralisations dangereuses, on peut dire qu'avant la guerre dans les fermes à betteraves de l'Ile-de-France, le capital d'exploitation atteignait 800 à 1 000 francs par hectare; il faudrait compter en 1921-1922 sur 3 000 ou 4 000 francs. Les fermes à céréales (culture triennale, jachère avec plantes sarclées, fourrages annuels) demandaient avant 1914 un capital de 200 à 400 francs par hectare ; il serait d'âge d'escompter une amplification du triple actuellement.

La question des salaires doit être attentivement examinée, ainsi que le problème de la main-d'œuvre, un des plus redoutables de la situation actuelle.

Main-d'œuvre. — Les cultures exigent des mains-d'œuvre différentes.

Le *système herbage* demande un personnel très réduit

Fig. 108 — Une ferme dans l'Est de la France.

quelques gardiens pour surveiller le bétail mis à l'engrais dans les pacages. Cette réduction de personnel a d'ailleurs favorisé considérablement la création des herbages en des régions où la main-d'œuvre fait défaut, près des centres ouvriers par exemple où l'usine appelle tous les bras disponibles (bassin de Briey, Lorraine, environs de Douai, etc.).

L'assolement triennal, avec jachère, voit au contraire la main-d'œuvre augmenter.

La culture intensive du blé, de la betterave demande une main-d'œuvre plus abondante que l'herbage, à cause des

labours, binages, démariages, arrachage, charrois, etc...
Enfin la main-d'œuvre devient de plus en plus nombreuse à
mesure qu'on tend vers la culture maraîchère où tous les travaux extrêmement nombreux, s'exécutent à la main (semis,
repiquage, sarclage, arrosage, récolte, li ra son, emballage, etc.)
La vigne, depuis le développement des maladies cryptogamiques
surtout, se place parmi les cultures à main-d'œuvre exigeante.
Dans l'Hérault, un vignoble de 227 hectares emploie, outre
20 domestiques à l'année, 50 journaliers en morte-s ison,
110 en temps ordinaire, 500 au moment des vendanges. Les
salaires, sans la nourriture, s'élevaient en 1914 à 90 000 francs
par an (F. Convert) (fig. 109).

Cet exemple nous montre qu'à côté du personnel régulier,
il existe des ouvriers travaillant à certains moments. Certains
systèmes de culture exigent une *main-d'œuvre saisonnière*
supplémentaire parfois importante.

La betterave dans le nord de la France demande, à
l'époque des binages, 20 à 25 ouvriers supplémentaires pour
une culture de 50 hectares de racines, ouvriers venus de
Belgique et même de Pologne. Une plantation de 20 hectares
de houblon en Angleterre exige, pour la récolte, 200 ouvriers;
un vignoble de l'Hérault de 200 hectares ne demande pas
moins, nous l'avons vu, de 500 personnes pour la vendange.

Il faut tenir compte de la nature de ces mains-d'œuvre selon
la difficulté des travaux. Parfois les femmes, les enfants
suffisent (fleurs, légumes, fruits, vigne, houblon). Pour la culture
de la betterave, l'exploitation des bois, il faut au contraire des
hommes vigoureux.

L'assolement suivi se satisfait parfois des soins du petit
cultivateur et de sa famille ce sont les conditions les plus
heureuses. Les modestes propriétaires de la Touraine cultivent
a si un champ de blé, quelques rangs de maïs fourrager pour
les deux ou trois vaches, un coin de pommes de terre, une
petite vigne. Dans le sud-est de la France, la famille paysanne
cultive avec profit m rier et vers à soie.

La raréfaction de la main-d'œuvre porte plus particulièrement sur certains emplois. Il est de notoriété courante qu'on
ne trouve plus guère de bergers ; les vachers deviennent rares,

au point que dans la Beauce, la Brie, la production du lait diminue.

Ce sont des considérations importantes à examiner.

Le développement de la culture mécanique pourra remédier à cette crise redoutable: Tracteurs, défonceurs, laboureurs effectueront mécaniquement les gros travaux; les moissonneuses-lieuses économisent le personnel ; on a perfectionné

Fig. 109. — Type de village viticole du Bas-Languedoc.

les râteaux à cheval, les faneuses, les arracheuses, les batteuses, botteleuses, etc...

Antipathie ou sympathie des cultures. — Le cultivateur, dans le choix d'un assolement, devra donc s'inspirer de ces lois physiologiques, culturales et économiques. Les conditions du climat, la nature du sol exercent d'ailleurs sur ces déterminations une influence considérable.

L'établissement judicieux de l'assolement offre encore l'avantage de profiter aux cultures elles-mêmes. Il est prouvé que chaque plante souffre ou bénéficie des conditions d'existence particulières du végétal qui l'a précédée ; il existe des affinités ou des antipathies spéciales entre végétaux de grande culture. On dira, par exemple, que le tabac est un excellent précédent pour le blé, que le lin gagne à suivre le colza ; ces préférences restent d'ailleurs sous la dépendance étroite du climat, des fumures, de la nature du sol. Dans l'établissement des assolements, ces considérations ont cependant leur prix. On sait, par exemple, que le froment vient avantageusement sur jachère complète ou sur trèfle, fève, pois, après les choux, les pommes de terre, les betteraves, le tabac, le maïs, le chanvre.

Les meilleurs précédents pour le seigle sont la jachère, les graines artificielles, les racines, les plantes oléagineuses, le tabac, etc.

Les semis de trèfle réussissent bien dans une céréale qui succède à une racine sarclée. Pour la luzerne, les meilleurs précédents sont la pomme de terre, les betteraves, les carottes, etc.

Relativement aux légumineuses fourragères, nous avons noté que ces plantes ne peuvent revenir trop fréquemment sur le même sol ; on dit que la terre se fatigue de luzerne, de trèfle, etc. Ces faits tiennent à des circonstances particulières, peut-être aux sécrétions des bactéries des nodules de ces légumineuses. Toujours est-il qu'on doit laisser entre les soles de luzerne, de trèfle, etc., un espace assez long, qui dépend d'ailleurs du temps pendant lequel se maintient cette culture. Pour le trèfle, on attend ordinairement six à neuf ans pour réaliser une nouvelle sole bien réussie. Cependant, lorsqu'on ne coupe que la première coupe du trèfle et qu'on enfouit ou fait pâturer la seconde, cette culture peut revenir à intervalles moins distants.

Dans toute exploitation, il existe des terres non soumises à l'assolement et qui sont destinées, par exemple, à fournir les fourrages nécessaires aux animaux de la ferme ; on dit que ces plantes *appuient l'assolement*.

Entre les récoltes principales, on peut établir des cultures de plantes à développement rapide ; ce sont les *cultures dérobées*, qui, outre le rapport qu'elles constituent, retiennent les nitrates formés (1).

(1) Pour l'étude économique des assolements, consulter l'ouvrage de l'ENCYCLOPÉDIE AGRICOLE, *Économie rurale*, par M. JOUFIER.

Importance d'un assolement bien réglé. — Certaines régions de France produisent couramment 35 à 40 hectolitres de froment à l'hectare ; cependant la moyenne des rendements ne dépasse pas 18 hectolitres pour l'ensemble de notre pays. Les faibles rendements sont dus à une insuffisante préparation mécanique et chimique du sol, à un mauvais choix des variétés et des semences, et enfin à une succession mal comprise des diverses cultures sur les terres du domaine.

Dans les fermes du Nord et de la Beauce, le sol est constitué par le limon des plateaux, dont l'excellente constitution physique et chimique permet la culture rémunératrice de la betterave à sucre. Il est possible et avantageux d'adopter, dans ces terres exceptionnelles, l'assolement *biennal* : betteraves, blé, à la condition de distribuer de copieuses fumures organiques et minérales. Presque partout ailleurs, il est préférable de ménager la faible puissance productive du sol par un assolement élargi, comprenant des cultures fourragères susceptibles d'améliorer le *fonds*, soit par les résidus de leurs récoltes, soit indirectement par le fumier, résidu de l'exploitation du bétail qu'elles servent à entretenir.

C'est ainsi que, le plus souvent, on trouve profit à adopter la combinaison-type suivante : plantes sarclées ; — blé ; — trèfle ou analogues ; — avoine et orge de printemps.

L'assolement triennal : plantes sarclées ou trèfle, blé et avoine, très souvent suivi, est généralement moins favorable à la production des grands rendements, en raison de la succession immédiate des deux céréales et de leur retour trop fréquent sur les mêmes parcelles.

En outre, cet assolement ne permet pas d'obtenir des ressources fourragères suffisantes pour l'entretien d'un important cheptel-bétail (fig. 110). Sans chercher à diminuer le rôle du froment dans les exploitations rurales, il est bon de faire remarquer qu'actuellement les entreprises zootechniques sont très avantageuses et que cet intérêt ne fera que s'accroître.

La diminution de la surface cultivée en blé, qu'entraîne l'élargissement de l'assolement, ne peut qu'être favorable à l'augmentation des rendements. Les disponibilités en fumier de ferme devenant plus importantes, il est possible de parfaire la fertilité du sol et de tirer un parti plus avantageux d'un même fumure complémentaire à base d'engrais minéraux.

Un sol enrichi en humus présente une activité biologique et chimique plus intense. Les engrais y sont mieux retenus et mieux préparés à l'usage des racines du froment, dont la *capacité digestive* est excessivement faible à l'égard des substances alimentaires naturelles contenues ou insolubilisées dans le sol (Dumont).

La pratique, encore trop fréquente, qui consiste à faire succéder deux froments sur le même sol est parfois condamnable ; on l'applique sur des terres naturellement pauvres, sous le prétexte qu'elles avaient été *provisoirement* enrichies en matériaux organiques par une prairie artificielle.

L'amélioration obtenue à grand'peine disparaît très rapidement, et les résultats obtenus avec la double culture du froment ne sont pas toujours très brillants, en raison d'un apport insuffisant d'engrais minéraux complémentaires. On épuise la réserve du sol dans de mauvaises conditions, sans chercher à établir un équilibre rationnel entre les divers principes fertilisants qu'il contient.

CHAPITRE II

PRINCIPAUX ASSOLEMENTS

———

Il existe plusieurs types d'assolements définis par la durée de la rotation. Lorsque l'assolement ne comprend que deux récoltes se succédant dans un ordre fixe, il est dit *biennal*. L'assolement *triennal* comporte trois soles ; l'assolement *quadriennal*, quatre soles. On peut concevoir également des assolements de cinq ans, six ans, sept ans, etc.

I. — ASSOLEMENT BIENNAL.

Généralités. — L'assolement biennal est un des plus intensifs ; la répétition des mêmes cultures à bref intervalle, la nécessité d'opérer rapidement les façons culturales font réserver ces pratiques agricoles aux terres fertiles bien entretenues. Dans le nord de la France (fig. 110), l'ordre de succession des récoltes dans l'assolement biennal est le suivant : betterave, blé — betterave, blé, etc.

Fumure. — En principe, c'est la culture placée en tête de l'assolement qui reçoit la fumure complète de fumier de ferme. Dans notre pays, c'est la sole de betteraves à sucre qui bénéficiera de cet apport de matières fertilisantes ; le blé qui suit profitera de l'arrière-fumure complétée par des engrais chimiques. On a placé ainsi les betteraves en tête de l'assolement afin d'éviter l'action du fumier de ferme sur les cultures de blé. La proportion d'azote contenue dans cet engrais de ferme peut faire craindre la verse, et les mauvaises graines amenées par le fumier salissent les terres.

En Allemagne, c'est le blé qui, dans l'assolement biennal, est placé en tête et reçoit le fumier. Les cultivateurs d'outre-Rhin ont voulu éviter ainsi l'affaiblissement de la richesse saccharine de la betterave par suite de l'apport de fumier. Pour se mettre en garde contre la verse du blé et l'envahissement du sol par les mauvaises herbes, on a recours, en Allemagne, aux variétés peu versables et aux binages des blés semés à écartement moyen.

Types d'assolement biennal. — L'assolement biennal est très épuisant et difficile à maintenir. L'arrachage des betteraves dans les contrées septentrionales a lieu tardivement, et il reste peu de temps pour préparer le sol avant les semailles du froment d'hiver. De plus, le retour fréquent des cultures de betteraves à sucre entraîne un affaiblissement de la productivité du sol qui se manifeste souvent par l'apparition des nématodes (fatigue betteravière).

Dans les régions méridionales, l'assolement biennal est représenté par la succession maïs-froment. On rencontre encore la rotation sarrasin-seigle ou pomme de terre-orge, etc.

Comme type d'assolement biennal, notons encore la rotation 1re année : seigle ; 2e année : jachère ou avoine suivie, cette fois, dans les régions pauvres du centre de la France.

II. — ASSOLEMENT TRIENNAL.

Généralités. — Le type de l'assolement triennal est réalisé par la succession : plante sarclée, céréale d'hiver, céréale de printemps.

On peut adopter, comme en Bourgogne, la rotation suivante : 1re année : plante sarclée, fourrage annuel ; — 2e année : blé ou seigle ; — 3e année : avoine ou orge dans laquelle on sème des prairies artificielle ou temporaire. La prairie dure trois ou quatre ans ; défrichée, la sole supportera un blé ou une avoine, puis on reprendra le cycle racines, deux céréales, etc.

Dans les pays pauvres, l'assolement triennal revêt la physionomie suivante (Corrèze Creuse) : 1re année : jachère ; — 2e année : seigle ; — 3e année : sarrasin. La jachère peut supporter partiellement des pommes de terre ou des raves.

Fig. 110. — Type de ferme modèle de Flandre.

Types d'assolement triennal. — En Provence, l'assolement triennal comporte la suite : jachère, blé, légumineuse annuelle (vesce) ou vivace (sainfoin, luzerne). Souvent ces cultures sont établies entre les rangs de vigne, d'olivier, de mûrier que réalisent ainsi des assolements particuliers.

La plaine de l'Aquitaine reste fidèle à l'assolement triennal : 1re année : blé ; — 2e année : maïs ; — 3e année : jachère. Sur les sols fertiles, la jachère est remplacée par un fourrage annuel : vesce, farouch (trèfle incarnat) ou une culture sarclée (pommes de terre, tabac, fèves, etc.).

La succession : deux céréales, — une plante-racine ou un fourrage se retrouve dans les pays à formation crayeuse (Champagne) suvant la succession : 1re année : seigle ou blé ; — 2e année : avoine ou orge ; — 3e et 4e années : prairie artificielle, sainfoin seul ou mélangé de luzerne ou de graminées — 5e année : céréale sur défrichement de prairie ; — 6e année : céréale ; — 7e année : plante-racine ou jachère nue ou fourrage (trèfle incarnat, m nette, vesce, etc.).

III. — ASSOLEMENT QUADRIENNAL.

Généralités. — L'assolement quadriennal offre l'avantage d'intercaler dans la rotation les cultures fourragères indispensables à l'alimentation du bétail producteur du fumier. Le modèle de cet assolement est compris dans l'ordre suivant : plantes sarclées — céréale de printemps dans laquelle on sème un trèfle ; — trèfle ; — céréale d'hiver.

Dans le Perche, on suit la rotation quadriennale : blé ; — avoine ; — trèfle et graminées fauche et pâture ; pâturage au printemps puis défrichement des plantes sarclées ; — choux ou jachère.

Types d'assolement quadriennal. — Comme type d'assolement quadriennal, citons la rotation suivante usitée en Bretagne : 1re année : plantes-racines ou tubercules (pommes de terre, rutabagas, betteraves, choux) ; — 2e année : avoine ou orge ; — 3e année : trèfle ; — 4e année : blé suivi parfois d'un sarrasin ayant de recommencer le cycle.

Dans la Champagne et le Berry, on suit ces préceptes avec l'assolement quadriennal ; 1re année : céréale d'hiver, blé ou seigle ; — 2e année : céréale de printemps, avoine ou orge ; — 3e année : fourrages annuels ; — 4e année : fourrage de seconde année ou plante-racine ou jachère nue.

Les fertiles terres du lias conviennent particulièrement à l'assolement quadriennal : plantes-racines ; — avoine ou orge ; — trèfle ou fourrage annuel ; — blé avec une réserve de quelques hectares supportant la luzerne qui donne du fourrage les années où la sécheresse contrarie le rendement du foin.

En Angleterre la production dominante du bétail a peu à peu réduit la culture des céréales au profit des soles fourragères. On y suit fréquemment l'assolement quadriennal : 1re année : racines ; — 2e année : orge ou avoine avec semis de légumineuses ; — 3e année : légumineuse ; — 4e année : blé ou avoine. Cet assolement, approprié à un fort bétail, se montre peu exigeant on cultive seulement la moitié des terres en céréales, l'autre moitié supportant des fourrages consommés à la ferme et dont les principes nutritifs retourneront pour la plus grosse part au sol par les fumiers. Si l'on distribue au bétail des aliments concentrés (grains, tourteaux), la terre peut même s'enrichir (Grand d'Esnon).

On peut élargir légèrement l'assolement quadriennal en assolement de 5 années par des modifications judicieuses et logiques. En Brenne, les landes mises en culture suivent la rotation suivante :

1re année : plantes sarclées (topinambours, pommes de terre, choux, betterave), ou fourragères (trèfle incarnat, vesce, maïs) ou jachère — 2e année : blé ; — 3e année : avoine ; — 4e année : trèfle et ray-grass ; — 5e année : pacage.

On peut en sol pauvre modifier cette rotation suivant le type : 1re année : jachère ou plante sarclée ; — 2e année : blé ou seigle ; — 3e année : avoine ou orge ; — 4e année : trèfle et ray-grass ; — 5e année : pacage.

Nous résumons d'ailleurs dans le tableau suivant, les principaux types d'assolement comportant des soles de 2, 3, 4, 5, 6, 7 années.

Ces assolements doivent se plier enfin aux exigences nécessifées par les cultures « spécialisées », dont l'importance économique est aujourd'hui considérable : primeurs, culture fruitière, production de graines de légumes, etc.

PRINCIPAUX ASSOLEMENTS

Types d'assolement biennal.

Jachère, blé.
Betterave, blé (nord de la France, environs de Paris).
Chanvre, blé (Anjou).
Lin, blé.
Tabac, blé.
Maïs, blé (Aquitaine, Béarn).
Sarrasin, seigle
Pomme de terre, orge.
Choux, avoine, etc.

Types d'assolement triennal.

Jachère, blé, avoine (Beauce).
Betterave, blé, avoine (Nord et environs de Paris).
Sarrasin, blé, avoine (Bretagne).
Jachère, maïs, froment (Landes).
Maïs, froment, trèfle incarnat (Pays basque).
Blé, maïs, fève (Garonne).
Blé, maïs, trèfle incarnat (environs de Toulouse).
Jachère, seigle, sarrasin (Sologne).
Fèves, trèfle, blé (Boulonnais).
Colza, blé, avoine (Flandre).
Betterave, blé, colza (environs de Lille).
Pavot-œillette, trèfle, lin (environs de Cambrai).
Blé, trèfle, chanvre (Alsace).
Blé, trèfle, colza (Moselle).
Pomme de terre, orge, trèfle (Flandre, terres légères).
Sarrasin, blé, avoine (environs de Quimper).
Blé, orge ou avoine, trèfle ou minette (Anjou).

Types d'assolement quadriennal

Turneps, orge, trèfle, blé (Norfolk).
Blé, pomme de terre, avoine, ray-grass.
Méteil, blé, colza, avoine d'hiver (Indre-et-Loire).
Jachère, seigle, jachère, avoine (Pays rhénans).
Maïs, blé, chanvre, blé (Garonne).
Lin, trèfle, chanvre, blé (Loire).
Tabac, blé, trèfle, chanvre (Pays rhénans).

Chanvre, blé, trèfle, tabac (Alsace).
Chanvre, tabac, colza, blé (Flandre).
Colza, blé, trèfle, avoine d'hiver (Loire-Inférieure), etc.

Types d'assolement quinquennal.

Plantes sarclées, blé, pâturage, avoine (comté de Glascow).
Plantes sarclées, blé, trèfle et ray-grass, trèfle et ray-grass, fèves (comté de Norfolk).
Blé, trèfle, trèfle, blé, avoine (Haut-Languedoc).
Jachère, blé, trèfle, blé, avoine (ferme de Mathieu de Dombasle à Roville).
Turneps, orge, trèfle, blé, avoine (comté de Buckingham).
Colza, blé, pavot-œillette, blé, avoine (environs de Lille).
Pommes de terre, avoine de printemps, trèfle violet et ray-grass (2 années), seigle d'hiver (Massif central).
Pommes de terre, blé ou seigle, avoine ou orge, trèfle et graminées (2 années) (Bourbonnais granitique).
Racines ou tubercules, avoine ou orge, trèfle, blé, sarrasin (Bretagne)
Colza, blé, trèfle, lin, blé (environs d'Armentières).
Seigle, avoine, pomme de terre, avoine, prairie (Ardennes).
Fèves, blé, pavot-œillette, trèfle, lin (environs de Douai).
Jachère, blé, trèfle, blé, maïs (Bas-Languedoc).
Lin, colza, blé, trèfle, blé (Flandre).
Pomme de terre, blé avec culture dérobée de choux, oignons et carottes, blé avec culture dérobée de choux (petite culture en Bretagne).

Types d'assolement de six ans.

Navets, orge, trèfle, blé, vesce, blé (Norfolk).
Plantes sarclées, blé, prairies artificielles fauchées puis pâturées avoine (Northumberland).
Jachère, blé, orge, pâturages jusqu'à la sixième année (Berry).
Pomme de terre, blé, trèfle, blé, pois, seigle.
Racines, blé, orge, pâturages (2 années), avoine, etc.
Blé, maïs, jachère ou fourrage vert, blé, 2 années de trèfle ou sainfoin (Lauraguais).
Turneps, orge et semis de prairie, 3 ans de prairie temporaire, avoine (Angleterre).
Blé, seigle, pomme de terre ou lin, orge, avoine, trèfle (Flandre belge).

Types d'assolement de sept ans.

Seigle, betteraves, orge, trèfle et ray-grass (2 années), avoine, jachère (Danemark).
Céréale d'automne, céréale de printemps, prairie artificielle, céréale sur défrichement de la prairie, céréale, plante-racine (terrain crétacé).

Types d'assolement de huit ans.

Fourrage de légumineuses, blé, betteraves, blé, betteraves, blé, blé
de mars, avoine (Oise).

Maïs, fourrage, vesce en vert, trèfle incarnat et choux, racines ou
tubercules, avoine, 2 années de trèfle, blé (Sologne orléanaise).

Racines, blé avec semis de trèfle, trèfle coupé en vert, blé et culture
dérobée de raves, racines, céréale et culture dérobée de raves,
fourrages verts, céréale et culture dérobée de raves (Limousin).

Types d'assolement de neuf ans.

Jachère avec lupin (engrais vert), céréale, jachère avec lupin, seigle
ou sarrasin avec semis de prairie (minette, trèfle et ray-grass),
4 années de pâturage, céréale (Sologne).

Blé, chicorée, betterave ou lin, blé, seigle, chicorée, betteraves,
avoine, trèfle (Belgique).

Types d'assolement de douze ans.

Blé, betteraves, blé, avoine, betteraves, blé, avoine, betteraves,
avoine avec semis de sainfoin et luzerne, 3 années de prairie artificielle (Eure).

Betterave, orge, seigle, trèfle, betterave, orge et avoine, légumineuse
à cosses, blé, betteraves, avoine, pomme de terre ou pois, blé (Allemagne).

Blé, betteraves, blé, avoine, betteraves, blé, avoine, betteraves,
avoine avec semis de sainfoin et luzerne, prairie artificielle (3 années)
(Eure).

CHAPITRE III

ÉTABLISSEMENT D'UN ASSOLEMENT

Nous plaçons ici quelques exemples typiques d'assolements choisis intentionnellement dans les régions diverses de la France.

Le lecteur pourra ainsi s'initier pratiquement à la détermination des soles et à leur établissement rationnel.

I. — RÉGION DE PARIS.

Prenons comme exemple d'assolement bien établi du type triennal appuyé par des soles de luzerne, la ferme de Champagne (Seine-et-Oise), célèbre par la perfection de ses méthodes culturales.

La ferme de Champagne comprend 224 hectares d'un seul tenant, sur le plateau dominant la rive gauche de la Seine, au-dessus de Juvisy. Le sol, constitué par du limon des plateaux très épais, repose sur les sables de Fontainebleau, terrain essentiellement perméable, qui imprime à l'ensemble des terres ce même caractère de grande perméabilité et de sécheresse.

L'assolement suivi à Champagne est un assolement libre, *biennal* ou *triennal* : betteraves, blé, — betteraves, blé, avoine, avec intercalation de luzerne pendant trois ans, tous les quinze ou dix-huit ans, pour laisser reposer le sol. Une distillerie de betteraves est annexée à la ferme.

Sole des betteraves. — Les betteraves succèdent à une récolte de blé ou à une récolte d'avoine ; elles sont toutes suivies d'une récolte de blé.

Aussitôt l'enlèvement des céréales après la moisson, vers

le 15 août, on procède à un déchaumage à l'aide des déchaumeuses ou extirpateurs.

Tous les fumiers disponibles sont conduits, aussitôt que possible, sur ces terres déchaumées. On les enfouit par un léger labour de 12 centimètres suivi immédiatement d'un coup de croskill. Ces diverses opérations occupent le mois qui suit la moisson. Quand elles sont terminées, commencent les labours de défoncement à une profondeur de 33 à 35 centimètres. On peut aujourd'hui, en toute sécurité, labourer à cette profondeur parce que, depuis plus de cinquante ans que l'on y cultive la betterave, chaque année le sol a été approfondi et des fumures copieuses et répétées ont enrichi ces assises.

Les labours de défoncements étaient exécutés à l'aide de grosses charrues brabants attelées à huit bœufs et conduites par deux hommes. En septembre et octobre, une charrue labourait ainsi jusqu'à 70 ares par jour. Ces labours sont poursuivis jusqu'à l'hiver, autant que le permettent le transport des betteraves et l'ensemencement des blés. En général, ils sont faits aux deux tiers lorsqu'arrivent les gelées, et suspendus pendant la mauvaise saison pour éviter de travailler la terre trop mouillée.

Les champs sont laissés sur le labour jusqu'après les semailles d'avoine, et ce n'est que lorsque les hâles de mars viennent sécher le sol qu'on y met à nouveau les instruments.

MM. Petit, fermiers de Champagne, attachaient la plus grande importance aux premières façons données alors aux terres destinées aux betteraves. En travers du labour on faisait passer à deux reprises la herse, et immédiatement derrière la herse (fig. 111), on donnait un coup de crosskill.

Par ces façons, la surface du labour est nivelée, les mottes brisées réalisent de la sorte un sol meuble que l'on retrouve tout le reste de la campagne, parfaitement homogène. Les travaux ultérieurs sont facilités, la végétation de la betterave se trouve favorisée.

Si ces deux coups de herse sont donnés par un bon temps et sont surtout aussitôt suivis d'un coup de crosskill, on éco-

nomise par la suite de multiples façons pénibles et coûteuses.

Quelques semaines après ce premier travail, on revient sur
les terres à betteraves. A l'aide des extirpateurs, herses,
crosskills, rouleaux, on achève de les préparer pour les semailles. D'ordinaire, un coup d'extirpateur commence le travail ; derrière passent une grosse herse, puis le crosskill.

Fig. 111. — Hersage du sol pour plantation d'avoine de printemps.

A nouveau, on donne un coup de herse et de crosskill ; enfin,
les herses légères et les émotteuses finissent de mettre la
terre en parfait état.

C'est, ordinairement, du 5 avril au 1er mai que s'exécutent
les semailles de betteraves à Champagne (20 kilogr. de graines
à l'hectare). On emploie le semoir Smyth de 3 mètres de largeur : sept rayons distribuent la graine. En avant des socs
distributeurs, de petites herses triangulaires, attachées au
bâti même du semoir, nivellent la surface du sol que les pieds
des bœufs ou des chevaux pourraient, par places, rendre
inégal. La graine se trouve déposée à la même profondeur et,
en réalité, enterrée de 1 à 2 centimètres. Des disques en fonte

de 33 centimètres de diamètre et de 6 centimètres de largeur, disposés derrière les socs distributeurs, forment rouleaux et appuient fortement la graine contre la terre.

Le fond de la fumure est constitué par du fumier de ferme (45 000 kilogr. par hectare en septembre), complété par l'emploi, avant les semailles, de 300 kilogr. de superphosphate et 200 kilogr. de nitrate de soude, ou 150 kilogr. de sulfate d'ammoniaque. En couverture, en juillet, les betteraves reçoivent, en outre, 100 kilogr. de nitrate.

Les betteraves levées reçoivent un coup de rouleau, lourd ou léger, suivant qu'il fait plus ou moins sec et que les terres sont plus ou moins soulevées. Ce coup de rouleau précède une façon de houe à cheval donnée avant le premier binage à la main.

C'est lors de ce premier binage que s'effectue toujours, à Champagne, le démariage. Les bineurs doivent laisser de 36 à 38 betteraves par 10 mètres de longueur. En effectuant ce démariage, ils rejettent la terre entre les lignes, et les racines se trouvent ainsi dans une sorte de petit sillon.

Ce démariage est suivi de façons à la houe aussi nombreuses que possible données avec la grande houe Bajac, du même train exactement que le semoir. Trois hommes et deux bœufs travaillent 7 hectares par jour.

Plus tard, lorsque les feuilles sont trop développées, on emploie la simple houe à cheval surmontée du petit moulin Bajac, distributeur de nitrate.

Avec ces travaux répétés à la houe, les bineurs ne donnent plus que deux façons : l'une, au moment même du démariage, en pratiquant cette opération ; l'autre plus tard, après le passage des houes, afin de travailler dans l'intervalle des betteraves, sur les lignes.

L'arrachage des betteraves commence fin septembre, à l'aide d'arracheurs à trois rangs. Les racines étaient transportées au silo, près de la ferme, à l'aide d'un porteur Decauville. Au début d'octobre, 12 hommes, dont 4 au silo et 8 pour charger les betteraves dans les wagonnets et déplacer les voies, assuraient l'enlèvement de 100 000 kilogr. par jour, soit les betteraves de 2 hectares environ, et trois chevaux suffisaient pour ce travail.

Sole du blé. — A Champagne, le blé succède immédiatement à la betterave. Autant les travaux et façons aratoires avaient été multipliés pour les betteraves, autant les façons sont simples et réduites pour le blé.

A la fin d'octobre, on commence à préparer le sol et à semer, mais on s'arrange *pour semer chaque jour toute la surface de terrain qui vient d'être immédiatement labourée.* Le semoir suit la charrue.

Sur le champ qui vient de porter des betteraves, il reste une grande partie des feuilles représentant une certaine fumure. On ajoute 300 kilogr. de superphosphate par hectare, et le tout est enterré par un labour léger. Deux déchaumeuses à quatre socs, traînées chacune par quatre bœufs ; quatre petits brabants, tirés par deux bœufs, labourent une largeur de 3 mètres. Derrière ces charrues passe une herse qui nivelle grossièrement le terrain, puis vient le semoir de 3 mètres de largeur, traçant seize rayons distants les uns des autres de 18^{cm},5. Un dernier coup de herse est donné derrière le semoir. On ne touche plus au sol avant le printemps, époque à laquelle les blés seront hersés et roulés (H. Hitier).

En semant chaque jour la terre qui vient d'être retournée, on ne risque pas de voir les semis rendus impossibles par suite du mauvais temps, ne permettant plus de toucher à un sol qui aurait été labouré depuis quelque temps. Une telle façon d'opérer n'est, il est vrai, pratique que dans une grande exploitation disposant du matériel et des attelages suffisants.

A Champagne, au début de novembre encore, on laboure et sème, dans ces conditions, de 5 à 6 hectares par jour.

L'emploi du porteur Decauville pour enlever les betteraves des terres, évite que le sol ne se trouve abîmé par le passage de lourds chariots et par le piétinement de chevaux ou bœufs.

On semait à Champagne 120 kilogr. de blé par hectare, et, sauf certains champs où l'on cultive les variétés pures pour en faire des semences, on employait le mélange suivant :

    40 kilogrammes de Dattel ;
    40   —   d'hybride du Bon fermier ;
    20   —   de Trésor ;
    20   —   de Japhet ;

Telle est la composition du mélange au début des semailles. Plus tard en saison, on modifiait les proportions en augmentant sensiblement la quantité de Japhet.

On sème presque exclusivement des variétés précoces, l'échaudage étant redouté.

La meilleure saison pour semer le blé à Champagne s'étend du 1er au 15 novembre. On continue les semailles souvent beaucoup plus tard, en évitant toujours de commencer plus tôt pour les blés après betteraves. C'est, ici encore, une question de nature et de richesse du sol. A Champagne, le sol et surtout le sous-sol sont perméables. Le sol, constitué d'une épaisse couche de limon, est à la fois très riche et en parfait état de culture. Dans ces conditions, la levée des blés, semés en novembre, se fait encore très rapidement et sans manque. Sur ces terres, on craint que le blé ne prenne trop de développement avant l'hiver ; en pareil cas, c'est la verse au printemps, et le piétin envahit les cultures.

Ces conditions exceptionnelles tiennent à la nature perméable du sol, à sa richesse, à son parfait état de culture. Ici il faut semer clair et tard, mais on ne saurait en faire une règle générale pour d'autres régions agricoles. A Orsigny, par exemple, ferme de Seine-et-Oise également, que cultivait M. Émile Petit, mais de nature de sol toute différente, il faut semer tôt et dense.

A Champagne, on sème également le blé après luzerne. Au lieu de faire : luzerne, avoine, blé comme autrefois, M. Louis Petit préférait la succession : luzerne, blé, avoine, le blé venant directement sur luzerne donne de meilleurs rendements qu'en seconde céréale.

Les luzernes sont défrichées en septembre. On enfouit la troisième coupe et en même temps un mélange de 300 kilogr. de superphosphates et de 150 kilogr. de chlorure de potassium à l'hectare. Très judicieusement, M. Petit emploie ici des engrais potassiques, ayant remarqué qu'il obtenait, avec la potasse, une maturité beaucoup plus régulière du blé.

Sole de l'avoine. — L'avoine est maintenant cultivée toujours après le blé, à Champagne. La terre est déchaumée aussitôt la récolte du blé, à l'aide de l'extirpateur. A la fin de septembre, elle reçoit une seconde façon destinée à enfouir les herbes germées à la suite du déchaumage. C'est, suivant les besoins, un léger labour ou simplement un vigoureux coup de herse suivi d'un coup de crosskill.

Après les semailles de blé, fin novembre, on donne un fort labour de 26 centimètres, de 30 centimètres même, aux pièces où l'on doit semer de la luzerne dans l'avoine.

La terre passe l'hiver en cet état. Aussitôt que la saison le permet, un peu avant ou après le 1er mars, on procède aux semailles sur ces sols dont l'extirpateur et la herse viennent d'achever l'ameublissement.

Un ou deux jours après le semis, la herse est passée en travers des champs d'avoine. Au moment où la plante prend deux feuilles, celle-ci reçoit à nouveau un hersage, et c'est alors qu'on sème, au semoir en lignes dans les champs à ensemencer en luzerne, la graine de cette légumineuse.

Comme engrais pour les avoines, on emploie exclusivement les superphosphates, 300 kilogr. par hectare.

Les variétés d'avoines cultivées sont, comme pour les blés, des variétés précoces : *l'avoine grise de Houdan*, *l'avoine noire de Beauce*.

Sole de la luzerne. — La luzerne est la seule prairie artificielle cultivée à Champagne. Son rôle est non seulement d'assurer au bétail de la ferme le fourrage nécessaire, mais encore de reposer le sol fatigué par une succession ininterrompue de betteraves et de céréales. Périodiquement *tous les champs de l'exploitation passent en luzerne*. Cette luzernière n'est conservée que trois ans, mais on fait en sorte d'en obtenir, pendant ce court espace de temps, le maximum de produit.

La première année, les luzernes reçoivent avant le départ de la végétation un fort hersage ; les deux années suivantes, à la même époque, un coup d'extirpateur à dents très fines, puis un hersage et un roulage.

Les rendements obtenus à Champagne sont les suivants : 30 à 35 hectolitres d'alcool à l'hectare ; 35 à 40 hectolitres de blé ; 50 à 70 hectolitres d'avoine ; 8 000 à 9 000 kilogr. de foin sec de luzerne par hectare.

Tels sont les produits que donnent les récoltes, année ordinaire, sur des surfaces de 60 à 70 hectares en betteraves, de 70 à 80 hectares en blé, de 40 à 45 hectares en avoine.

II. — ASSOLEMENT POUR EXPLOITATION MOYENNE DU CENTRE DE LA FRANCE.

Voici, d'après M. Gillin, professeur départemental du Puy-de-Dôme, un exemple d'assolement pour une exploitation moyenne du centre de la France.

Le domaine de Faye, à M. de Laborderie, a une étendue de 42 hectares, dont 35 en terres argilo-siliceuses.

Le domaine était divisé en six soles, chacune d'une étendue de 6ha,50, représentant au total 39 hectares de terres labourables dans l'assolement.

Première sole. — Plantes sarclées (chaulage à 3 000 kilogr. par hectare ; fumier de ferme, 60 000 kilogr. par hectare) ; betteraves fourragères, 3ha,25 ; haricots, 0ha,25 ; pommes de terre, 3 hectares.

Deuxième sole. — Céréales (300 kilogr. de superphosphate minéral par hectare) : froment, 5ha,50 ; seigle, 1 hectare.

Troisième sole. — Trèfle violet, 6ha,50.

Quatrième sole. — Céréales (500 kilogr. de scories de déphosphoration par hectare) ; froment, 2 hectares ; seigle, 4ha,50.

Cinquième sole. — Vesces suivies de maïs et pommes de terre (fumier de ferme à 60 000 kilogr. par hectare et 300 kilogr. de superphosphate sur les maïs) : vesces, 3 hectares ; pommes de terre, 3ha,50.

Sixième sole. — Céréales : froment : 4ha,50 ; seigle, 2 hectares. Total : 39 hectares.

En outre, le domaine de Faye comprenait 3 hectares cultivés en topinambours, en dehors de l'assolement, et fumés à raison de 30 000 kilogr. de fumier de ferme à l'hectare.

Tous les deux ans, on fait rentrer un hectare dans l'assolement normal et en même temps on retire une autre parcelle d'un hectare, afin d'avoir toujours 3 hectares de topinambours qui, avec les 39 hectares assolés, forment un total de 42 hectares en culture.

Cet assolement offre de nombreux avantages :

1º Il est «mi-fourrage, mi-granifère »; il donne ainsi d'abondantes réserves en fourrages et paille, permet de nourrir
copieusement les bœufs et les taureaux dans les étables toute
l'année et de ne faire sortir les vaches et les élèves que du
15 juillet au 1er novembre. On obtient ainsi beaucoup de
fumier de ferme.

2º Il n'exige de façons coûteuses, de labours profonds, que

Fig. 112. — Une exploitation moyenne dans le Forez.

sur la première sole et la moitié de la cinquième, soit
(6ha,50 + 3ha,50) = 10 hectares par an, ce qu'on peut obtenir
facilement des attelages avant les grands froids de l'hiver.

3º Il permet d'employer le fumier frais pendant toute
l'année, sauf pendant les plus mauvais mois de l'hiver.

4º Enfin il tient compte de la nécessité d'assurer la propreté
du sol, puisque les cultures salissantes (céréales) sont toujours
suivies de cultures nettoyantes (plantes sarclées) ou enrichis-
santes (trèfle ou vesces).

Cet assolement donne toute satisfaction et assure les rendements les plus rémunérateurs.

III. — ASSOLEMENT DE L'EST DE LA FRANCE.

La ferme de Bellevue, à M. Paul Genay, aux environs de
Lunéville, peut être choisie comme type de culture intensive
en ces régions.

La vente du lait en nature à Lunéville est le principal but
de la ferme de Bellevue. Pour nourrir le troupeau de vaches
de 60 à 70 têtes que l'on y entretient, il faut donc assurer
d'importantes ressources fourragères, été comme hiver. Les
cultures fourragères devront en conséquence occuper une large
part dans l'assolement.

L'assolement appliqué à Bellevue, complet en huit années,
est le suivant :

Première année. — Betteraves, pommes de terre tardives.

Deuxième année. — Avoine.

Troisième année. — Blé.

Quatrième année. — Trèfle.

Cinquième année. — Fléole.

Sixième année. — Pommes de terre.

Septième année. — Avoine ou maïs, vesces ou pois cueillis
en vert.

Huitième année. — Blé, avec cultures dérobées de moutarde
blanche et de navette.

Examinons cet assolement. Les terres destinées aux plantes
sarclées, betteraves et pommes de terre, reçoivent un déchaumage à l'automne précédent, 40 000 kilogr. de fumier de
ferme pendant l'hiver et un bon labour de 30 à 35 centimètres.
Au printemps, on épand 1 000 kilogr. de scories à l'hectare.
Les pommes de terre sont plantées tout d'abord, en avril. Les
variétés diffèrent suivant la nature des terres ; dans les sols
de grès bigarrés, plus consistants, plus lourds, plus frais, on
cultive le *Magnum bonum*, le *Professeur Mœrker* ; dans les
sols de grès vosgiens, plus légers et plus secs, l'*Imperator*. Ce
n'est guère qu'en mai que l'on sème les betteraves fourragères ;
elles reçoivent 300 kilogr. de nitrate de soude en deux fois

outre le fumier et les scories. Suivant les années, M. P. Genay en récolte 50 000 à 80 000 kilogr. à l'hectare. Les pommes de terre donnent de 15 000 à 23 000 kilogrammes.

Après ces plantes sarclées, vient l'avoine. Étant donnés le climat, la nature du sol, le blé devrait être semé de bonne heure, dans la seconde quinzaine de septembre, avant l'arra-

Fig. 113. — Ferme de la Voivre.

chage par conséquent, des pommes de terre tardives et des betteraves.

L'avoine vient dans les meilleures conditions après ces plantes sarclées et fumées. S'il faut, à Bellevue, semer tôt les céréales à l'automne, il y a avantage, au contraire, à ne pas hâter les semailles au printemps dans ces terres froides. Ce n'est qu'en avril que sont semées les avoines : variétés *jaune des Salines* et *avoine de Groningue*, dont on obtient 20 à 30 quintaux par hectare.

Après l'avoine, M. Genay sème le blé : dès la récolte d'avoine rentrée, on donne un trait ou deux de scarificateur, destinés à enterrer en même temps les 800 ou 1 000 kilogr. de scories épandus sur le sol avec le semoir à engrais. On laboure à 20 ou 25 centimètres avec la charrue Sack ; un trait de herse appuie ensuite le sol et divise les grosses mottes. Le plus tôt possible, dès la seconde quinzaine de septembre, on sème au semoir Smyth, en lignes espacées de 15 centimètres, 260 litres de blé sulfaté (soit 225 litres de blé sec). Un dernier trait de herse légère est donné derrière le semoir. Au printemps, suivant l'état de l'emblavure, quand on constate que la végétation est réveillée, on applique 100 à 200 kilogr. de nitrate de soude à l'hectare. M. Genay sème exclusivement le blé rouge d'Alsace, qu'il sélectionne d'ailleurs adroitement (1). Il en obtient de 20 à 30 quintaux suivant les années.

M. Genay, pour les terres qu'il cultive, et sous le climat lorrain, doit semer de très bonne heure et très dru.

Il faut songer à l'approvisionnement de la ferme en fourrage puisque, contrairement aux régions privilégiées, les pâturages sont rares.

Dans le blé, au printemps, on sème 15 kilogr. de trèfle violet et 5 kilogr. de fléole qu'un léger coup de herse suffit pour enterrer.

L'année suivante, le trèfle donne un abondant fourrage dont on rentre la première coupe comme fourrage sec ; la seconde coupe est consommée en vert par la vacherie.

La fléole qui, la première année, n'avait presque pas apparu à la surface du champ, prend, la seconde année, un grand développement et, en juillet, on peut en obtenir une récolte de 8 à 10 000 kilogr. de foin sec. M. Genay trouve de grands avantages à ce mélange de trèfle et fléole. Pour une dépense très minime, on s'assure une ample provision de fourrage. Il est à remarquer, en outre, que, la fléole se récoltant après les foins, on a grande chance de rentrer dans de bonnes conditions, sinon les deux fourrages, au moins l'un d'entre eux. Il est exceptionnel que le mauvais temps persiste durant ces récoltes échelonnées ; au reste, la fléole se dessèche très rapidement. A la suite de la fléole, vient une culture de pommes de terre.

De l'avoine, des vesces, du maïs-fourrage ou des pois cueil-

______

(1) Voy. P. Diffloth, *Agriculture générale* (tome Ier).

lis en vert succèdent aux pommes de terre et la rotation de huit ans se termine par un blé suivi d'une récolte fourragère dérobée.

Culture des fourrages verts. — La question des fourrages verts, à Bellevue, présente une importance toute particulière.

A la sortie de l'hiver, au printemps, le premier fourrage vert que l'on coupe est la *navette d'hiver*, qui a été semée en culture dérobée à l'automne précédent, après un blé.

Après la navette, vers le 1er mai, les prairies situées près de la ferme, et qui ont été fortement purinées, montrent une pousse d'herbe suffisante pour qu'on y mène pâturer les vaches laitières.

En juin-juillet, les trèfles violets, les vesces forment le fond de l'affourragement en vert en août et septembre c'est le maïs, et fin septembre-octobre la moutarde blanche obtenue en culture dérobée, après blé, comme la navette.

Les vesces sont l'objet d'une culture très soignée. Leur semis se fait *en trois fois*, de fin mars à mai, pour échelonner la récolte de juin à fin juillet. M. Genay sème le mélange suivant : 100 kilogr. de vesces, 40 kilogr. d'avoine, 20 kilogr. de féveroles, qui assure une récolte de 25 à 30 000 kilogr. de fourrage vert par hectare.

Du 20 mai au 20 juin, en trois fois également, est semé le maïs dent-de-cheval après s'être assuré de la germination de la graine, précaution indispensable avec cette variété. On sème *200 kilogr. de maïs au semoir en lignes écartées de 50 centimètres*. Quand les plants lèvent, on herse, un peu après on houe, puis, quand les plants ont 40 à 50 centimètres, on butte les lignes de maïs. Sur *les terres bien fumées (40 000 kilogr. de fumier, du purin, 200 kilogr. de nitrate + 1 000 kilogr. de scories à l'hectare, le nitrate pouvant être remplacé par la cyanamide), et bien travaillées de Bellevue, le maïs donne jusqu'à 80 000 kilogr à l'hectare de fourrage vert. Dès le 10 août on peut le couper*, mais la moindre gelée en septembre endommage le maïs, et la récolte de ce fourrage vert peut être interrompue brusquement certaines années à la fin de septembre. La moutarde résiste mieux aux gelées peu intenses et dès lors offre une précieuse ressource en octobre et quelquefois en novembre (H. Hitier).

Moutarde et navette, établies en cultures dérobées, sont des cultures parfois aléatoires et qui exigent des sols ayant atteint un haut degré de fertilité. Il est nécessaire, en effet, que des plantes comme la moutarde, qui doivent parcourir le cycle de leur végétation en une période très restreinte, trouvent dans le sol, sous une forme immédiatement assimilable, les éléments nécessaires à la constitution de leurs tissus. Encore faut-il qu'à cette fécondité du sol vienne s'ajouter un temps favorable.

Dans les années où la saison d'automne est trop sèche ou, au contraire, trop humide ou trop froide, les semis réussissent mal, la récolte est réduite ou nulle. C'est l'écueil de ces cultures qui, n'étant pas *de saison*, suivant l'expression des cultivateurs, sont soumises à des aléas multiples. Mais la graine coûte bon marché, les façons aratoires qu'exigent ces plantes sont très minimes ; le cultivateur, en les semant, ne court pas grands risques.

Ces deux plantes peuvent se semer ensemble, dans tout le courant du mois d'août. Plus tard la croissance de la moutarde devient aléatoire sous le climat de Bellevue, tandis qu'on peut encore jusqu'au 15 septembre semer la navette d'hiver, dont la croissance plus assurée n'aura lieu qu'au printemps suivant.

La moutarde s'associe aussi bien à un semis de sarrasin fait après vesces, par exemple en juillet, mais le sarrasin ne supporte pas une gelée de — 1°. Il faut que le mélange soit consommé en septembre. La moutarde résiste bien, au contraire aux gelées d'automne, jusqu'à — 6°.

Après avoir semé en mélange, sur le même champ, moutarde blanche et navette, M. Genay, actuellement, préfère les cultiver séparément. Il consacre une pièce de 3 à 4 hectares à la moutarde, deux pièces de même étendue à la navette. On peut aussi cultiver ces plantes après pommes de terre hâtives, vesces, céréales.

Après un labour léger suivi d'un coup de herse, M. Genay sème, à l'hectare, 20 kilogr. de moutarde ou 10 kilogr. de navette. Un ou deux coups de herse, un coup de rouleau si c'est nécessaire, sont les seules façons données après le semis.

La moutarde peut fournir 10 à 15 000 kilogr. de fourrage vert à l'automne, la navette 15 à 20 000 kilogr. au printemps. On coupe la navette du 10 au 15 avril, quand on aperçoit les premières fleurs.

IV. — ASSOLEMENT DU SUD-OUEST DE LA FRANCE

On cultive, dans les Charentes et la Dordogne, à peu près toutes les céréales, les légumineuses fourragères et les plantes fourragères sarclées. On y consacre quelques hectares au chanvre, au colza, à la navette, mais ces cultures n'ont ici qu'une faible importance et tendent à disparaître. Enfin, dans la Dordogne, on rencontre quelques milliers d'hectares de tabac.

Étant donnés les prix élevés qu'atteignent actuellement les animaux, on doit donner une grande importance aux cultures fourragères. Les légumineuses fourragères devraient occuper plus de la moitié de la surface des exploitations, surtout la luzerne et le sainfoin, qui viennent généralement mieux que le trèfle dans les terrains envisagés et durent beaucoup plus longtemps.

Cette considération est importante dans une région où les périodes de sécheresse détruisent parfois les jeunes semis de légumineuses fourragères. Le trèfle rend cependant des services, dans certains cas. L'anthyllide vulnéraire, encore appelée trèfle jaune des sables, pourrait être judicieusement cultivée dans les terrains calcaires caillouteux. Grâce à l'emploi des engrais phosphatés et potassiques, le sainfoin à deux coupes peut remplacer presque partout le sainfoin ordinaire, qui ne donne annuellement qu'une seule coupe.

Les cultures fourragères sarclées attireront l'attention du cultivateur ; elles fournissent, en effet, une bonne partie des matières premières employées pour l'engraissement des bovidés et l'élevage des porcs. On doit continuer à cultiver le topinambour, la pomme de terre, la betterave et le maïs. Ce dernier appartient au groupe des céréales ; mais on peut le considérer comme plante fourragère sarclée. Ses tiges fournissent un fourrage, et son grain un aliment concentré de tout premier ordre pour l'engraissement des porcs et le gavage des oies. Les rutabagas et les choux-navets sont peu cultivés ; ils ne donnent pas, d'ailleurs, de brillants résultats sous un climat sec.

Le topinambour est une plante précieuse pour les calcaires jurassiques à sol peu profond et caillouteux (*groies des Charentes*). Le maïs vient également assez bien dans ces terrains. *La pomme de terre n'est pas très exigeante sur la nature du sol*, mais il faut, autant que possible, lui réserver les terres qu'il est possible d'ameublir profondément ; elle craint la sécheresse dans les terrains superficiels. La betterave est la plus exigeante des plantes sarclées ; on la cultivera dans les meilleures terres profondes. Trois améliorations augmenteraient considérablement les rendements fournis par les plantes sarclées dans ces contrées : labours profonds l'hiver qui précède l'ensemencement ; fumure au fumier de ferme ; sélection des semences.

Les agriculteurs de la Dordogne et des Charentes ont une tendance à consacrer une surface un peu trop grande aux céréales, et surtout au blé. En cultivant mieux une moindre surface, on obtiendrait des récoltes aussi, sinon plus, abondantes, et il resterait une plus grande surface pour les cultures fourragères, actuellement plus avantageuses. Les céréales de printemps réussissent généralement assez mal dans ces régions ; il faut tout juste faire de l'orge à deux rangs ou baillarge après les topinambours (A. Penigaud).

On doit accorder la préférence aux céréales d'automne : blé et avoine grise d'hiver. Il serait utile d'étendre la culture de l'orge d'hiver à six rangs, qui donne des rendements élevés lorsqu'elle est bien cultivée. Sa farine rend de grands services pour l'alimentation des porcs, associée à du son et aux tourteaux que l'on emploie pour l'engraissement des bœufs. Le seigle est peu cultivé, sauf dans le Confolentais et le Nontronnais ; il remplacerait avantageusement le blé dans les mauvais sables d'origine tertiaire que l'on rencontre sur quelques plateaux. Il faut signaler enfin l'intérêt de la viticulture charentaise et des célèbres eaux-de-vie.

Voici quelques rotations rationnellement établies pour les divers types de terrain :

1° Assolement pour terrains superficiels médiocres, coteaux formés par les différents étages jurassiques et crétacés.

1re année : maïs pour grains ;
2e   —   : froment ;

Fig. 114. — Assolement fourrager dans le Gers.

3e année : topinambour ;
4e   —   : orge de printemps ;
5e, 6e, 7e et 8e années : sainfoin à deux coupes et luzerne en mélange ;
9e année : avoine d'hiver ou orge d'hiver à six rangs.

Avec l'emploi des engrais phosphatés et potassiques, il est possible d'obtenir de bonnes récoltes de luzerne dans les groies des Charentes ; mais cette légumineuse n'y est pas de longue durée. Dans ces terrains, le mélange sainfoin et luzerne donne des rendements plus réguliers que la luzerne seule ou le sainfoin seul. La production fourragère est particulièrement intéressante en Charente où les laiteries coopératives ont pris un grand développement.

Il serait avantageux de donner le fumier aux cultures sarclées, maïs et topinambour, que l'on a généralement le tort de ne pas fumer, et qui assureraient ainsi des rendements bien plus élevés. D'autre part, les plantes adventices, provenant le plus souvent de graines apportées par le fumier, seraient détruites par les sarclages. Le blé et l'orge fourniraient au moins d'aussi beaux rendements, si on répandait seulement 300 kilogr. de superphosphate par hectare, au moment du semis, et 100 à 150 kilogr. de nitrate de soude répandu en deux fois : du 10 au 20 mars et du 1er au 15 mai pour le blé ; première quinzaine d'avril et fin mai pour l'orge de printemps. L'avoine ou l'orge d'hiver utili eraient l'azote accumulé dans le sol par les légumineuses fourragères auxquelles on les ferait succéder. On pourrait se contenter de leur donner, au moment des semailles, 300 kilogr. de superphosphate ou 400 kilogr. de scories. Le mélange sainfoin-luzerne devrait recevoir, tous les deux ans, soit pendant l'hiver qui suit le semis et celui de la troisième année, une fumure phospho-potassique composée de : 300 kilogr. de superphosphate et 100 à 150 kilogr. de chlorure de potassium.

2° Assolement pour mauvais terrains jurassiques et crétacés.

1re année : topinambour ;
2e   —   : orge de printemps ;
3e   —   : anthyllide vulnéraire ou bien encore anthyllide et sain oin à une coupe en mélange ;
4e année : céréale d'automne, froment ou avoine d'hiver, mais donner la préférence à l'avoine, qui donne généralement de meilleurs résultats que le froment dans les mauvais terrains calcaires.

**3° Assolement pour terrains tertiaires sablonneux
ou silico-argileux des plateaux.**

1re année : pommes de terre ;
2e   —   : froment ;
3e et 4e années : trèfle et ray-grass en mélange (ray-grass d'Italie

pour les terres silico-argileuses, ray-grass anglais pour les sables médiocres) ;

5e année : froment ou avoine d'hiver.

Il faudrait donner le fumier aux pommes de terre, fumer le blé qui leur succède avec des scories, au moment des semailles, et épandre du nitrate de soude en deux fois au printemps. Le trèfle recevrait 400 à 500 kilogr. de scories et 100 à 150 kilogr. de sulfate de potasse pendant l'hiver qui suit le semis. Le froment ou l'avoine qui remplaceraient le trèfle fourniraient une excellente récolte en recevant seulement 400 à 500 kilogr. de scories au moment des semailles.

4° Assolement pour bonnes terres des vallées ou des replis du terrain.

1re année : pommes de terre ;

2e   —   : froment ;

3e   —   : betteraves fourragères ;

4e   —   : froment ;

5e, 6e, 7e, 8e et 9e années : luzerne ;

10e, 11e et 12e années : avoine ou orge d'hiver.

La sole de pommes de terre et celle de betteraves recevraient du fumier de ferme ; celles de blé du superphosphate ou des scories. Au printemps, si la végétation laisse à désirer, on épand 100 à 150 kilogr. de nitrate de soude en deux fois. La luzerne bénéficierait, tous les deux ans, de 300 à 400 kilogr. de superphosphate ou 400 à 500 kilogr. de scories et 100 kilogr. de chlorure de potassium. L'avoine ou l'orge qui suivraient la luzerne pourraient se contenter de superphosphate ou des scories (A. Penigaud).

Beaucoup d'agriculteurs considèrent la luzerne comme plante en dehors de l'assolement et la conservent pendant huit ou dix ans, quelquefois plus longtemps. Ce procédé offre des inconvénients : au bout de cinq à six ans, un grand nombre de pieds de luzerne disparaissent, laissant des vides généralement comblés par de mauvaises graminées : bromes, houlque laineuse, et des composées : grande marguerite, etc. Ces vieilles luzernes, lorsqu'elles sont dans de bons terrains et que le printemps est humide, arrivent à donner une coupe assez abondante de foin médiocre ; mais les autres coupes sont insignifiantes.

Dans les luzernes jeunes, au contraire, la deuxième et la troisième coupe réunies fournissent souvent une production supérieure à la première coupe. En outre, le foin de luzerne pure est de meilleure qualité que le mélange avec de mauvaises graminées. Il paraît donc avantageux de faire rentrer la luzerne dans l'assolement et de la défricher au bout de cinq à six ans, lorsqu'elle s'éclaircit.

Quel que soit le type d'assolement adopté, on pourra consacrer une partie d'une sole de plantes sarclées à la culture des fourrages annuels : trèfle incarnat, vesce, jarosse ou au mélange de ces plantes avec une céréale. Après la récolte de ces plantes, succéderait avantageusement un maïs-fourrage ou des raves.

V. — ASSOLEMENT FOURRAGER DU MIDI DE LA FRANCE.

Pour terminer, indiquons, d'après H. Hitier, les considérations qui peuvent guider l'agriculteur dans le choix d'un *assolement fourrager*, toujours précieux, qu'on se livre à l'élevage, à la production du lait, du beurre ou du fromage.

Afin de nourrir un important troupeau de vaches laitières, un agriculteur du Tarn peut adopter sur son domaine l'assolement suivant :

1re année : plantes sarclées (pommes de terre, maïs, fèves et betteraves) ;

  2e année : seigle ;

  3e, 4e, 5e, 6e, 7e, 8e années : luzerne

  9e année : avoine ;

  10e — : trèfle incarnat, suivi de maïs-fourrage

  11e — : seigle de printemps ;

  12e — : trèfle ;

  13e — : trèfle et, après la première coupe, maïs-fourrage

  14e — : blé.

Les soles sont environ de 2 hectares chacune, et l'on dispose par an d'environ 350 000 kilogr. de fumier produit par 50 vaches. Le domaine se compose en majeure partie de terrains argilo-siliceux provenant de la décomposition des roches granitiques.

Tout en conservant la division en soles de 2 hectares qui a été adoptée et le même assolement, on pourrait avantageusement apporter les modifications suivantes :

1re année : plantes sarclées (pommes de terre, maïs, fèves, betteraves), sur fumure de 60 000 kilogrammes de fumier de ferme + 1 000 kilogrammes de scories ;

2e année : avoine ;

3e à 7e année : luzerne. Avant le labour de défrichement de la luzerne, répandre à nouveau sur le champ 1 000 kilogrammes de scories.

8e année : blé ;

9e — : avoine ;

10e — : trèfle incarnat ; fumure de 50 000 kilogrammes de fumier de ferme et maïs-fourrage ;

11e année : avoine ;

12e et 13e années : trèfle, puis 50 000 kilogrammes de fumier de ferme + 1 000 kilogrammes de scories et semis de maïs ;

14e année : seigle ou blé.

La seconde année, il faudrait cultiver l'avoine au lieu du seigle, parce que, après betteraves et pommes de terre, il est souvent trop tard en saison pour semer un seigle dans de bonnes conditions. Sur une terre ensemencée en seigle, on risque au printemps de ne pouvoir toujours travailler convenablement le sol par la herse et le rouleau pour semer la luzerne.

Après la luzerne, en enfouissant 1 000 kilogr. de scories, on obtient deux bonnes récoltes de céréales, sans autre apport d'engrais.

La onzième année, il est préférable de mettre une avoine au lieu d'un seigle de printemps, parce que les seigles de printemps ne donnent que de très faibles rendements.

D'ailleurs, si on se propose de faire des luzernes, la terre doit être une terre à blé et non une terre à seigle.

La durée de la luzernière est réduite à cinq ans ; c'est déjà une période très longue, si l'on veut faire revenir cette légumineuse tous les huit ans sur les mêmes terrains.

Étant donnée la nature du sol granitique, l'emploi répété des scories à doses élevées pour les plantes-racines et les céréales, après luzerne et trèfle, assurera les meilleurs résultats.

Dans des sols pauvres en chaux et en acide phosphorique, Lecouteux avait adopté, sur une petite surface de son domaine de Cerçay, en Sologne, l'assolement fourrager suivant, qui donnait le maximum de nourriture possible pour un troupeau de vaches laitières :

1re année : maïs-fourrage ;
2e — : vesce pour vert ou pour graine, semis de trèfle incarnat;
3e — : trèfle incarnat, et choux repiqués sur le trèfle ;
4e — : pommes de terre et racines diverses ;
5e — : avoine ;
6e et 7e années : trèfle violet ;
8e année : blé.

On modifierait cet assolement d'après les considérations locales pour la vallée de la Garonne, ou les pittoresques vallées de la Savoie.

Telles sont les règles générales présidant à l'établissement des assolements. Nous avons tenu à donner ces détails techniques pour réunir des données pratiques, susceptibles de montrer l'intérêt du travail rationnel du sol et l'alliance absolue, nécessaire, de la science agronomique et de la pratique agricole.

QUATRIÈME PARTIE

LES NOUVEAUX SYSTÈMES DE CULTURE

CHAPITRE PREMIER

APPARITION DE NOUVELLES MÉTHODES DE CULTURE

Généralités. — Ces dernières années, le monde agricole s'émut des innovations, des nouvelles méthodes de culture qui semblaient contredire les données acquises de l'agronomie.

En même temps qu'une nouvelle technique du travail du sol, des méthodes particulières étaient lancées dans la presse, assurant les rendements les plus surprenants.

Le praticien, inquiet, se demande si un bouleversement complet ne va pas modifier de fond en comble les théories admises, les pratiques suivies depuis des siècles.

Le dry-farming, le système Jean, les systèmes Ryff et Bourdiol, les méthodes chinoises, russes condamnent-ils les principes rationnels sur lesquels repose le progrès agricole? Faut-il abandonner délibérément les labours, l'épandage des engrais chimiques?

La néoculture, les méthodes Pion-Gaud, Durand, Martinet vont-elles transformer notablement l'agriculture française?

Que les esprits inquiets se rassurent. Les méthodes de culture récemment lancées, loin d'être en opposition avec les données les plus précises de la science, confirment au contraire leur valeur et leur utilité.

Elles constituent des applications plus précises, plus étroites peut-être, plus localisées, un peu excessives même pour certains esprits pondérés, des principes rationnels qui depuis de longues années ont donné à l'agriculture moderne sa physionomie intensive et progressive.

Le dry-farming n'est pas autre chose qu'une méthode ingénieuse d'utilisation des faibles ressources d'eau pluviale en région sèche. Le système Jean, par un travail attentif et particulier du sol, mobilise au maximum l'action des agents améliorateurs des terres ; les systèmes mandchous, Demtchinsky, tendent à donner à la racine des végétaux le rôle important qu'une sélection orientée vers les tiges, les épis, avait peut-être un peu négligé. Les systèmes Ryff, Bourdiol, par leurs cultures en bandes espacées, mettent en jeu des phénomènes physiques, chimiques parfaitement connus.

La néoculture n'est qu'une judicieuse mise en œuvre des phénomènes biologiques de la croissance des plantes.

Les procédés Pion-Gaud, Martinet, Durand tout en préconisant le trempage des semences, assurent leurs effets bienfaisants par un travail actif et minutieux du sol dont le rôle était connu depuis longtemps mais trop rarement appliqué avec cette logique et cet à-propos.

Ces nouvelles méthodes sont donc des conséquences logiques du perfectionnement scientifique de l'agriculture. Il y a *évolution* et non *révolution*.

Si l'on voulait les synthétiser d'un trait, on pourrait dire qu'à côté de la conception *chimique* de la fertilité des sols, conception amenée par l'éclosion merveilleuse de la théorie des engrais chimiques, ces méthodes nouvelles recommandent un progrès basé sur l'importance des qualités *physiques* des terres en rappelant le rôle considérable du travail rationnel et intensif du sol.

C'est un relief nouveau attribué aux propriétés mécaniques des terres, à leur hygroscopicité, leur contexture, leur capillarité, etc.

Ainsi, ces théories d'amélioration physique du sol compléteront heureusement les méthodes de fertilisation chimique des terres, pour le plus grand progrès de l'agriculture future.

CHAPITRE II

LE DRY-FARMING

I. — IMPORTANCE MONDIALE DES CULTURES SÈCHES

Généralités. — On définit sous le nom — d'ailleurs impropre — de *dry-farming*, littéralement « culture sèche » (1), l'exploitation rationnelle, sans irrigation, des terrains secs et arides.

La distinction du dry-farming et de l'humid-farming est assez difficile à établir nettement. Cependant les régions recevant annuellement moins de 50 centimètres d'eau de pluie sont classées tacitement dans le dry-farming.

Pour donner une idée de l'importance de ces procédés, il suffira de noter que les sols arides ou semi-arides couvrent 55 p. 100 de la surface terrestre. Ils intéressent la Russie, la Turquie, la Palestine, la Chine, les États-Unis (65 p. 100 de la portion continentale, non compris l'Alaska, soit 482 063 615 hectares), le Canada, le Mexique, le Brésil, l'Australie, l'Afrique du Sud, et chez nous la Provence, le Languedoc, l'Algérie, la Tunisie, le Maroc (fig. 1).

Il est curieux de noter que les civilisations anciennes ont brillé en des pays réputés aujourd'hui pour leur aridité, leur pauvreté : la Mésopotamie, la Perse, la Chine, la Palestine, l'Égypte, l'Inde, le Mexique, le Pérou. Vraisemblablement, à

(1) Les États-Unis d'Amérique ayant donné à ces méthodes une vive impulsion, on a adopté généralement le terme *dry-farming*, à défaut de vocable plus court ou plus précis : *scientific-farming*, *dry-land agriculture*, *arid-farming*, etc.

côté de systèmes d'irrigation adroitement conduits, ces peuplades pratiquaient un dry-farming instinctif.

En principe, on peut tirer parti des terrains insuffisamment humides au moyen de l'irrigation des cultures arborescentes.

Phot. Wallier.

Fig. 115. — Zone aride dans la région de Marrakech et Mogador

En Algérie, 200 000 hectares sont irrigués ; cet exemple est suivi en Tunisie, au Maroc. Les arbres allant chercher, par leurs racines, les eaux profondes permettent des cultures rémunératrices comme la vigne, les arbres à fruits, l'olivier. Notre vignoble algérien recense 180 000 hectares et donne plus de 8 millions d'hectolitres de vin. L'olivier couvrait, sous la domination romaine, toute la Tunisie (1 000 000 d'hectares au viie siècle), la Tripolitaine et s'étendait même jusqu'à Tanger (1) ;

(1) La production d'huile était telle que Rome demandait à la Tunisie un tribut annuel de 13 000 hectolitres ; l'huile était conduite aux ports par des tuyaux d'évacuation.

la Tunisie oléicole retrouve actuellement son importance ancienne.

Mais ces entreprises, si intéressantes soient-elles, sont toujours limitées. Le dry-farming prend place à côté de ces méthodes primordiales et cherche à obtenir des récoltes de céréales, de légumineuses dans des régions à physionomie désertique, aux pluies insuffisantes ou mal réparties.

Fig. 116. — Défrichements en région aride au Maroc.

En fait, le dry-farming n'est pas un système agricole nouveau, c'est plutôt l'application plus précise, mieux raisonnée, l'adaptation étroite de pratiques agricoles rationnelles à des conditions spéciales de sécheresse.

Historique. — Les civilisations éteintes de l'Ancien et du Nouveau Monde connaissaient problablement les éléments du dry-farming ; les régions arides où elles affirmèrent leur éclat présentaient, grâce à leurs soins et leurs travaux, une fertilité manifeste et durable qui permit leur développement brillant sans que le sol s'épuisât.

Les principes essentiels du dry-farming moderne se retrouvent confusément ou à l'état latent dans les traditions phéniciennes, les ouvrages du Carthaginois Magon, les textes de Virgile, Pline, Varron, Columelle, les œuvres traduites de l'arabe.

C'est seulement à l'époque actuelle que ces procédés furent érigés en système de culture particulière, en méthode rationnelle. Les Mormons, arrivant en 1847 avec Brigham Young dans la vallée du Grand Lac Salé (Utah), tentent courageusement d'exploiter ces régions arides. Le mouvement s'étend dans la Californie, la Columbia, les Grandes Plaines. Vers 1895, la doctrine s'affermit avec les recherches de H. W. Campbell, les savants travaux de Hilgard, Payne, Widtsoe, Fortier et Linfield, Foster, Henderson, Cooke, etc.

Les Universités, les stations expérimentales américaines établissent enfin les règles scientifiques de la culture sèche.

Nos colonies du Nord-Africain, sous l'inspiration de vaillants pionniers comme MM. Paul Bourde, Malcor, Roger Marès, Coustou, Ryff, Bourdiol, Le Men, s'intéressaient à cette question et y puisaient de féconds enseignements.

En Russie, le dry-farming progressait avec les travaux des tations d'Odessa, de Cherson, de Poltava (1886). Le Canada, grâce à ce système, mettait en valeur les immenses plaines de l'Alberta, de la Saskatchewan. Le Mexique, le Brésil imitaient ces sages exemples.

L'Australie, dont la surface dépasse celle des États-Unis (7 millions de kilomètres carrés) reçoit, sur les deux tiers de sa superficie, moins de 50 centimètres de pluie et pratiquait bientôt le dry-farming, ainsi que l'Afrique du Sud, etc.

Le tableau suivant donne la répartition des pluies sur la surface du globe (J. A. Widtsoe).

Précipitations annuelles.	Proportion de la surface des continents.
Moins de 25 centimètres...................	25 p. 100
De 25 à 50 centimètres..................	30 —
De 50 à 100 —	20 —
De 100 à 150 —	11 —
De 150 à 200 —	9 —
De 200 à 300 —	4 —
De 300 à 400 —	0,5 —
Plus de 400 —	0,5 —

On voit l'importance considérable des régions intéressées par le dry-farming : 55 p. 100 de la surface terrestre reçoivent moins de 50 centimètres d'eau et 10 p. 100 reçoivent de 50 à 75 centimètres d'eau dans des conditions qui, d'après J. A. Widtsoe (1), nécessitent les méthodes de dry-farming. En résumé, 75 p. 100 des continents habités pourraient bénéficier de ces méthodes progressives.

II. — PRINCIPE DU DRY-FARMING

Généralités. — Tandis que dans les régions humides le praticien cherche à conserver la fertilité chimique du sol, le dry-farming — en principe et sous une forme volontairement schématique — vise à la conservation de l'eau du sol.

Ainsi s'affirme à nouveau l'importance de l'eau dans la production des récoltes. Par des procédés mécaniques, des méthodes culturales appropriées, le dry-farmer retiendra dans les assises du terrain la faible quantité de précipitations atmosphériques accordées par un climat ingrat.

C'est la suprématie accordée aux propriétés *physiques* et au travail *mécanique* des terres, alors que l'agriculture intensive de l'Europe humide (fig. 120) étudie surtout la fertilité *chimique* des sols. Ainsi se présente, sous une forme imagée et peut-être trop symbolique, l'esprit différent des deux méthodes.

Le dry-farmer doit donc connaître le sol, non seulement au point de vue de sa richesse en principes nutritifs, mais relativement à son aptitude à *recevoir* et à *retenir* l'eau provenant des précipitations atmosphériques, pluies ou neiges. Emmagasiner l'eau, conserver l'humidité dans le sol jusqu'au moment où elle est utile aux plantes, tels sont les deux problèmes à résoudre.

L'eau du sol peut se perdre : 1° par entraînement dans le sous-sol ou 2° par évaporation à la surface. Étudier les conditions dans lesquelles l'eau emmagasinée se meut vers les profon-

(1) J. A. WIDTSOE, *Le dry-farming*.

deurs, d'autre part régulariser et restreindre l'évaporation à la surface, voilà la préoccupation constante du dry-farmer.

La plante puise l'eau utile à son existence par les racines et l'évapore par les feuilles. Connaître les règles de cette absorption et de cette évaporation constitue la seconde série des recherches du dry-farmer.

Le praticien choisira ensuite les plantes appropriées à ces conditions et les modes de culture pouvant s'adapter aux régions arides ou semi-arides.

En résumé, le problème du dry-farming consiste :

1º A emmagasiner dans le sol la faible chute de pluie annuelle ;

2º A conserver cette humidité dans le sol jusqu'à son utilisation par la plante ;

3º A empêcher, pendant la végétation, l'évaporation de l'eau du sol ;

4º A régulariser l'absorption de l'eau par les plantes ;

5º A choisir des cultures appropriées ;

6º A appliquer les méthodes de culture propres à la nature du sol, au climat, etc.

Rôle de l'eau dans les phénomènes végétatifs.

Proportion d'eau nécessaire pour élaborer 1 kilogr. de matière sèche. — On connaissait depuis longtemps l'influence considérable de l'eau, véhicule des principes nutritifs des plantes, dans les phénomènes végétatifs. Fait important : le chiffre élevé de 300 kilogr. d'eau nécessaire, dans les régions humides, à la constitution de 1 kilogr. de substance végétale sèche, admis jusqu'à présent, semble devoir être augmenté depuis les recherches expérimentales du dry-farming.

D'après Wollny, Hellriegel, Sorauer, la proportion d'eau indispensable, variable d'après la plante considérée, le milieu, etc., oscillerait autour de 419 kilogr. par kilogr. de matière sèche. King, dans le Wisconsin, région humide, obtint comme résultat la moyenne de 446 kilogr. d'eau. Widtsoe et Merrill, expérimentant dans l'Utah, trouvèrent, après six années d'essais :

Cultures.	Poids d'eau nécessaire à la formation de 1 kilogramme de matière sèche.
Blé....................................	1 048 kilogr.
Maïs...................................	589 —
Pois...................................	1 118 —
Betterave..............................	630 —

Ainsi s'affermissait ce principe que la quantité d'eau nécessaire à la production de la matière végétale sèche était beaucoup plus élevée dans les régions arides que sur les sols humides. Les chiffres cités peuvent être considérés comme des maxima et des méthodes de culture appropriées les réduiront sans doute ; mais on peut noter que, dans les conditions d'exploitation normale, en contrée aride, il faut en moyenne *750 kilogr. d'eau pour obtenir 1 kilogr. de matière sèche.*

Importance des pluies. — Admettons ce chiffre, la production d'un hectolitre de blé pesant 75 kilogr. exigera $(75 \times 750 =)$ 56 250 kilogr. d'eau. Supposons, hypothèse plausible, que l'on récolte le même poids de paille, la proportion d'eau nécessaire sera donc $(56\,750 \times 2 =)$ 112 500 kilogr., soit 112 tonnes et demie.

Si la terre est arrosée annuellement par 25 centimètres d'eau de pluie — limite inférieure pour l'établissement rémunérateur du dry-farming — l'hectare de sol recevra $(0,25 \times 10\,000 =)$ 2 500 mètres cubes d'eau, soit 2 500 tonnes. D'après les évaluations précédentes, si toute cette eau de pluie était emmagasinée dans le sol on pourrait obtenir $(2\,500 : 112 =)$ 22^{hl},30 de blé à l'hectare. Avec 35 centimètres de pluie on récolterait 31^{hl},25 et avec 50 centimètres de pluie 44^{hl},65.

Il est pratiquement impossible de retenir toute l'eau de ruissellement : l'eau du sol s'évapore ou s'infiltre dans les assises profondes ; mais on voit quelle latitude est laissée au cultivateur pour obtenir, sur des sols arides recevant moins de 50 centimètres d'eau, des récoltes rémunératrices.

Pratiquement, le succès est assuré si les précipitations atmosphériques dépassent 38 centimètres ; entre 38 et 25 centimètres, le succès récompense les efforts prodigués si les précautions utiles sont observées ; les régions, enfin, qui reçoivent moins de 25 centimètres d'eau sont d'une exploitation pratique beaucoup plus malaisée.

Répartition des pluies annuelles. — Si la proportion totale est intéressante à envisager, la distribution saisonnière des pluies est d'une importance évidente.

Une faible pluie au moment opportun est plus utile que de grandes masses d'eau mal distribuées. Les systèmes de culture varieront donc selon le régime des pluies, hivernal, printanier ou estival.

Neige. — Il est avantageux pour le praticien que les eaux hivernales se produisent sous forme de neige qui protège les semailles du froid, réduit l'évaporation à la surface et semble même améliorer la terre.

Humidité relative, vents, etc. — La sécheresse de l'air, augmentant l'évaporation, intéresse le dry-farmer ainsi que l'insolation directe, les vents persistants. Une connaissance approfondie des conditions climatériques du pays est donc indispensable.

III. — ROLE DU SOL DANS LE DRY-FARMING

Formation des sols de dry-farming. — Une terre peu profonde ou caillouteuse offre moins d'intérêt au dry-farmer, même avec des pluies abondantes, qu'un sol profond, de contexture homogène, dans lequel l'eau pénètre et où les racines cheminent aisément à la recherche de l'humidité.

Il importe de connaître le terrain mis en valeur jusqu'à 3 mètres de profondeur. On notera soigneusement la profondeur du sol, sa structure, sa fertilité.

Dans les régions de dry-farming, les agents physiques produisant le sol par désagrégation des roches interviennent plus puissamment. Les ciels sans nuages, l'atmosphère sèche, les vents violents, les pluies rares, les variations de température de ces pays aident à pulvériser plus rapidement les roches.

Les agents de décomposition chimique du sol : humidité, acide carbonique, végétation, agissent moins activement que tous les climats humides, mais l'établissement généralisé de la jachère dans le dry-farming permet à ces agents chimiques d'exercer leur action.

Constituants du sol. — Propriétés physiques. — L'eau étant le principal agent de constitution de l'argile, cette substance est relativement rare dans les régions sèches, mais le sable et le limon, produits par les particules rocheuses qui,

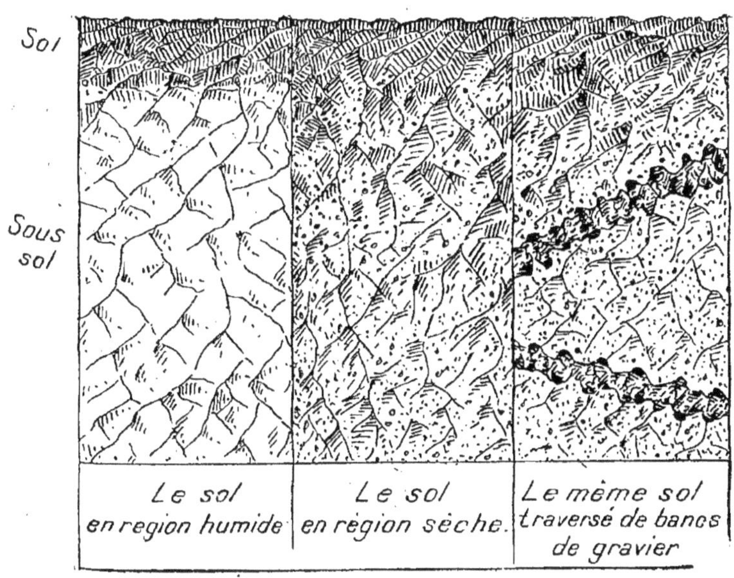

Fig. 117. — Types de sol.

sous des régimes humides, donneraient de l'argile, forment des sols arides sableux qui ne sont pas nécessairement moins fertiles que les terres argileuses des contrées humides (J. A. Witdsoe).

La proportion d'humus est naturellement faible dans les sols arides, mais, d'après les études des stations américaines, cet humus contiendrait trois fois et demie plus d'azote que l'humus des climats pluvieux. La faible proportion d'argile rend moins utile l'allégement des sols exercé si justement par l'humus.

Sol et sous-sol. — Dans nos contrées à pluies abondantes, le sol, travaillé par les instruments aratoires, aéré, traversé par les pluies, diffère nettement du sous-sol.

Le sous-sol, filtré par les eaux, est en général plus argileux, plus riche en calcaire.

Parmi les régions arides, ces actions ne s'exercent plus : sol et sous-sol sont également perméables, également traversés par les racines qui facilitent la pénétration de l'air, le jeu des agents atmosphériques, l'introduction des bactéries utiles.

Les terres de dry-farming, homogènes, de contexture uniforme, perméables sur une grande épaisseur, — parfois 15 mètres, — semblent donc « constituer trois ou quatre fermes l'une au-dessus de l'autre » (Hilgard).

En région de culture intensive humide, le praticien entame lentement les couches inertes et passives du sous-sol ; au contraire, le dry-farmer ne doit pas avoir ces scrupules : il laboure plus profondément afin d'emmagasiner l'eau et de faciliter la pénétration des racines.

Cependant, des lits de cailloux coupant les assises des sols de dry-farming rompent gravement la continuité du sol et empêchent le mouvement ascendant de l'eau (fig. 117).

Carapace. — Les pluies des régions arides, de volume à peu près constant, descendent chaque année à une profondeur égale ; le calcaire entraîné se dépose donc au même niveau, se combine aux éléments du sol et forme à la longue une « carapace », le *harpan* des dry-farmers, à la limite moyenne de pénétration des eaux.

Ces carapaces empêchent l'infiltration de l'eau, contrarient le cheminement des racines et doivent être rigoureusement détruites par les labours, l'établissement de jachères.

Propriétés chimiques. — Les analyses ont montré que les sols arides sont beaucoup plus solubles dans les acides que les sols humides. Le *résidu insoluble* de ces derniers est plus élevé (84 p. 100 au lieu de 69 p. 100 — Hilgard). Les principes solubles étant seuls utilisés par les plantes, il semble que les terres arides soient *relativement* plus fertiles par leur constitution propre.

La potasse est contenue dans les sols arides des États-Unis dans une proportion plus élevée que dans les terres humides et lessivées de l'Est américain (0,67 p. 100 au lieu de 0,21 p. 100), soit trois fois plus) ; la proportion d'acide phosphorique est **très** légèrement supérieure.

La teneur en calcaire diffère nettement ; la sécheresse favorise la formation du calcaire que les pluies des pays

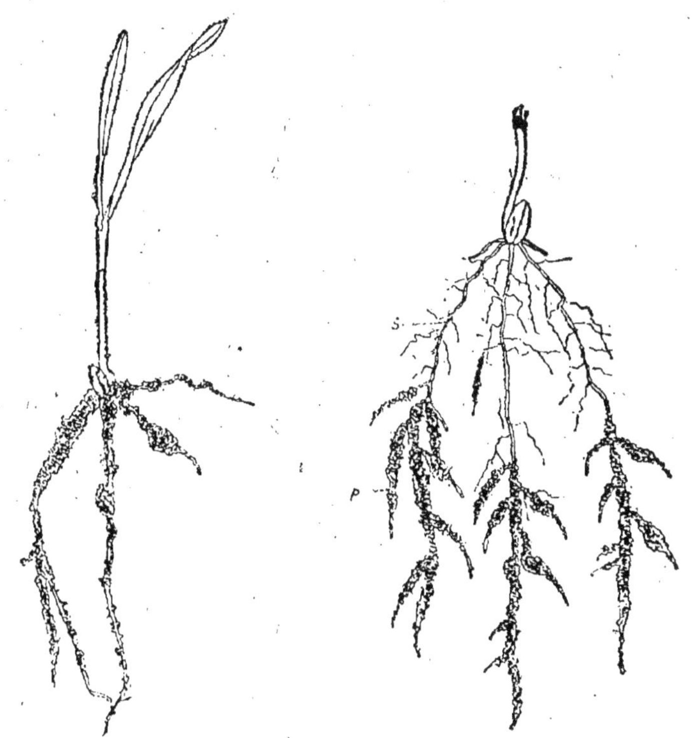

Fig. 118. — Racines du blé aux différents stades de sa végétation (Schribaux et Nanot).

humides entraînent au contraire : il y a parfois 11 fois plus de chaux dans les sols arides.

Enfin la teneur en silice soluble et alumine des terres arides est notoirement plus élevée. Rappelons que l'humus est nettement moins abondant, mais plus riche en azote.

En résumé, les sols de dry-farming sont plus profonds, plus homogènes; ils contiennent moins d'argile, plus de sable fertile, moins d'humus (plus riche en azote), plus de calcaire, et, d'après les chimistes américains, plus de principes nutritifs solubles.

Le sous-sol est analogue au sol : profond, perméable, uniforme ; il existe parfois des « carapaces ».

Le sol et les racines. — Les racines servent aux plantes comme point d'appui et comme organe d'alimentation susceptible de recueillir l'eau et les principes nutritifs utiles à leur croissance (fig. 118).

Leur rôle considérable est attesté par leur poids élevé : 43 p. 100 du poids total d'une récolte d'avoine (Schumacher), 21 p. 100 pour la fléole (Nobbe), 100 p. 100 pour le brome, 11 quintaux par hectare de blé (Widtsoe), etc.

La longueur des racines, leur développement sont d'une importance inattendue. Nobbe calcula que la longueur des racines et radicelles mises bout à bout était, pour un plant de blé, de 88 mètres ; pour un plant de seigle, 117 mètres ; pour un pied de maïs, 442 mètres dans les 90 centimètres supérieurs (King). Leur profondeur de pénétration surprend les esprits les plus avertis : 2^m,40, 3 mètres pour le blé ; 1^m,20 pour la betterave, cependant pivotante ; 10 à 15 mètres pour la luzerne : 7 à 10 mètres pour la vigne.

Par suite de leur homogénéité, de leur fine texture, de leur fertilité, les sols de dry-farming favoriseront le développement des racines qui s'enfonceront, d'après certains auteurs, plus loin que dans les régions humides.

IV. — APPLICATION DU DRY-FARMING

I. — Emmagasiner l'eau de pluie dans le sol.

Problèmes à résoudre. — L'eau que le dry-farmer doit utiliser est cédée aux racines par le sol ; les feuilles et les tiges n'absorbent directement qu'une quantité inappréciable d'eau pluviale. Le but à atteindre consiste donc : 1° *à faire pénétrer l'eau dans le sol* ; 2° *à la maintenir à la portée et à la disposition des racines.*

Dans les régions de dry-farming, les précipitations atmoıphériques tombent à la fin de l'automne, en hiver, au début du printemps, en dehors ducours de végétation des plantes. Il faut donc *emmagasiner* cette eau indispensable aux végétaux durant leur croissance ; des expériences classiques ont d'ailleurs montré que les pluies se montrent surtout utiles à l'époque des semailles (Alway).

L'eau de pluie qui tombe sur le sol se répartit de trois façons : 1° une partie ruisselle ; 2° une autre reste près de la

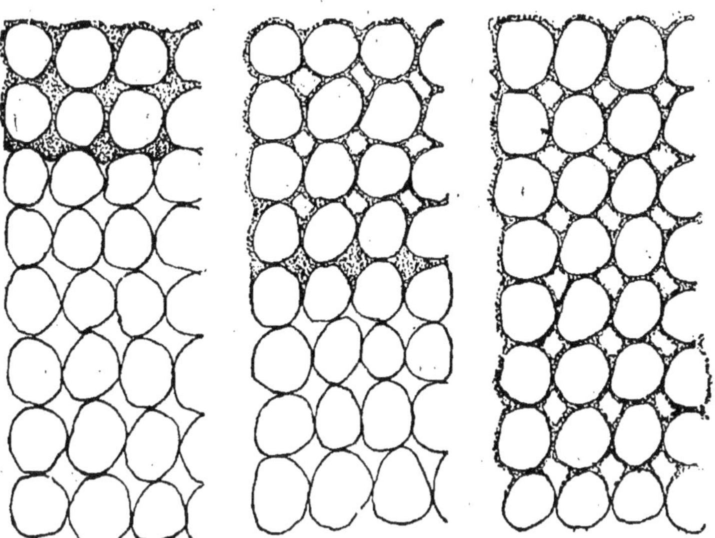

Fig. 119. — L'eau de pluie, en s'enfonçant dans le sol, se transforme en pellicule mince entourant les particules terreuses (d'après Widtsoe).

surface et s'évapore ; 3° la dernière, enfin, pénètre dans les couches profondes.

Il faudra donc réduire les deux premières causes de déperdition et faciliter la pénétration des pluies.

Ruissellement. — La proportion d'eau ainsi perdue est toujours considérable, surtout sur les sols tassés, en jachère ou non cultivés. On réduira le ruissellement en labourant perpendiculairement à la pente du terrain, en hersant énergiquement les jachères, etc.

Pénétration des eaux. — Le sol est constitué par des roches désagrégées et des plantes décomposées. Les particules rocheuses de dimensions très différentes (1) laissent entre elles des *espaces vides*, des *pores* dont la proportion, très variable, est voisine néanmoins de 50 p. 100.

Ce sont ces espaces poreux qui permettent l'emmagasinement de l'eau, et le cultivateur devra s'efforcer *de les maintenir, de les accroître*.

L'eau qui emplit les pores s'enfonce vers les couches profondes sous l'influence de la pesanteur, et atteint le niveau hydrostatique d'où elle gagne les sources, les rivières, les fleuves, l'océan.

Dans les sols de dry-farming, l'eau atteint rarement ce niveau; elle humecte les particules terreuses sèches et, par suite de la capillarité, s'étend autour d'elles en mince pellicule (fig. 5). C'est cette eau capillaire qui est surtout utile à la végétation, bien plus que l'eau libre ou l'eau hygroscopique du sol.

Le nombre considérable de particules terreuses permet l'emmagasinement de grandes quantités d'eau de capillarité. Dans 1 centimètre cube de sol ordinaire, la surface présentée par ces particules est de 1 450 centimètres carrés; une pellicule d'eau, fût-elle très mince, étendue sur cette surface, offre aux plantes des réserves d'humidité considérables, et l'importance de cet approvisionnement s'accroît avec la finesse des particules (2).

L'eau de pluie s'enfonçant dans le sol se transforme donc en pellicules minces entourant les particules terreuses et, descendant lentement vers les assises profondes, elle est ainsi préservée de l'action immédiate et directe du soleil et des vents.

Comment pourra-t-on favoriser pratiquement cet emmagasinement de l'eau? Par les labours profonds et la jachère.

(1) Les plus grandes peuvent avoir 500 fois la dimension des petites. Si toutes les parties d'un décimètre cube de terre étaient placées côte à côte, elles formeraient une chaîne d'environ 100 000 kilomètres de longueur (J. A. Widtsoe).

(2) Une pellicule de 1/11 000 000 de millimètre d'épaisseur enveloppant les particules terreuses équivaut à 14 p. 100 d'eau dans l'argile lourde, 7,2 p. 100 dans du limon (King).

Labours profonds. — Afin d'absorber et de retenir les précipitations atmosphériques, le praticien devra labourer au bon moment et à la profondeur convenable.

Le sous-sol ne différant pas du sol, le dry-farmer pourra sans danger entamer le sous-sol ; l'humidité ainsi captée cheminera lentement vers les assises profondes. Le sous-solage, qui rend à ce point de vue les plus grands services, serait même

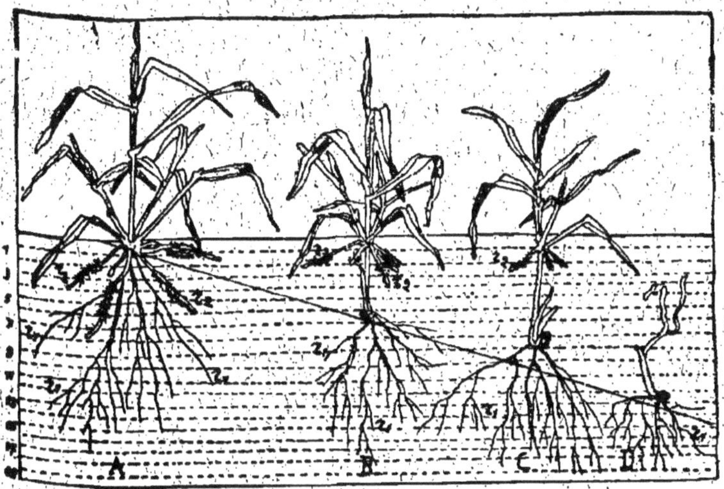

Fig. 120—Influence de la profondeur du semis sur le développement du blé (Risler).

recommandé si sa dépense n'était excessive pour l'accroissement de récolte réalisé.

Dans la plupart des sols de dry-farming, le labour profond doit être donné à l'automne, sitôt les récoltes enlevées. Le sol, tassé par les charrois, reprend sa porosité ; on réduit ainsi l'évaporation, on assure l'absorption des pluies d'automne, d'hiver, tout en permettant le jeu des agents atmosphériques.

Des expériences précises ont montré la supériorité des labours *du début* de l'automne.

Le sol labouré à l'automne est laissé motteux durant l'hiver, la neige est retenue et ainsi s'effectue une distribution égale de l'eau de fonte ; ces mottes préservent, de plus, les jeunes plants.

Notons que la pratique des labours profonds d'automne et le sol motteux sont recommandés également dans nos régions humides (1). Les intempéries pulvériseront les blocs de terre et le sol sera assuré de la quantité d'eau nécessaire à la germination.

Jachère. — Veut-il emmagasiner les eaux pluviales de plusieurs années successives ? Le dry-farmer établit une jachère.

La seule jachère à conseiller est la jachère cultivée consistant à travailler le sol pendant l'année de repos; les mauvaises herbes sont en effet, par leurs feuilles et tiges, des évaporateurs puissants. Une jachère cultivée prévient l'évaporation de l'eau pendant la saison sèche. Sur les districts à pluies rares (25 centim. à 38 centim. d'eau annuelle), il faut pratiquer la jachère un an sur deux ; une année sur trois ou quatre dans les régions recevant 38 à 50 centim. d'eau.

II. — Retenir l'eau emmagasinée.

L'eau emmagasinée, il faut la maintenir dans le sol, c'est-à-dire empêcher l'évaporation directe, et réduire l'évaporation produite par les feuilles, les tiges, etc.

I. **Évaporation du sol.** — L'évaporation directe est toujours considérable et supérieure, dans les sols cultivés, à la somme des précipitations annuelles (2). L'évaporation enlève donc continuellement de l'eau à une terre humide, mais une portion de cette eau adhère si fortement par capillarité aux particules terreuses qu'une température supérieure à 100° pourrait seule l'extraire.

L'eau du sol, chargée de principes nutritifs, s'évapore d'ailleurs beaucoup plus lentement que l'eau pure. La fertilité du sol, sa culture rationnelle, sa fumure, la jachère diminuent donc, indirectement, l'évaporation.

Ces pertes par évaporation ont lieu d'ailleurs dans les couches superficielles, et fort peu aux couches inférieures, en

(1) Voy. P. DIFFLOTH, *Le sol et les labours* (12e mille).
(2) Parmi les stations américaines, cette évaporation atteint de 8 à 35 fois la somme des précipitations.

raison du mouvement très lent des gaz à travers le sol (Ness-ler, Buckingham).

Mulch. — Dans les sols arides, on s'efforce, par un travail soigné, de constituer à la surface une couche protectrice sèche, meuble, qui, réduisant l'ascension capillaire de l'eau, protège automatiquement le sol de la dessiccation. Cet écran protec-teur, le *mulch*, doit être constitué avec le plus grand soin en ameublissant les couches superficielles ou en épandant à la surface de la paille, des litières.

Pratiquement, dans les régions de dry-farming on mois-sonne avec une épieuse (*header*), qui coupe seulement les épis, les chaumes hauts, enfouis à l'automne, rendent le sol poreux et entravent l'évaporation.

Une couche de *mulch* de 10 centimètres d'épaisseur peut économiser 75 p. 100 de l'eau emmagasinée ; une couche de 20 centimètres en retient 88 p. 100 ; une couche de 25 centi-mètres paraît arrêter complètement l'évaporation.

L'intensité de l'évaporation étant plus élevée sur une sur-face humide, il faut travailler le plus tôt possible le sol, dès que le labour est possible. Le labour hâtif de printemps est excellent pour former un écran protecteur contre l'évapora-tion.

Dès que les jeunes plants sortiront de terre, on herse le champ en plaçant les dents de fer recourbées vers l'arrière pour ne pas blesser les plants ; le *mulch* ainsi formé conser-vera l'humidité.

Jachère ou parcelles cultivées doivent être travaillées *le plus tôt possible au printemps*. Si le sol est nu, on passera la charrue ou le disque, puis de nouveau on disquera ou her-sera ; la couche superficielle doit toujours, en principe, être sèche et ameublie.

Sur la jachère, les soins d'entretien, labours, hersages, détrui-ront en même temps les plantes adventices qui évaporent l'eau du sol et nuisent beaucoup plus que l'abandon ou le tassement du sol. Les soles de pommes de terre, de maïs, de légumi-neuses doivent être cultivées également pendant leur végéta-tion.

Afin d'assurer ce travail utile et la réduction de l'évaporation sans nuire aux rendements, on a proposé diverses méthodes consistant à cultiver céréales, luzerne, etc., en bandes espacées. Les attelages peuvent facilement passer dans les zones libres et les dents espacées du cultivateur de la herse pénétreront entre les rangées de blé. Nous étudierons plus loin ces méthodes (systèmes Ryff, Bourdiol, employés en Algérie).

II. Transpiration par les feuilles. — L'évaporation de l'eau par les plantes, très importante, peut être double ou triple de celle qui se perd directement par infiltration jusqu'au niveau hydrostatique. Les sels dissous, les principes nutritifs solubles contrarient la transpiration (Woodward, Sachs); les acides l'augmentent, les alcalis la diminuent, ce qui est le cas des terres arides.

La distribution d'engrais commerciaux, le travail rationnel du sol réduiront donc ces déperditions. Tout traitement cultural favorisant la dissolution dans l'eau du sol des substances nutritives permet donc à la plante de produire de la substance sèche en exigeant la plus faible quantité d'eau.

Le seul moyen de réduire la transpiration est, en résumé, de maintenir le sol fertile par les labours profonds d'automne, les disquages de printemps, la jachère, la récolte par la *header method*, c'est-à-dire par l'épieuse qui, récoltant l'épi seul, laisse de longs chaumes enfouis plus tard et fertilisant la terre.

V. — TECHNIQUE DU DRY-FARMING

Principes essentiels. — Les méthodes rationnelles du dry-farming se réduisent donc : 1° à un labour profond partout où le sous-sol le permet, pratiqué à l'automne, là où le climat l'autorise; 2° à un travail soigné du sol en vue de former une couche meuble et sèche à la surface (*mulch*); 3° à une jachère d'été cultivée un an sur deux, trois ou quatre, selon l'abondance des pluies. On voit que ces procédés ne s'écartent pas de nos méthodes de culture intensive, qu'ils ont simplement précisées, mises au point.

A ces soins d'entretien s'ajoutent les semailles d'automne partout où le climat ne s'y oppose pas. La difficulté réelle des

cultures arides est peut-être de choisir une époque favorable
pour l'ensemencement, assurant la levée régulière et un abondant développement du système radiculaire.

Semailles. — Les conditions les plus favorables semblent
réalisées lorsque la quantité d'eau du sol est voisine de sa
capacité maximum, environ deux fois la quantité maxima d'eau
hygroscopique.

Les semailles d'automne offrent l'avantage d'un sol humide
riche en nitrate, permettant le développement des plantes qui,
au printemps, accéléreront leur croissance.

Il faut parfois redouter l'insuffisance des pluies d'automne
et les froids de l'hiver. Néanmoins, les semailles d'automne,
pratiquées entre le début de septembre et le milieu d'octobre,
sont mieux en harmonie avec le principe de la conservation
de l'humidité, même dans les régions où les précipitations
atmosphériques tombent principalement en été (Widtsoe).

Il peut arriver que la germination commence, puis s'inter-
rompe par suite des sécheresses. La germination peut reprendre
sous l'humidité plusieurs fois, mais il en résulte un déchet
sensible.

Si l'on sème au printemps, on choisit une époque où la température est favorable, et le sol assez ressuyé pour permettre
la marche des instruments aratoires.

En sol aride ou semi-aride, il est bon de semer *aussi profondément qu'on le peut*; 10 centimètres semblent être la profondeur la mieux appropriée.

La provision d'eau disponible étant faible, le principe général est de *semer clair*, un peu plus de la moitié des semences
employées dans les districts humides: 70, 60, 50 litres de blé
par hectare, par exemple, 70 litres d'orge ou d'avoine, 50 litres
de seigle, 7 kilogr. de luzerne.

Le maïs sera semé en poquets espacés de 1ᵐ,20 entre les
lignes et 1 mètre sur les lignes. Des semailles claires favori-
sent le tallage et ne réduisent pas fatalement les rendements.

D'après les principes relatifs à l'évaporation de l'eau et à
la transpiration des plantes, le semoir en ligne, qui permet
les binages faciles, s'impose évidemment. Les semences
choisies doivent être adaptées au régime spécial, et il y a

intérêt primordial à utiliser les semences produites dans la région, sélectionnées à la ferme, puisqu'une accoutumance séculaire les adapta à ces conditions spéciales.

Soins d'entretien. — Les soins d'entretien ne diffèrent pas des travaux pratiqués en région humide. Ils sont seulement plus nombreux, plus soignés. Les labours profonds, les disquages, hersages, ayant favorisé la conservation de l'eau, on s'efforcera d'aider cet enrichissement du sol en eau et d'obtenir une absorption élevée d'eau par les plantes en cours de végétation.

Dès l'automne, après les averses, le disque, le rouleau-squelette, le crosskill rompront la croûte superficielle qui gêne la germination ou la croissance des plantes et contrarie l'absorption des précipitations atmosphériques. La couche ameublie formée réduit l'évaporation.

Après les semailles d'automne, on attend le printemps pour briser la croûte superficielle (disque, herse, rouleau-squelette) et herser les récoltes trop serrées avec un appareil à dents de fer. Les eaux pénètrent dans le sol. L'humidité se conserve grâce à la couche superficielle ameublie; l'aération favorise la nitrification, la solubilisation des principes insolubles, etc.

Les cultures sarclées recevront ensuite de nombreux binages, sarclages, qui exerceront des effets du même ordre.

Moisson. — On utilise couramment les épieuses, les *header*. Les épis sont coupés, assemblés en meulons, et battus ensuite.

Les hautes pailles enfouies ultérieurement enrichissent le sol, augmentent la proportion de matière organique, et forment le *mulch*, surtout si la jachère suit (1). Aussi a-t-on pu cultiver le blé sans engrais, dix, douze ans de suite.

De nouvelles moissonneuses permettent même de combiner la batteuse avec l'épieuse. Les épis coupés battus, le grain est ensaché et déposé sur le trajet, les bales sont épandues sur le champ.

---

(1) Un sol laissé en jachère une année contenait par mètre carré, sur une profondeur de 1ᵐ,20, 45 kilogrammes d'eau de plus qu'un sol ensemencé (King).

Fig. 121. — Les semailles en grande culture au Canada.

Instruments aratoires.

S'exerçant sur de vastes espaces, le dry-farming demande des méthodes permettant un travail facile avec de faibles dépenses d'énergie. Un fermier avec quatre chevaux et les instruments nécessaires peut cultiver dans l'Utah 65 hectares et même 80 hectares, la moitié des terres étant en jachère cultivée.

Entreprendre une plus vaste tâche conduirait à un échec. Les instruments utilisés sont les appareils ordinaires adaptés à ces conditions nouvelles, plutôt qu'un matériel spécial. Les labours s'effectuent soit à la charrue à versoir très courbe, soit aux disques; la superficie travaillée exige un siège pour l'ouvrier.

Chaque appareil a ses partisans. Certains sols d'argile compacte, collante ou durcis au soleil, seront travaillés à la charrue à disques. Après un défrichement on fait un premier disquage; mais après la première récolte, la charrue à versoir travaille mieux les guérets chargés de chaumes.

Le sous-solage serait avantageux si son coût n'était élevé; on emploie alors les sous-soleuses des divers types connus (fig. 8).

Le travail continu et soigné du sol étant le principe primordial du dry-farming, la herse est un instrument essentiel en ces régions, herses solides dont les dents de fer ou d'acier peuvent subir une inclinaison variable (en avant, droites, en arrière), herse à disques ou pulvériseurs qui forment le *mulch* favorable, etc. De nombreux modèles existent en Amérique : *full-disk* (disques pleins), *cutaway-harrow* (disques échancrés), *spade-disk-harrow* (disques à palettes), etc.

Pour détruire les mauvaises herbes qui monopolisent à leur profit la faible proportion d'eau des sols arides, on utilise les herses à dents flexibles, les bineuses, sarcleuses, houes multiples de tous genres, enfin les cultivateurs à dents élastiques recourbées et tranchantes.

Remarquons qu'il n'est aucunement question du rouleau. Cet instrument, tassant le sol, fait monter par capillarité l'eau des couches profondes à la surface, but opposé au principe du dry-farming. S'il faut nécessairement rouler le sol, creux et léger au moment des semailles, on hersera rapidement après le roulage.

Pour tasser le sous-sol sans produire ce tassement nuisible du sol, on utilise le *sub-surface-packer* qui comprime le sol à 40 ou 50 centimètres de profondeur, tout en respectant l'ameublissement de la couche superficielle, bien que l'emploi de cet appa-

Fig. 122. — Charrue sous-soleuse.

reil soit assez discuté, sauf pour hâter la décomposition des chaumes ou des matières organiques enfouies; la herse à disques produit d'ailleurs cet effet.

Les semailles s'effectuent nécessairement au semoir mécanique, en lignes; il est bon qu'à l'arrière des tubes de descente, des roues larges et légères compriment doucement la terre autour des graines sans creuser des sillons qui évacueraient les eaux pluviales. Les pommes de terre, le maïs sont aussi semés mécaniquement.

La moisson s'effectue au moyen des *épieuses* et souvent le grain est battu sitôt les épis coupés.

L'étendue des superficies cultivées, la réduction de la main-d'œuvre, la rareté du bétail, trait ou engraissement, réservent les régions de dry-farming aux méthodes de culture mécanique du sol qui prendront en ces régions un développement judicieux et logiquement prévu lorsque le matériel, solide, sera à l'abri des ruptures et des réparations.

Mais les terres de dry-farming devant rester poreuses à la surface, on rejettera les tracteurs dont les roues larges foulent le sol, pour adopter les systèmes au câble mû par locomobiles, moteurs divers, et tirant les instruments aratoires.

En résumé et suivant les conseils de J. A. Widtsoe, un dry-farmer possédant 60 à 80 hectares peut se contenter d'une charrue, un disque, une herse, un semoir en ligne, une épieuse, un moteur, des chariots, quatre chevaux.

Il choisira un sol argilo-limoneux de préférence, s'assurera de la structure uniforme du sol jusqu'à 2ᵐ,50, 3 mètres au moyen d'une tarière, et notera la présence ou l'absence de carapaces, de filons graveleux. Le terrain défriché, défoncé, on laissera un an en jachère cultivée. Au début de l'automne la parcelle est labourée profondément (20 à 25 centim.). Le labour de printemps doit être hâtif. Faire suivre la charrue par le disque et celui-ci par la herse, si l'on ne doit pas semer aussitôt après.

On disquera toujours au début du printemps, disquage suivi d'un hersage. *Après chaque averse, on hersera* pour détruire la couche superficielle et favoriser la pénétration de l'eau. En sole cultivée, il importe de herser les plantes *aussi longtemps qu'elles pourront le supporter.*

Sur des cultures de maïs, pommes de terre, le cultivateur sera employé toute l'année. Le but, nous avons insisté sur ce point, est d'obtenir sur le terrain, en tout temps, une couche épaisse de sol ameubli et sec.

La lutte contre les plantes adventices sera poursuivie énergiquement. Une ferme envahie par les mauvaises herbes est vouée à un insuccès certain.

La jachère d'été cultivée sera établie de droit, tous les deux ans (moins de 38 centim. de pluie), tous les trois ou quatre ans (entre 38 centim. et 50 centim. de pluie), sauf dans les régions où il pleut en été.

Fig. 123. — La culture du maïs en Amérique.

Si la fertilité diminue, on accordera des engrais ou l'on enfouira des légumineuses.

On sèmera en ligne, de bonne heure, des variétés d'automne, la moitié environ du poids de semences utilisé en sol humide ; les céréales seront enfouies entre 7 et 10 centimètres.

Le dry-farmer recherchera les semences des plantes des régions arides ou adaptées à ces conditions spéciales, surtout les céréales, les blés notamment, le maïs, bases du dry-farming.

Une habitation édifiée dans le district le plus pluvieux et à vents faibles recueillera les eaux de surface dans un réservoir pour irriguer le potager, les arbres. Le praticien exploitera quelques têtes de bétail. Il faut enfin *toujours cultiver comme si l'année devait être sèche* ; ainsi est-on à l'abri de toute surprise.

VI. — LES RÉCOLTES DU DRY-FARMING

1. — Plantes cultivées.

Le dry-farming est nettement adapté à la culture du blé, production prédominante des régions arides et semi-arides d'Amérique, blés durs ou blés tendres.

Aux États-Unis, on cultive le blé *blue-stem*, le *red-fife* originaire de Russie, le *turkey*, le *kharkow*, le *crimean* provenant de Crimée, le *red-chaff*, le *white-australian*, etc.

Le seigle donne en région aride les résultats les plus assurés, au point d'infester les cultures plusieurs années, seigles d'hiver et seigles de printemps. On l'utilise pour l'alimentation du bétail ou comme engrais vert.

L'épeautre, estimé pour la nourriture du bétail, s'adapte très aisément aux régions arides.

L'avoine se développe dans les régions de dry-farming à moyenne pluviale d'au moins 38^{cm},5, les avoines d'hiver surtout avec les variétés *sixty-day*, *swedish-select*, *boswell*, etc.

L'orge est moins étudiée comme culture de dry-farming (orges d'hiver).

Le maïs est la culture qui réussit le plus uniformément sous une sécheresse extrême, même en région désertique (fig. 124).

Si la rareté des pluies ne permet pas de réaliser une récolte de

Fig. 124. — La récolte de la luzerne dans l'Amérique du Sud.

grains, le fourrage obtenu paie les frais et laisse des bénéfices.

Les sorghos se signalent également par leurs forts rendements, *broom-coorns* américains cultivés pour leur paille, *sorgas* ou sorghos doux, intéressants par leur fourrage et leur sucre, ou mieux encore les *afirs*, produisant graines et fourrage, ou les *durras*, cultivés pour leurs graines.

La luzerne enfin, originaire de l'Asie sèche et chaude, aide puissamment la mise en valeur des terres arides. On en obtient de bons rendements avec 30 centimètres de pluie annuelle. Il faut éviter soigneusement de semer dru (4 à 7 kilogr. seulement à l'hectare) et cultiver cette sole aussi soigneusement qu'une céréale (hersages, disquages au printemps, à l'automne). La culture de la luzerne en bandes espacées, pratiquée dans le nord de l'Afrique, en Asie, est extrêmement intéressante. Cette légumineuse puisant l'azote dans l'air par les nodosités de ses racines enrichit le sol. Elle permet l'entretien du bétail. C'est la culture d'avenir des territoires neufs, arides ou irrigués (fig. 124).

Signalons enfin les pois (Californie), les fèves (Mexique), ainsi que les vergers de pêchers (Utah) aux fruits fins et savoureux, les pruniers, les groseilliers, les olivettes [Tunisie (1), Arizona, Colorado].

Les figuiers-sycomores, les caroubiers (2), les bigaradiers, l'orme, le noyer, le chêne vert, l'épicéa, le genévrier, le robinier, le pin d'Arizona, le sapin de Douglas, le peuplier argenté se satisfont des terrains secs.

Étant donnée la sécheresse, les cultures arborescentes doivent être très espacées (fig.125), *le double de l'écartement ordinaire*; on cultivera tout autour le sol d'une manière continue, de façon à régler l'emmagasinement de l'humidité. Si la jachère cultivée n'a pas précédé la plantation, il faut parfois arroser les

---

(1) Il y a en Tunisie 11 millions d'oliviers : 3 millions et demi dans le Nord, 4 millions dans la région de Sousse, 3 millions et demi dans la région de Sfax et dans le Sud.

(2) Cinquante pieds de caroubiers à l'hectare donneront 9 000 kilogrammes de fruits contenant 40 p. 100 de sucre et 7 à 8 p. 100 de protéine, rendement supérieur à une forte récolte de luzerne (Widtsoe).

Fig. 125. — Irrigation par canaux à ciel ouvert d'un verger dans la Colombie Britannique.

deux premières années. La vigne peut réussir sur les versants ensoleillés.

La pomme de terre prospère avec un minimum de 30 centimètres de pluie annuelle. On doit planter clair et cultiver soigneusement le sol, entre et sur les lignes. Les variétés *mamouth, vearl, new-york, ohio* ont fait leurs preuves en Amérique.

Pour choisir les cultures de dry-farming il faut, laissant aux terrains irrigués les cultures à fort rendement exigeant beaucoup de main-d'œuvre, adopter des cultures *à rendement moyen,* pratiquées aisément sur de grandes superficies avec une main-d'œuvre réduite.

II. — Valeur des récoltes.

Les rendements seront donc relativement faibles, et ce serait une cause d'échec que de tenter la culture intensive sur les sols arides, mais la qualité supérieure des récoltes obtenues sans irrigation en région aride semble prouvée.

Le système radiculaire des végétaux recherchant l'humidité avec intensité se développe abondamment, les parties aériennes paraissent rabougries, mais les plantes sont résistantes, solides, bien enracinées, vigoureuses.

La saison de végétation en dry-farming étant courte, la maturation hâtive, la proportion des épis par rapport aux tiges et aux feuilles est plus élevée. Fait général : la quotité des épis, relativement à la paille, augmente lorsque l'eau disponible diminue (1).

La proportion de principes nutritifs contenus dans les récoltes de dry-farming serait plus élevée qu'en région humide. Le fourrage des sols humides renferme 12 à 20 p. 100 d'eau; celui des climats arides, plus nutritif, dose 7 p. 100 à 12 p. 100 d'eau ; les pailles, les bales sont plus riches.

Le blé, aux États-Unis, renferme 10,6 p. 100 d'eau normalement ; dans l'Utah, en dry-farming cette teneur s'abaisse à

(1) Voici quelques chiffres à ce propos. A Rothamstedt en 1879, année humide, on a récolté 38 kilogrammes de grains pour 100 kilogrammes de paille, et en 1893, année sèche, 95 kilogrammes de grains pour 100 kilogrammes de paille.

Fig. 126. — La moisson au Canada.

8,5 p. 100. — 1 000 000 d'hectolitres de blé de l'Utah contiendraient donc autant de matières nutritives que 1 025 000 hectolitres de blé de pays humide (Widtsoe), ce qui justifierait la plus-value des premiers blés.

Les récoltes de dry-farming, obtenues hâtivement, sont riches en protéine et relativement pauvres en hydrocarbonés : corps gras, sucre, amidon. L'absorption de l'azote par la plante a lieu au début de la période végétative, puis la protéine n'augmente plus guère ; la plante forme avec le carbone de l'air des hydrocarbonés : sucre, amidon, etc. Une période de végétation courte explique donc la teneur relativement élevée en protéine et la faible proportion d'hydrocarbonés. Des expériences précises ont prouvé que la composition des grains de blé est indépendante de la composition des semences et dépendait de la nature du sol et surtout du climat, du dosage des terres en eau. L'hectolitre de céréales pèse plus lourd dans les régions arides et la richesse en gluten entraîne la dureté du grain.

III. — Maintien de la fertilité.

Il existe rationnellement deux procédés pour maintenir la fertilité : 1° la culture rationnelle du sol qui libère les principes nutritifs du sol ; 2° la restitution artificielle des prélèvements des récoltes.

Les régions de dry-farming paraissent maintenir leur fertilité sans apport d'engrais. L'appauvrissement du sol par l'enlèvement de récoltes moyennes semble être masqué par les divers facteurs améliorateurs.

D'ailleurs, ces régions neuves offrent encore des ressources fertilisantes relativement considérables ; la moyenne des récoltes, au lieu de baisser, peut même croître. Les racines très développées vont puiser au loin les substances alibiles et n'appauvrissent pas les couches superficielles. Les eaux, emmagasinées en grande quantité, remontent vers la surface en ramenant les principes nutritifs des assises profondes ; ainsi la fertilité totale se concentre vers la surface.

Le maintien de la fécondité moyenne en terre de dry-farming tient donc à la fertilité relative de ces terres et à leur profondeur, au système radiculaire développé. Notons également le principe fondamental de la jachère, l'enfouissement des chaumes après le passage de l'épieuse qui réalise une faible restitution. Le rôle des bactéries fixatrices d'azote, des nodosités de légumineuses, action compensatrice précieuse, enfin le développement de l'élevage en association avec le dry-farming permettent des restitutions importantes.

Cependant une époque viendra où ces sols devront récupérer leurs pertes, sous forme d'engrais commerciaux ou de soles de légumineuses enfouies comme engrais vert.

IV. — Assolements.

La rotation comprend une ou plusieurs soles de céréales, une récolte de plantes sarclées (maïs ou pommes de terre), une sole de légumineuses, avec une jachère cultivée à des intervalles fixés aux chapitres précédents, *au moins tous les trois ou quatre ans*.

Des études suivies permettront d'établir les meilleurs assolements en dry-farming, rotations qui paraissent être : 1° maïs, 2° blé, 3° avoine ; — 1° orge, 2° avoine, 3° maïs ; — 1° jachère, 2° blé, 3° avoine.

En Russie (Poltava), on recommandait la rotation suivante : 1° jachère cultivée et fumée, 2° blé d'hiver, 3° culture sarclée, 4° blé de printemps, 5° jachère d'été, 6° seigle d'hiver, 7° sarrasin ou légumineuse annuelle, 8° avoine, soit une sole de céréales, une récolte sarclée, une récolte de légumineuses et une jachère tous les quatre ans.

VII. — LE DRY-FARMING EN ALGÉRIE ET EN TUNISIE

Généralités.— Quelles applications ces méthodes peuvent-elles recevoir en France et surtout dans nos possessions nord-africaines directement intéressées par le dry-farming?

Il faut résoudre cette question pratiquement comme application de ces théories scientifiques. Voici quel est actuellement l'état du problème.

Les Américains assurent produire 20 à 35 quintaux de blé,

48 quintaux, de luzerne, 200 hectolitres de pommes de terre sur des sols en friches arides. Ces résultats peuvent-ils être obtenus en Algérie, en Tunisie ? Le dry-farming qui, suivant M. Marès, associe la culture biennale, les labours préparatoires nord-africains au hersage beauceron et au tassement du sol employé en Écosse, le dry-farming est-il la culture type des Hauts-Plateaux et des régions sèches algériennes qui offrent, comme les sols du dry-farming américain, des pluies d'hiver et une sécheresse intense de mai à octobre ? Les régions basses littoraliennes des États-Unis reçoivent 60 centimètres de pluies comme la Mitidja, Bône, la Medjerda ; les plaines intérieures en reçoivent 30 centimètres, comme le Chélif, Kairouan, etc. ; l'analogie est évidente.

Examinons dans l'ensemble les conditions de la culture algérienne.

La culture algérienne. — Les mauvaises récoltes algériennes sont dues à de multiples raisons: incurie, routine, négligence, mauvais labours, ensemencements tardifs, etc., mais surtout à une cause principale : insuffisance ou mauvaise répartition des pluies, aggravées en avril-mai par des vents violents, et surtout par deux ou trois journées de sirocco ou de brouillard. Cette cause principale demeure en dehors de notre action. En Algérie, en Tunisie, même dans les régions où il tombe plus de 60 centimètres d'eau par an, la répartition des pluies est si défectueuse qu'au printemps, au moment précis où l'humidité est nécessaire pour le tallage, l'épiaison et la formation des grains, la terre manque d'eau, même quand on a enregistré des pluies torrentielles en automne et en hiver.

Les pluies d'été, qui ne profitent d'ailleurs pas directement aux céréales déjà enlevées, sont rares, et il est souvent impossible, même sur des labours préparatoires, de commencer les labours de semailles avant octobre et souvent novembre, à cause de la sécheresse persistante et de la dureté trop grande du sol. En consultant la carte (fig. 13), il sera facile de se rendre compte que dans nos colonies nord-africaines la tranche d'eau pluviale efficacement mise à la disposition des céréales atteint rarement 40 centimètres et se trouve souvent au-dessous de 30 centimètres. Par quels procédés

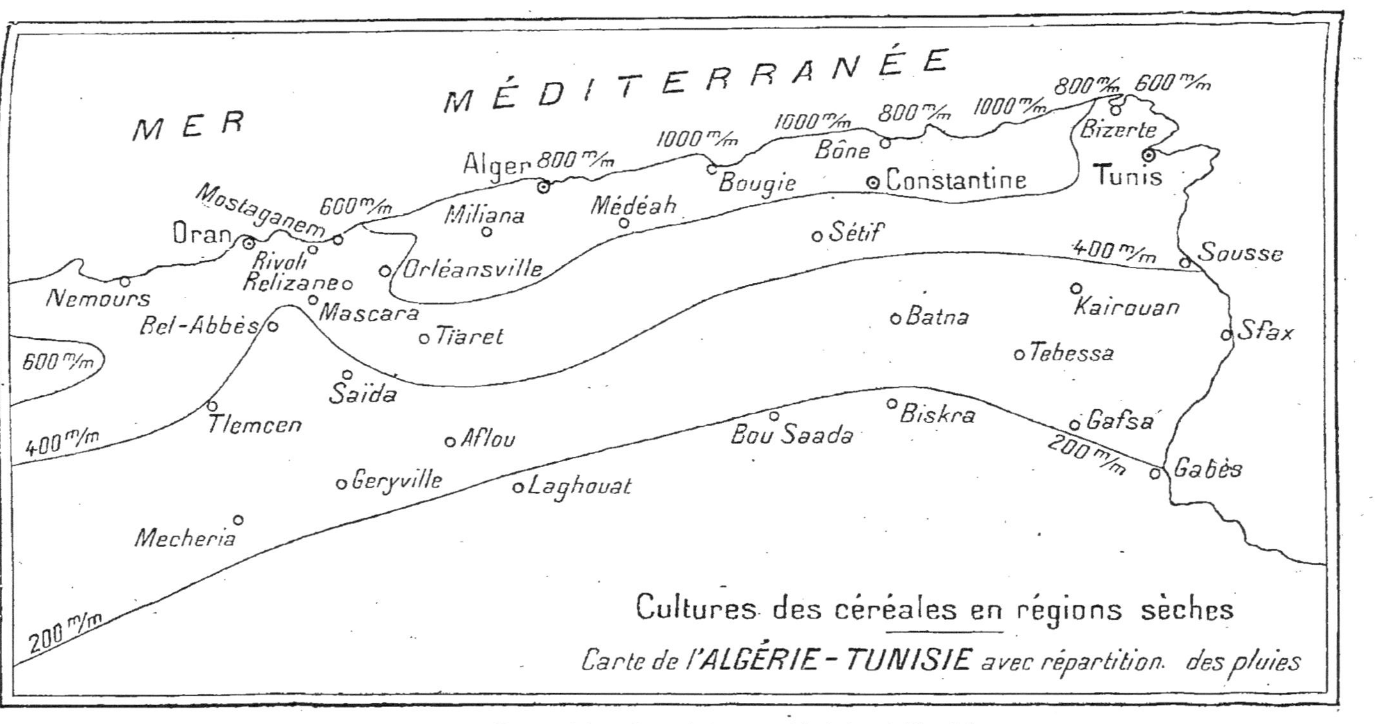

Fig. 127. — Répartition des pluies en Algérie et Tunisie.

culturaux les laboureurs africains indigènes ou européens ont-ils essayé de remédier à ce grave inconvénient? (1).

Culture indigène. — Issus d'un peuple de pasteurs nomades, les indigènes, peu à peu, se sont adonnés à la culture des céréales, après avoir occupé les plaines algériennes où ils se sont définitivement fixés. La colonisation française, en reculant les limites de leur domaine ancestral, n'a pas changé très sensiblement leurs méthodes. On trouve encore chez eux la rudimentaire charrue en bois tirée par une ou deux bêtes sommairement attelées, ne pénétrant dans le sol qu'à 8 ou 10 centimètres au maximum et ne renversant pas la terre simplement remuée.

Un simple labour de semailles constitue, avec quelques sarclages, les façons culturales. Ce labour est pratiqué sur jachère nue ayant servi de parcours aux troupeaux. Les semences sont souvent les grains les plus petits et les plus mal venus, et le semis est toujours clair. Dans ces conditions, les Arabes n'obtiennent une récolte bonne ou moyenne que lorsque les pluies de printemps sont suffisantes et suffisamment bien réparties. Si les conditions d'humidité sont favorables, ils récoltent, dans leurs terres non épuisées, plus que les Européens qui cultivent d'une façon plus complète. Grâce à *leur* labour rudimentaire et surtout à leur semis très clair, ils réalisent encore un rendement passable quand les chutes d'eau sont nombreuses au printemps, mais peu abondantes, alors que leurs voisins européens voient parfois leurs récoltes dépérir et s'anéantir de jour en jour à cause de l'épaisseur des semis et de la profondeur de la couche cultivée insuffisamment humectée.

Sans doute, certains indigènes, gros propriétaires fonciers, pourraient adopter nos méthodes et employer charrues fixes et herses. Mais presque partout les dépenses à engager (bêtes d'attelage, instruments) ne seraient pas compensées par l'excédent de récolte obtenu. Tout au plus doit-on conseiller aux fellahs l'achat d'une charrue française simple, la Dombasle ou

(1) LE MEN, La culture des céréales en région sèche (*La Vie agricole*).

un type semblable. D'ailleurs, les labours profonds ne s'imposent pas en Algérie quand le sous-sol est pierreux, tuffeux, salé, en un mot de nature moins bonne que le sol et peu susceptible d'être amélioré. De plus, une terre profondément labourée a besoin de fortes pluies pour s'imbiber complètement. Si les pluies sont peu abondantes, quoique nombreuses, la couche labourée restera insuffisamment humide. Les indigènes des Hauts-Plateaux font preuve d'une certaine logique en ne rendant perméable par les labours légers que la couche

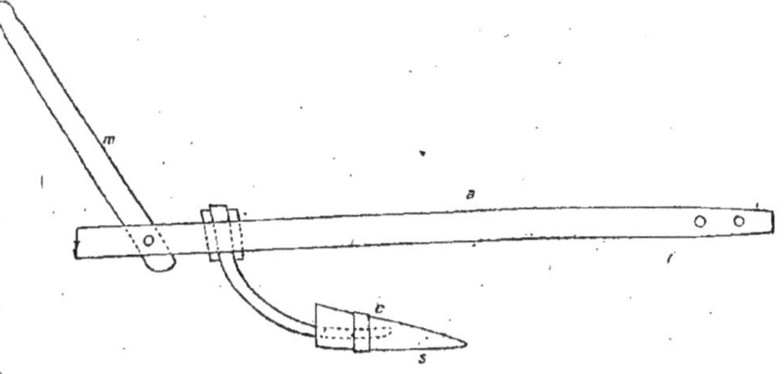

Fig. 128. — Type de charrue arabe.

s, soc en bois ; *m*, mancheron unique ; *a*, âge ; *c*, collier d'attache.

de terre qui peut être imbibée par les pluies rares et irrégulières dévolues à ces régions. On doit cependant engager les indigènes à labourer plus profondément et surtout à renverser la terre, grâce à la charrue française légère tirée par deux bêtes. Ils pratiqueraient, là où les parcours ne leur font pas trop défaut, des labours préparatoires de printemps, et choisiraient plus judicieusement leurs graines de semence (Le Men).

Culture des colons. — Au début de la conquête, les colons appliquèrent les façons culturales des indigènes à des terrains embroussaillés, rendus d'ailleurs difficilement labourables par les jujubiers et les palmiers-nains.

Les défrichements pratiqués, les méthodes culturales se perfectionnèrent. Les colons ont à lutter non seulement contre l'insuffisance et la mauvaise répartition des pluies, mais encore contre l'appauvrissement lent, mais continu, des terres par suite de l'absence presque totale d'apport d'engrais dans les champs annuellement soumis à la culture. Les praticiens qui se sont les premiers rendu compte des besoins de l'agriculture algérienne, voyant diminuer régulièrement les rendements obtenus sur labours légers après jachère nue ou chaume, ont cru trouver un remède à ce déplorable état de choses en pratiquant les labours profonds et les labours de printemps en même temps que d'autres améliorations d'ordre secondaire : choix, triage, sélection, sulfatage et chaulage des semences, semis en ligne au semoir mécanique, apports d'engrais (fumier, engrais organiques ou chimiques), sarclages.

Les labours profonds seuls ne sont pas suffisants pour obtenir l'emmagasinement de l'eau dans le sol et la constitution de réserves utiles aux récoltes suivantes. Ces labours sont parfois nuisibles en année sèche ou à pluies mal réparties. Il faut leur adjoindre les labours préparatoires, et pratiquer l'assolement biennal avec jachère cultivée, ou tout au plus l'assolement triennal avec cette même jachère.

1° Les terres remuées par ces labours sont le siège de transformations chimiques qui rendent assimilable l'azote organique et fixent l'azote provenant de l'atmosphère ou apporté par les pluies ; 2° les pluies de printemps, d'été, d'automne sont mieux retenues et constituent une réserve pour l'année suivante ; 3° grâce à la jachère labourée, la terre s'enrichit de matières fertilisantes, etc. Mais on trouve à cette méthode un grave inconvénient : celui de ne pouvoir utiliser le terrain qu'une année sur deux, ou tout au plus deux années sur trois en nécessitant, outre une mise de fonds considérable, une assez grande étendue de terrain et des parcours pour les troupeaux.

Pour bien effectuer les labours préparatoires, il faut : un labour profond à 20 centimètres, avec une forte charrue attelée de six à huit bêtes ; un second labour à 12 ou 15 centimètres ; des hersages répétés pendant tout l'été et surtout après les pluies, un labour d'ensemencement au polysoc, car il convient d'ameublir le sol aussi bien que possible, de le débarrasser des mauvaises herbes, d'ameublir la surface pour atténuer l'évaporation. Il arrive souvent que, faute de pluies depuis juillet jusqu'en octobre, la réserve d'eau que l'on espérait constituer manque absolument, et qu'ainsi une partie des espoirs se trouve déçue. La récolte n'est que passable si les pluies d'hiver et de printemps ne sont pas abondantes, car la terre ainsi préparée boit une plus grande quantité d'eau et, les récoltes étant en terre, il n'est plus possible de parer aux dangers de l'évaporation. Il arrive souvent qu'en mai des récoltes qui s'étaient maintenues très belles commencent à souffrir à tel point que l'épiaison s'opère dans de mauvaises conditions, le grain se forme mal et, sur un coup de sirocco, on constate immédiatement la perte d'une moitié du rendement escompté.

On avait tout fait pour enrichir le sol d'engrais et pour y emmagasiner de l'humidité, mais on ne peut rien tenter pendant l'époque critique de la vie des céréales, pour maintenir dans le sol l'humidité emmagasinée à grands frais et qui vient à faire défaut au dernier moment. D'autre part, on constate d'année en année, en dehors des récoltes déficitaires pour cause de sécheresse trop accentuée, une diminution progressive du rendement dans les terrains soumis aux labours préparatoires, et de plus en plus on a recours aux engrais chimiques pour maintenir la production à un taux moyen. Or, cet apport d'engrais sans adjonction simultanée d'engrais naturels, fumier de ferme ou matières organiques, ne peut amener que l'appauvrissement plus rapide du sol.

En résumé, l'agriculture algérienne fait des frais considérables en façons culturales et en engrais pour des résultats problématiques. Le dry-farming peut-il apporter le remède espéré? D'après M. Le Men, en Algérie comme en Amérique, on cultive la jachère et on ameublit le sol par les mêmes façons culturales; en Amérique, le premier labour est fait avant la saison pluvieuse comme chez les colons algériens soigneux. L'évaporation et l'envahissement par les herbes sont entravés par des labours légers ou des hersages répétés. Mais en Algérie, les semailles faites, on ne s'occupe plus de la récolte en terre, tandis qu'en Amérique on écroûte la surface du sol après chaque pluie à l'aide de la herse ordinaire jusqu'à ce que les céréales aient atteint une hauteur de 15 centimètres et à l'aide du weeder jusqu'à ce qu'elles atteignent une hauteur de un pied (33 centimètres). Ces hersages ont une grande utilité au point de vue de la fraîcheur du sol ; le passage des bêtes et de la herse ne cause que des dégâts insignifiants. Lorsque la céréale a 30 centimètres de haut, le sol est suffisamment couvert par la plante pour rendre l'ameublissement de la surface moins indispensable. Il y a donc économie dans les frais généraux par l'emploi des herses substituées aux charrues, par l'utilisation de la herse à disques surtout, qui provoque un émiettement presque parfait du sol à une profondeur de 6 à 8 centimètres ; il y a progrès par l'emploi des herses écroûteuses sur les récoltes en terre.

Application du dry-farming en Algérie. — Quelques praticiens entrevoient des difficultés à l'application du dry-farming en Algérie, malgré l'infinie diversité de ses méthodes ; les détracteurs lui reprochent d'enlever au bétail des étendues considérables de pâturages.

En considérant une carte de l'Algérie, on voit que la zone où il tombe de 20 à 40 centimètres de pluie est celle dont la conquête sera tôt ou tard assurée par l'application judicieuse du dry-farming. La zone où il tombe de 40 à 60 centimètres de pluie est celle que nos méthodes embryonnaires de dry-farming ont déjà acquise à la colonisation. La zone dans laquelle il tombe plus de 60 centimètres de pluie est précisément celle où les terres sont fortes, argileuses, se prêtant mal aux méthodes du dry-farming, — celle où est presque exclusivement localisé l'élevage du gros bétail, celle enfin où il pleut suffisamment (il tombe plus d'un mètre de pluie depuis Bougie jusqu'à Bône) pour permettre de faire de la culture de pays humide, de remplacer la jachère par des cultures sarclées et pour obliger le colon à attacher plus d'importance à conserver la fertilité de son sol qu'à y accumuler l'humidité d'une année sur l'autre. Néanmoins, même dans cette dernière zone, de meilleures méthodes de culture empruntées au dry-farming permettront un jour d'y augmenter et d'y varier les productions du sol et d'élever un plus grand nombre de bœufs et de chevaux (1).

(1) R. Marès, Le dry-farming (*La Vie agricole*).

Le plus important problème agricole dans les pays humides est de conserver au sol sa fertilité. Dans les régions sèches, le problème primordial est de maintenir dans le sol l'humidité nécessaire à la croissance des récoltes; voilà pourquoi des terres de Bel-Abbès ne contenant que 0,5 p. 1000 d'acide phosphorique sont plus fertiles que des terres humides avec 1,5 p. 1000.

Un limon sableux peut absorber 20 centimètres d'épaisseur d'eau par mètre, et des façons convenables y réduisent l'évaporation de 55 p. 100.

Dans un pays humide, l'eau de pluie tombant sur le sol est évacuée par les ruisseaux, ou bien elle file par les drains après avoir traversé rapidement le sol. Elle ne reste donc que quelques instants au contact des matières fertilisantes. Dans un pays sec, au contraire, si l'eau qui tombe en hiver ne rencontre pas, soit un sol absolument imperméable, soit trop perméable, elle imbibe cette terre; si elle est bien cultivée, elle peut descendre jusqu'à un mètre et au delà. Puis, quand les chaleurs arrivent, l'eau remonte par capillarité sur la surface du sol après s'être chargée de toutes les matières fertilisantes, dans les conditions les plus favorables. Ce mouvement dure des mois entiers.

L'eau qui a été conservée dans le sol pendant de longs mois met à la disposition de la plante les matériaux fertilisants contenus dans le sous-sol jusqu'à 1 mètre et même 1^{m},50 de profondeur, alors que celle qui passe ne mobilise que les engrais contenus dans la couche superficielle.

Les méthodes de dry-farming pourraient donc mettre à la disposition des cultures nord-africaines de précieux principes nutritifs. Sa technique est-elle facilement applicable en Algérie, en Tunisie?

Les Américains, quand il ne tombe pas plus de 50 centimètres de pluie annuellement, comme en Algérie, estiment que l'on ne doit semer que tous les deux ans.

Aussitôt après la moisson, ils font passer sur la terre la herse à disques qui brise les chaumes et pulvérise la surface du sol sur 2 ou 3 centimètres d'épaisseur. Les petites mottes et la poussière formées bouchent les crevasses et empêchent l'évaporation du reste d'humidité qui existe encore dans le sol. Ce

travail, impossible à faire si le blé a été abandonné à lui-
même, est au contraire facile si on l'a fréquemment hersé en
cours de végétation.

Au mois d'octobre suivant on sème les autres terres, et dès
que les emblavures sont terminées, dans le courant de
novembre, on revient sur la terre disquée et on la laboure à
une profondeur qui ne doit pas excéder 15 à 18 centimètres

Fig. 129. — Herse à disques.

La herse doit suivre la charrue si la terre n'est pas trop
mouillée. Si elle est trop humide, il faut attendre que le sol
soit suffisamment ressuyé pour qu'il se pulvérise.

Après chaque pluie on donne un nouveau coup de herse
pour ameublir la croûte qui s'est formée, et s'il y a de la
végétation, surtout du chiendent, on laboure alors à 8 ou
10 centimètres avec un polysoc. Plus il y a de socs, moins
le travail est coûteux et moins on a de velléités de faire un
labour profond, ce qui serait onéreux et nuisible.

L'ameublissement de la surface a pour but de maintenir
l'humidité dans le fond du labour; un travail profond, qui

ferait passer le fond humide à la surface et la surface sèche au fond, assécherait le sol (R. Marès).

Ces opérations, hersages ou labours légers, doivent être répétées aussi souvent qu'il est nécessaire jusqu'à l'automne.

On sème au commencement d'octobre, qu'il pleuve ou non, à une assez grande profondeur pour que la semence se trouve en contact avec le sol humide, généralement à 8 ou 10 centimètres.

A ce moment intervient une opération nouvelle. Si le sol a été fréquemment croisé et hersé, sa partie inférieure se trouve

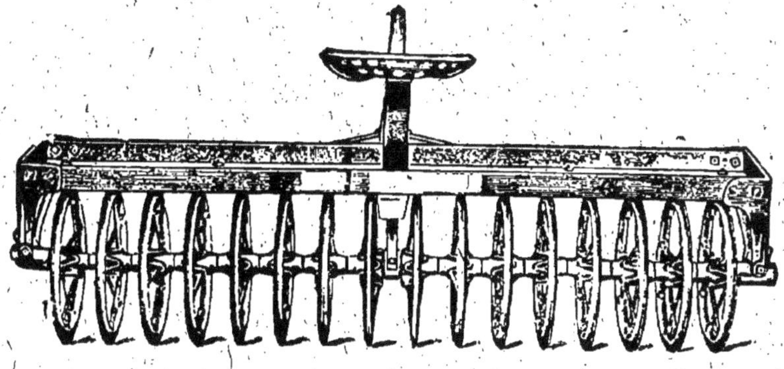

Fig. 130. — Sub-surface packer.

naturellement tassée. Mais si le tassement n'a pas eu lieu, on l'obtient au moyen du *sub-surface packer* (fig. 130), sorte de rouleau qui tasse le fond du sol contre le sous-sol, sans comprimer la surface. Cette opération permet à l'humidité du sous-sol de gagner le sol, comble les vides nuisibles à la semence du blé, amène une levée régulière et une vigueur remarquable des jeunes plantes.

Jusqu'ici en Algérie on abandonne les blés, ou bien on leur donne un roulage, un hersage, et ce sont tous les travaux de culture accordés. Les Américains multiplient au contraire les façons d'entretien sous forme de hersages. Le sol vient-il à être tassé et à former croûte avant même que la semence ne soit levée, on brise cette croûte par un léger coup de herse.

Pendant la croissance du blé, on renouvelle les hersages

aussi souvent qu'il est nécessaire pour éviter la formation, à la surface, de croûtes ou de fendillements. Quand une pluie a battu la surface, il faut attendre pour que le sol soit convenablement ressuyé et que les animaux puissent circuler, mais on avisera ensuite immédiatement afin que la croûte ne durcisse pas. On en pulvérise alors la surface au moyen de la herse et quand le blé dépasse 10 à 15 centimètres de haut, c'est le râteau à longues dents, le weeder (fig. 131), qui ameublit la surface.

La herse arrache beaucoup de mauvaises herbes, mais

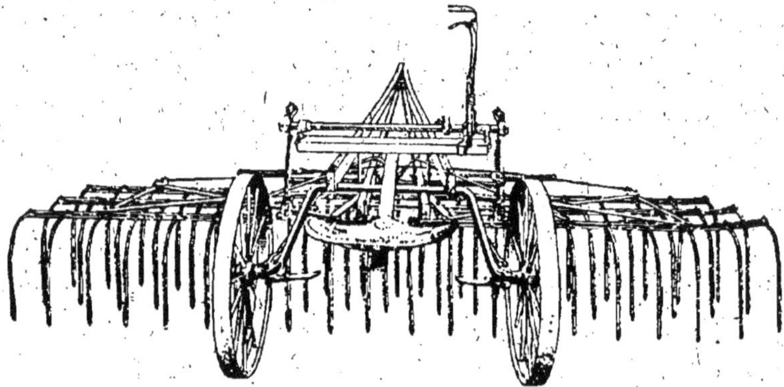

Fig. 131. — Weeder.

n'enlève qu'une infime proportion de blé. À mesure que ce dernier grandit, on le voit prendre de la vigueur, résister à la sécheresse. Ces soins permanents, donnant à la plante une vigueur inusitée, la rendent vorace. Il faut donc semer très clair. On évite presque toujours l'échaudage. Telle est la technique opératoire.

On ne saurait engager d'emblée les colons algériens, tunisiens, à suivre ces préceptes à la lettre. Il y a des conditions de milieu qui peuvent obliger à des tempéraments. On ne modifie pas non plus ses habitudes et son outillage du jour au lendemain. Mais ces méthodes présentent un intérêt évident pour nos colonies nord-africaines.

La méthode américaine est simple, son application coûterait moins que la méthode nord-africaine actuelle, comme le démontrent ces chiffres :

Méthode nord-africaine.

1° Labour de printemps....................	20 fr.
2° — de croisement...................	15 fr.
Total......................	35 fr.

Méthode américaine.

1° Déchaumage...........................	2 »
2° Labour d'automne ou de printemps.......	20 »
3° 3 hersages...........................	1 50
4° Hersages ou crosskillages de la céréale au printemps...........................	2 50
Total...............	26 »

Ainsi, en modifiant légèrement les façons actuelles, on économiserait 9 francs de travail par hectare, en augmentant peut-être les rendements du tiers ou de la moitié (F. Couston).

Les céréales en Algérie. — Pour s'adapter à notre situation climatérique et agrologique, cette méthode devra subir certaines modifications que la pratique seule enseignera. Aussi, est-il de toute nécessité que les colons intéressés se réunissent pour tenir des Congrès de dry-farming.

Le problème de la culture des céréales en Algérie-Tunisie (1) est posé depuis longtemps de la façon suivante : pratiquer l'assolement biennal céréale-jachère, la jachère étant labourée au printemps, et trouver une légumineuse bisannuelle ou vivace (plante améliorante) qui, semée dans la céréale, donnera, après la moisson, un pâturage et, au printemps suivant, avant le labour, une végétation abondante enfouie comme engrais vert ou partiellement utilisée par le bétail.

Dans cette voie, M. Knill avait préconisé le sulla ; M. Ryff recommandait la luzerne spontanée de Sétif.

Malgré nombre d'essais, la culture du sulla ne paraît pas de réussite facile sur les Hauts-Plateaux, en dehors de la région des Amouchas où M. Knill la pratiquait. Par contre, en Tunisie, dans les régions basses à hiver doux, le sulla prend

(1) Sauf pour les plaines à assolement intensif du littoral où des cultures fort variées peuvent être pratiquées.

chaque jour une plus grande extension, mais il n'y dépasse pas l'altitude de 600 mètres. La luzerne spontanée de Sétif n'est pas non plus entrée dans la pratique courante.

Or, avec le système américain, plus de végétation sur le sol en dehors de la céréale. Par places seulement et par rotation — pour restituer de l'humus à la terre — des cultures annuelles d'engrais vert : ordinairement des pois fourragers (Amalric).

Il s'agirait donc d'une orientation toute différente de la culture. Aussi, est-il de la première importance de savoir s'il faut continuer à chercher dans la voie ouverte par Knill et Ryff, voilà déjà quinze ou vingt ans. Aucun résultat positif n'y a encore été obtenu pour l'agriculture des régions à hiver froid et à faible pluviométrie qui constituent les quatre cinquièmes de l'Algérie-Tunisie. Devons-nous poursuivre un objectif peut-être chimérique ? Ou bien faut-il adopter la méthode des Américains qui leur a donné *immédiatement* des résultats appréciables ? (F. Couston.)

Des stations expérimentales bien organisées, comme celles des États-Unis, seraient d'un grand secours pour résoudre ces questions vitales.

Signalons enfin la méthode par bandes espacées qui assure en Algérie d'excellents résultats.

Méthode de culture en bandes espacées. — La culture des céréales dans nos colonies nord-africaines est souvent compromise par l'insuffisance des pluies ou leur mauvaise répartition. Les colons algériens et tunisiens luttent contre les effets néfastes de la sécheresse par les labours profonds, les labours de printemps exécutés, depuis février jusqu'en juin, sur des terrains laissés en jachère. Grâce à ces procédés, la moyenne des rendements s'est élevée sensiblement dans certaines régions et s'est maintenue pendant quelques années. Mais les années de récolte déficitaire, même dans les terrains les plus consciencieusement préparés, sont encore nombreuses, et l'on constate actuellement, dans les régions de Sétif et de Bel-Abbès entre autres, qui furent les premières à appliquer ces méthodes, une diminution lente mais progressive des rendements. On ne peut attribuer cette diminution qu'à l'appauvrissement du sol, et dès lors se pose l'inquiétante et

difficile question de la restitution au sol des éléments fertilisants.

Les colons s'efforcent d'emmagasiner dans le sous-sol la
plus grande quantité d'eau possible ; une partie de cette eau

Fig. 132. — Culture des céréales en bandes espacées.
Aspect d'un champ d'avoine au 1er mai. Eau tombée : 27 centi-
mètres. Semis sur jachère ayant reçu un seul labour et un hersage.
Terre silico-argileuse légère et appauvrie.

peut être retenue jusqu'aux semailles suivantes; mais comment
conserver cette humidité pendant toute la période végétative
des plantes ? Sous l'action des vents desséchants du printemps,
les pluies venant à manquer, la terre, quelque imprégnée
d'humidité qu'elle ait été en hiver, se dessèche rapidement.
Si l'année est sèche d'un bout à l'autre, les labours préparatoires et profonds, très coûteux, n'aboutissent qu'à des
mécomptes. Il vaudrait mieux s'efforcer de conserver après

chaque pluie l'humidité dont bénéficie le sol que de préparer à grands frais ce sol à l'avance, dans le but, utile, mais de réussite incertaine, d'emmagasiner au maximum les pluies qui tombent, mais dont on ne pourra empêcher l'évaporation néfaste au moment où elles seraient le plus nécessaires aux récoltes (Le Men).

Ce n'est donc que par des binages qui pourraient être répétés jusqu'à la presque maturité de la récolte, surtout en mai et juin, alors que le sirocco est tant à craindre, que l'on parviendra à réduire très notablement cette évaporation nuisible. On connaît l'utilité des binages sur la fraîcheur du sol. Un praticien de la région de Sétif, M. Ryff, observa que, dans les régions les moins favorisées au point de vue des chutes d'eau pluviales, les cultures sarclées ne manquent jamais quand on les bine convenablement.

Les céréales binées résisteraient donc à une sécheresse relative, jusqu'à leur complète maturation, si l'on pouvait les cultiver de telle façon que le binage du sol soit possible pendant toute la période végétative. Cette condition est réalisée par la culture des céréales en bandes espacées, comme l'a dénommée M. Humbert Bourdiol (fig. 134).

Méthode Bourdiol. — Cette méthode de culture a été pratiquée en France à plusieurs reprises, mais sans se généraliser ; elle a été expérimentée avec succès en Algérie par M. Ryff, puis reprise par M. Bourdiol. Ce praticien ayant préjugé que la profondeur des labours n'avait qu'une influence secondaire sur le rendement, a comparé sur deux parcelles voisines les résultats obtenus dans les mêmes conditions culturales par les labours profonds d'une part et les binages superficiels répétés de l'autre, et il a constaté qu'une certaine supériorité se manifestait dans la parcelle simplement binée. Il essaya alors de la culture en bandes qui permet les binages, d'abord dans des terrains préparés et enrichis d'engrais chimiques, puis en abandonnant complètement toute espèce de labours, enfin en supprimant les engrais et le fumier.

Dans un champ suffisamment préparé si l'état du sol l'exige, on trace une première raie de charrue de 8 à 10 centimètres de profondeur, de 25 à 30 de largeur, dans laquelle on sème à la volée la quantité de semences nécessaire. On doit semer

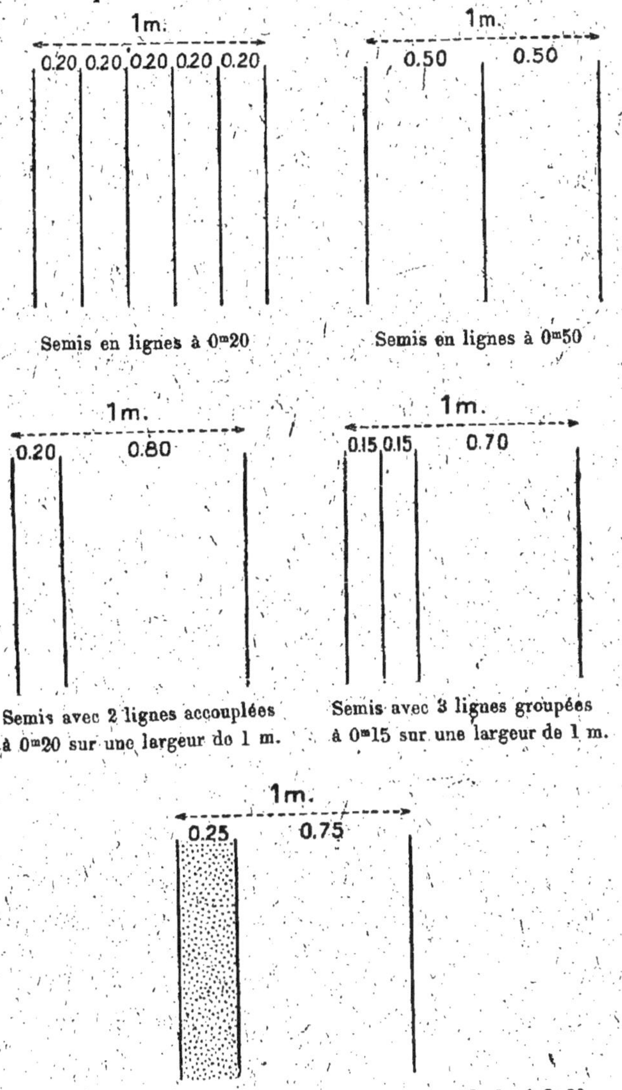

Semis en lignes à 0^{m}20 — Semis en lignes à 0^{m}50

Semis avec 2 lignes accouplées à 0^{m}20 sur une largeur de 1 m. — Semis avec 3 lignes groupées à 0^{m}15 sur une largeur de 1 m.

Semis en bandes de 0^{m}25 à 0^{m}30 sur une largeur de 1^{m} à 1^{m}20 (Système Bourdiol).

Fig. 133. — Culture en ligne ou en bandes espacées.

très épais et ensemencer dans cette bande étroite 1/4 ou

1/5 ou au minimum 1/6 de plus que la proportion ordinaire. A une certaine distance de cette première raie, distance qui varie entre $0^m,70$ et $1^m,20$, chiffres acquis par l'expérience, et que l'on peut fixer à 80 à 90 centimètres en moyenne, on trace une seconde raie de charrue ensemencée dans les mêmes conditions que la première et l'on continue ainsi. Ce genre de labour divise le champ en bandes incultivées ou plutôt non ensemencées, d'une largeur donnée, séparées par des bandes ensemencées, de 25 à 30 centimètres de large. Dès que les lignes de céréales seront bien visibles et que l'état du sol le permettra, on pratiquera un binage interlinéaire au moyen d'une charrue simple ou d'une houe américaine. Ce binage sera répété au moins une fois par mois en hiver si les pluies ne se succèdent pas trop rapidement et, sans faute, après chaque pluie dès que la croûte superficielle se dessèche et se fendille. Ces binages ne doivent être faits ni trop tôt, ni trop tard après chaque pluie pour produire le maximum d'effet utile. Ils seront répétés régulièrement en temps sec toutes les trois semaines environ pendant les mois de mars, avril, mai et même juin si l'état des récoltes permet à cette date le passage des outils et des animaux. On ne négligera aucun binage pratiqué en temps opportun, depuis la levée des céréales jusqu'après leur épiaison. Enfin, après la moisson faite, on pratiquera un ou deux binages complémentaires. Les binages d'été ne doivent pas être négligés.

M. Bourdiol a constaté que la direction des bandes avait une importance sensible à cause des vents, et il recommande d'orienter les lignes ensemencées dans la direction des vents dominants ou encore celle des vents chauds, de manière que ces courants aériens puissent circuler librement sans nuire à la végétation et sans provoquer à la verse ; on réduit aussi par cette libre circulation les chances d'échaudage. On a pu observer, thermomètre en main, que la température à la surface du sol et à 6 centimètres de profondeur est beaucoup moins élevée dans les champs ensemencés en bandes que dans les champs voisins ensemencés au mode ordinaire.

Un ou deux roulages faits en temps utile et toujours dans

le sens des lignes ont une heureuse influence sur le tallage et la vigueur des plantes.

Ces façons culturales sont faciles à exécuter et économiques quand on opère dans les terres sablonneuses, silico-calcaires et même silico-argileuses. Elles deviennent plus difficiles et plus coûteuses si le terrain est plus lourd, plus compact et offre plus de résistance au travail utile des instruments de binage. Ces difficultés ne sont cependant pas insurmontables.

Tout d'abord il faut préparer convenablement les terres fortes et là, les méthodes du dry-farming sont à suivre : labour de 15 à 18 centimètres, labour léger croisé de 10 centimètres, deux hersages énergiques à la herse à disques, puis des hersages répétés surtout après chaque pluie, s'il en survient, et jusqu'à l'époque des semailles.

Les semailles seront suivies d'un hersage à la herse écroûteuse-émotteuse, puis d'un hersage ordinaire après chaque pluie pour empêcher la formation de la croûte, et tant que les céréales n'auront pas atteint 20 à 25 centimètres de hauteur. A ce moment on pratiquera les binages avec un instrument suffisamment énergique et approprié à la nature du sol, de façon que la couche superficielle soit effectivement ameublie à 6 centimètres de profondeur, et cela jusqu'à la maturité et en temps très opportun.

Il convient de biner surtout entre l'épiaison et la maturité, période de sécheresse et de sirocco, période critique pour les plantes, d'autant plus à redouter qu'elles ont vécu jusqu'alors dans un milieu humide grâce aux façons régulièrement pratiquées.

Après la moisson, on donnera deux hersages énergiques à la herse à disques, puis un hersage ordinaire pour rassembler les détritus en tas et les brûler. Les petits colons se serviront d'instruments plus simples, herse ordinaire et houe, employés avec une attention plus grande aux travaux nécessaires.

Semailles. — La pratique des semailles en bandes espacées paraît assez difficile à quelques colons. Cependant, en sol propre et ameubli en grande culture, un semoir ordinaire en lignes de 3m,36 de largeur peut ensemencer trois bandes à la fois, chaque bande étant composée de deux lignes à 17 centim.

d'écartement ou 3 lignes à 12 centim., séparées par des interlignes de 95 centim. dans le premier cas et de 78 centim. environ dans le deuxième, comme l'indique le croquis. Les tubes de distribution qui ne sont pas utilisés seront bouchés. Même principe avec un semoir de 2ᵐ,24 ou de 1ᵐ,12 de large.

En petite culture, une simple charrue dite traceuse porte à son

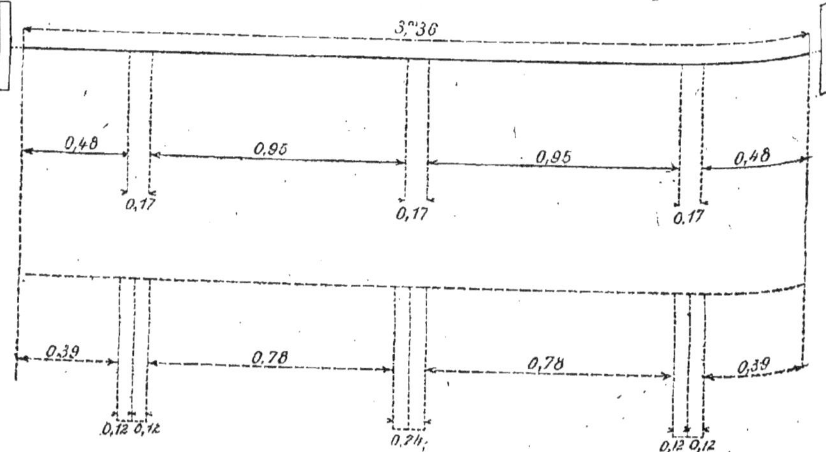

Fig. 134. — Culture en bandes espacées. — Méthode Bourdiol.
Ensemencement au semoir.

âge un avant-train extensible constitué par de simples barres de fer reposant sur deux roues de petit diamètre. Cet avant-train a une largeur maximum de 2 mètres et minimum de 1ᵐ,60 ; la largeur des interlignes variera de 80 centimètres à 1 mètre. Cette charrue trace des raies droites et parallèles ; au retour, une des roues marche dans la raie ouverte que l'on recouvre ensuite par un autre coup de charrue. Pour que les interlignes soient de largeur uniforme, il faut que le milieu du versoir soit dans l'axe de l'âge, mais l'inconvénient est négligeable d'une légère différence dans la largeur des deux interlignes voisins (fig. 135).

On sèmera une quantité à l'hectare plus forte que dans la culture ordinaire, 100 kilogr. de blé environ.

L'expérience conseille de conserver aux bandes ensemencées à la main une largeur de 20 à 30 centimètres avec des interlignes de 80 centimètres à 1 mètre. Au semoir on a obtenu de bons résultats en ensemençant des bandes composées de deux lignes écartées de 17 centimètres avec interlignes de 95 centimètres. Mais il est permis de faire varier ces largeurs suivant les cas.

Assolement. — Un des assolements rationnels commandés

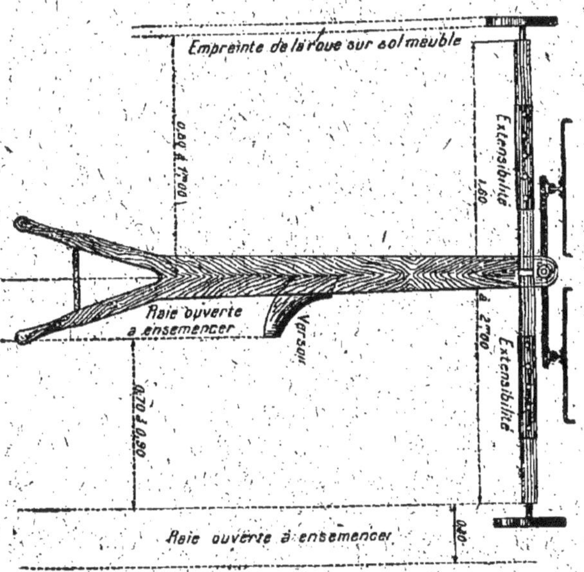

Fig. 135. — Culture des céréales en bandes espacées. — Méthode Bourdiol. — Charrue traceuse à avant-train.

par la méthode Bourdiol est le suivant : 1° blé; — 2° orge ou avoine; — 3° fourrage artificiel (avoine et vesce d'Alger mélangées).

On peut, suivant les terrains et les besoins, allonger la période de rotation ou laisser en jachère une partie de la propriété. Cette partie non cultivée, après trois ans de culture en bandes, se couvrira d'une abondante végétation de fourrage naturel, au moins tant que la culture en bandes, en se généralisant dans la région, n'aura pas détruit la végétation spontanée. Grâce à cet assolement, réalisable avec la méthode Bourdiol, toute ou presque toute la surface des parcelles peut être mise en valeur chaque année avec certitude d'une bonne récolte de céréales et de fourrage, artificiel ou naturel.

Résultats pratiques. — *Frais culturaux.* — Les chiffres fournis par quelques propriétaires pour l'année agricole 1910-1911 donnent comme indications :

M. Bourdiol : un labour d'ensemencement, 8 binages d'une époque des semailles à l'autre, 2 roulages, 1 hersage : 40 fr. 50 l'hectare.

M. Le Men, à Batna : semailles au semoir, 6 binages, ni roulage, ni hersage : 15 francs l'hectare.

M. Perlès, à Clinchant : labour avant ensemencement, labour d'ensemencement, 4 binages, 1 roulage et 1 hersage : 40 francs l'hectare, etc.

Les labours d'ensemencement sont comptés à 10 francs, le binage revient de 2 francs à 3 fr. 15, le roulage de 1 fr. 50 à 2 fr. 50, le hersage 1 fr. 50 à l'hectare.

Résultats. — Chez M. Bourdiol : les rendements après cinq années consécutives de culture en bandes, en quintaux et à l'hectare, sont de : 19,5 (avoine), 13 (orge) ; après trois années : 15 (blé), 16 (orge), 19 (avoine). — La moyenne du rendement dans cette région a été : 8 (blé), 10 (orge), 12 (avoine).

Chez M. Le Men, à Batna : troisième année de culture : blé sur orge et orge, 15 ; deuxième année de culture : orge sur blé, 15 ; première année : avoine, 20. — Moyenne dans cette région : blé, de 8 à 10 ; orge, de 12 à 13 ; avoine, de 15 à 16.

Chez M. Perlès, à Clinchant : deuxième année de culture : orge sur blé, 8 ; première année : blé, 7 ; orge, 8 ; avoine 8. Moyenne dans la région : blé, 4 ; orge, 5 ; avoine, 6, etc.

Les avantages de la méthode Bourdiol se résument ainsi : excellente préparation du sol ; conservation assurée de l'humidité pendant toute la période de végétation des plantes et jusqu'aux semailles suivantes ; destruction rapide des mauvaises herbes ; enrichissement du sol en azote par les façons culturales de printemps et d'été ; circulation constante de l'eau dans le sol au-dessous de la couche superficielle formant écran contre l'évaporation ; possibilité de cultiver chaque année toute la propriété avec certitude presque absolue d'une bonne récolte ; production de fourrage artificiel.

CHAPITRE III

LE SYSTÈME JEAN

I. — LE TRAVAIL DU SOL SANS CHARRUE

Généralités. — Le système Jean n'est qu'un mode particulier de dry-farming adapté au sud-est de la France. Il repose sur les principes suivants dont la rigueur et l'exclusivisme peuvent surprendre à première vue :

1º Emploi exclusif du cultivateur canadien (fig. 22 et 23), suppression de la charrue ;

2º Culture continue des céréales, interrompue simplement par des soles fourragères ;

3º Réduction ou suppression des engrais commerciaux et même du fumier de ferme.

Dès 1913, des rapports, des publications agricoles (1) signalèrent une nouvelle méthode de culture pratiquée avec succès depuis nombre d'années par un agriculteur des environs de Carcassonne, M. Jean, sur son domaine de Bru. Cette nouvelle méthode étonnait par la hardiesse de ses conceptions ; elle semblait renverser les données acquises et bouleverser les traditions séculaires en supprimant la charrue et tous les instruments aratoires, remplacés uniquement par le cultivateur canadien ; elle ignorait la théorie des assolements et surtout négligeait le principe essentiel de la restitution des principes nutritifs exportés du sol. On aboutissait ainsi, à Bru, au maintien, pendant dix ans, d'une fertilité croissante par un procédé cultural accordant une forte économie de main-d'œuvre, d'attelage, de matériel, etc.

(1) Notamment l'enquête de la Société d'agriculture de l'Aude et le rapport documenté rédigé par M. A. de Poncins au nom de l'Union du Sud-Est.

Il y avait là de quoi exciter au plus haut degré la curiosité du monde agricole. Des agriculteurs, des techniciens connus, des praticiens avisés contrôlèrent les résultats obtenus à Bru ; les commissions d'études, les Sociétés d'agriculture confirmèrent le succès de cette méthode.

Le domaine de Bru (commune de Cavanac, 6 kilomètres de

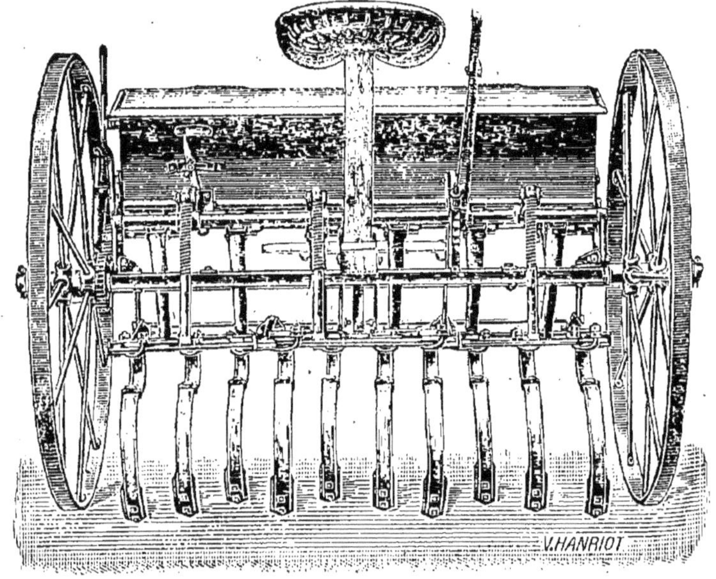

Fig. 136. — Cultivateur Jean.

Carcassonne) s'étend dans la région des collines sèches, sur un sol limono-calcaire durcissant extrêmement sous l'influence de la sécheresse. Les deux tiers de la propriété étaient autrefois plantés en vignes françaises arrachées à la suite de la crise du phylloxéra en 1885-1886. Replantée en vignes américaines, elles furent de nouveau arrachées. M. Jean chercha à cultiver les céréales et établit bientôt avec succès sur son domaine cette monoculture.

Examinons attentivement sur quels principes reposent ces procédés nouveaux.

Les inconvénients de la charrue. — Les promoteurs de cette méthode assurent qu'en labourant le sol on soulève,

en terre sèche, des mottes grosses et dures qu'il est ensuite
difficile de pulvériser, de réduire. Plus la terre est sèche et
plus cet inconvénient est perceptible ; les labours, en outre,
dans ces conditions, deviennent pénibles, lents et coûteux par le
nombre d'attelages nécessaire ; entre ces opérations éloignées
et malaisées, les mauvaises herbes se développent en absorbant
les nitrates formés et les principes nutritifs du sol.

Au lieu d'effectuer un seul labour de résultat douteux,

Fig. 137. — Cultivateur canadien.

d'ailleurs difficile et coûteux, ne serait-il pas préférable de
pratiquer des ameublissements successifs de la surface en approfondissant progressivement les assises ? En même temps que
le sol est ameubli, aéré, les plantes adventices sont détruites
par des façons nombreuses ; ameublissement et nettoyage
marchent de pair.

La herse s'étant montrée insuffisante pour ces travaux
progressifs, M. Jean adopta le cultivateur à dents flexibles dit
canadien, capable d'effectuer un travail successivement approfondi du sol, sans formation de mottes ni bandes dures.

Pendant dix années, le praticien de Bru mit au point cet instrument, assurant par d'heureuses modifications sa solidité, son réglage, sa durée, sa stabilité, etc.

Les appareils à ressort exigent en effet moins de traction que les instruments à tiges rigides, mais si le jeu du ressort reste libre dans le sens vertical, le mouvement dans sa partie horizontale doit être assez limité pour que, rencontrant un obstacle, le ressort ne le franchisse pas, mais triomphe de la résistance sans se rompre.

Les avantages du cultivateur. — M. Jean se proposa d'aérer le sol pour activer les réactions chimiques, physiques, physiologiques (bactéries, algues, etc.), sans dessécher les assises du sol. D'après ce praticien, le retournement du terrain par la charrue active la dessiccation par l'action solaire, le vent, la création de grands vides évaporateurs, etc. M. Jean eut l'idée — principe essentiel de sa méthode — de recourir au cultivateur à dents flexibles. Mais il fallait adapter ces appareils au but poursuivi. Après de longs essais, M. Jean établit un cultivateur solide, stable grâce à sa largeur (13 dents, 1^m,70) et son poids ; des ressorts énergiques, régla- bles, communiquent aux pièces travaillantes une force de pénétration suffisante pour entamer les sols durcis par la sécheresse ; un levier permet de faire varier la pression des ressorts et, par suite, l'entrure des dents (1).

Pour mettre en valeur les 51 hectares du domaine de Bru, dont 26 hectares sont en culture, deux cultivateurs suffisent, tirés par une paire de bœufs chacun et conduits par un ouvrier monté sur un siège. Un semoir peut s'adapter sur le cultiva- teur. Le bâti est divisé en quatre parties indépendantes, afin de faciliter le passage sur divers obstacles ; une barre transver- sale à ressorts limite le mouvement des dents.

II. — TECHNIQUE DU SYSTÈME JEAN

Travail du cultivateur. — Il faut déterminer un ameublisse- ment *progressif* du sol. On commence donc par entamer les

(1) A titre d'indication, M. Jean peut ameublir d'un seul coup 12 à 15 centimètres de [illegible] avec des bœufs gascons pendant une dizaine de mètres.

couches superficielles dès la récolte enlevée. C'est, en fait, un déchaumage, mais un déchaumage léger à 5 ou 6 centimètres de profondeur. On forme une couche superficielle ameublie et sèche, le *mulch* des Américains, capable de favoriser l'emmagasinement de l'eau et de réduire l'évaporation.

C'est, nous le répétons, le déchaumage classique, mais naturellement adapté au milieu. Souvent le praticien estime qu'il faut du premier coup, avec la charrue, « piquer une bonne raie ». Si le terrain est sec, on attend la pluie, l'été se passe dans cette attente ; la sécheresse augmente, les graines de mauvaises herbes enfouies sous les bandes ne peuvent germer et infesteront les cultures suivantes (A. de Poncins). Ameublir la terre *sur place* sans retournement, sans produire de mottes, superficiellement d'abord, puis progressivement de plus en plus profond, 3 à 6 centimètres à chaque passage du cultivateur, tel est le but recherché par le système Jean.

Les passages du cultivateur vont se succéder jusqu'à 10 à 12 fois entre les semailles et les récoltes. A chaque opération on entamera une nouvelle épaisseur de 3 à 6 centimètres. Les plantes adventices, ces néfastes évaporateurs d'humidité, sont ainsi détruites, leurs semences enfouies légèrement germeront et un travail ultérieur les détruira à nouveau.

Avec le cultivateur à 13 dents, deux bœufs de force moyenne travaillent 2 hectares et demi par journée de huit heures (deux attelées), malgré leur allure lente (2 kilomètres à l'heure). M. Jean a établi un cultivateur à 10 dents travaillant sur 1^m,30 les terres fortes à l'aide d'attelages plus légers.

Premier travail du sol. — La dernière gerbe liée, les deux cultivateurs du domaine de Bru déchaument. Au bout de six à sept jours, 18 hectares de céréales sont travaillés.

On charrie alors les gerbes à l'aide de charrettes pratiquement modifiées par M. Jean : roues basses facilitant la manutention des gerbes et l'empilage, plate-forme élargie à l'avant, échelettes, garde-roues, montants assurant un entassage rapide.

Le déchargement a lieu près de la batteuse ; le grain ensaché, la paille pressée en balles, les menues pailles, rassemblées par un aspirateur, sont épandues sur les cours, passages, pour absorber le purin et augmenter la faible proportion de fumier obtenue avec des attelages réduits.

Le battage achevé, on se remet au travail du sol avec les cultivateurs (deuxième passage), en croisant sur les premières raies.

On continue en ameublissant le sol de plus en plus profondément tous les dix à quinze jours selon les circonstances, chaque opération entamant 3 à 6 nouveaux centimètres.

Enfouissement du fumier. — Le fumier de ferme *bien décomposé* est épandu après le deuxième passage. On l'enfouit aussitôt par un troisième passage de cultivateur dont les lames étroites sont remplacées cette fois par des socs triangulaires qui aident l'enfouissement tout en coupant les racines des plantes adventices.

Cet enfouissement paraît rationnel. Le fumier protégé de l'évaporation par les couches superficielles est néanmoins placé dans les meilleures conditions pour une décomposition rapide (air, chaleur, microorganismes) ; il est aisément mélangé à la terre meuble ; les principes solubles produits descendront lentement avec les précipitations atmosphériques.

Autre avantage : les graines de mauvaises herbes que contient toujours le fumier germeront aisément et pourront être détruites avant les semailles.

Semailles. — Au mois d'octobre, le cultivateur a ainsi préparé les terres ; après six à dix passages, tous les dix à quinze jours, le sol est parfaitement ameubli, fertilisé, aéré, nettoyé sur une épaisseur de 15 à 20 centimètres.

Une caisse de semoir placée sur ce même cultivateur permet de semer les céréales mécaniquement à la volée.

L'avoine est d'abord ensemencée (avoine grise d'Afrique jusqu'au 15 octobre), puis le blé (blé de Bordeaux et Bon-Fermier jusqu'au 15 novembre, 220 litres à l'hectare), puis l'orge.

Les dents du cultivateur, réglées à 6 ou 10 centimètres d'entrure, recouvrent la semence par la même opération. A Bru, il est inutile de passer ensuite herse ou rouleau ; sur les sols sablonneux, des roues légères pourraient, derrière les dents, plomber légèrement le sol.

Travaux de printemps. — L'hiver passe sans soins spéciaux, M. Jean vend même un de ses deux attelages de bœufs et ne conserve qu'un conducteur.

Les fumiers sont transportés aux champs, enfouis au cultivateur, et l'on pratique en février la faible portion de semailles de printemps (un hectare sur la totalité du domaine), afin d'utiliser les fumiers d'hiver.

On prépare ensuite la sole de pommes de terre ou de légumes nécessitée par le personnel. Ainsi atteint-on la fenaison des fourrages artificiels, peu développés. Le cultivateur pourrait être utilisé aux binages, nettoyages, sarclages, hersages, si ces opérations se montraient opportunes.

La moisson approche. M. Jean achète une nouvelle paire de bœufs, engage un conducteur, et la récolte s'effectue à nouveau avec la moissonneuse-lieuse, puis le cycle recommence.

Légumineuses. — Le cultivateur défriche également les soles de légumineuses, luzerne, sainfoin.

Au lieu de renverser complètement la légumineuse avec des socs triangulaires, M. Jean ameublit la sole avec des socs étroits et laisse dans la terre les pivots des racines de légumineuses qui végètent dans le blé sans lui nuire et donnent même après la moisson une récolte de graines supplémentaire.

Voici comment se règle cette culture mixte : sitôt la moisson du blé achevée, on fait passer énergiquement le cultivateur pour nettoyer le sol et favoriser l'emmagasinement des eaux pluviales ; on récolte la graine de légumineuse, puis on fait repasser le cultivateur en approfondissant et en réduisant les intervalles de temps (huit à dix jours), afin d'obtenir rapidement avant les semailles en quatre ou cinq opérations les 15 à 20 centimètres de terre ameublie utiles.

Cette culture mixte pourrait même donner des récoltes de graines de luzerne ou de sainfoin plusieurs années de suite, ces légumineuses persistant longtemps.

Rotation et assolement. — Bru comprend 51 hectares, dont 9 hectares de garrigues incultes, quelques parcelles de dépaissance, un hectare de vigne et 26 hectares de terres cultivées.

Ces 26 hectares comportent normalement : 22 hectares de

céréales, soit 85 p. 100 (9 hectares de blé, 10 hectares d'avoine d'hiver, 3 hectares d'orge d'hiver, par exemple), — 3 hectares de fourrages artificiels, — 1 hectare de petites cultures (pommes de terre, haricots, etc.).

Ainsi établi, l'assolement comprend cinq à six céréales consécutives avec une année d'interruption. On retrouve ici l'importance des céréales attestée par le dry-farming américain.

Certaines parcelles de Bru, à leur septième paille (avoine, orge, blé, avoine, orge, avoine, avoine), donnent encore 50 hectolitres d'avoine grise à l'hectare. C'est un exemple curieux de monoculture rémunératrice. Une autre parcelle portera sur un défrichement de luzerne : orge, avoine, deux années de fourrages, orge, blé, avoine, avoine, blé — soit huit céréales en dix ans, et la dernière sole donne 30 hectolitres de blé de Bordeaux à l'hectare sans épandage d'engrais chimiques qui, sur des terres ainsi préparées, seraient, assure-t-on, et dans ce cas particulier, sans avantages économiques.

III. — RÉSULTATS ET GÉNÉRALISATION DU SYSTÈME JEAN

Fumure. — Le bétail très réduit (deux bœufs toute l'année, deux autres pendant six mois, un cheval, quelques cochons, soit 3 000 kilogr. ; parfois, en outre, des moutons), le bétail réduit assure une production modeste de fumier qui, au maximum, ne dépasserait pas 125 tonnes annuellement, ce qui permettrait de fumer 5 hectares par an à raison de 25 tonnes par hectare (fumure moyenne) ; chaque hectare de terres cultivées serait donc fumé (26 : 5 = 5,2) tous les cinq à six ans.

Cette restitution évidemment insuffisante et l'absence d'engrais chimiques semblent donc conférer au système Jean des propriétés très particulières de mise en valeur de l'eau et des principes nutritifs du sol et surtout des substances insolubles peu à peu rendues assimilables.

Sans entrer dans trop de détails, notons que pour les 22 hectares de céréales les récoltes sont en année moyenne de 14 650 francs, les dépenses de 5 500 francs, soit un bénéfice de 9150 francs et, comme bénéfice moyen à l'hectare, 416 francs environ.

Le maintien de la fertilité sans apport actuel d'engrais peut, dans le système Jean, s'expliquer par la mise en liberté lente et judicieuse des principes insolubles du sol grâce au travail soigné et réglé des terres, par l'emmagasinement total des eaux pluviales, par le rôle améliorateur des soles de légumineuses fixant l'azote grâce à leurs racines précieusement laissées en terre, par un léger apport de fumier et enfin par le rétablissement de la jachère nue d'été (1), système autrefois répandu sur toute la surface du globe et qui revient ainsi en honneur judicieusement modifié, perfectionné, amélioré.

Conclusions pratiques. — Telle est, dans son expression sèche, imagée, excessive même, la méthode Jean. Elle se présente avec la précision, la netteté d'un schéma, avec l'autorité d'un dogme nouveau. Sa rigueur même, l'exclusivisme avec lequel elle proscrit la charrue, les engrais chimiques, tout lui donne une physionomie d'apostolat.

Mais autour de ce thème brutal, dont la réussite exige peut-être certaines conditions de milieu et de climat, bien d'autres applications peuvent se révéler. Le principe du travail constant et progressif du sol, la pratique de la « jachère intensive », suivant l'expression de M. de Poncins, peuvent livrer aussi de féconds enseignements sans conseiller des procédés rigides.

Déjà des variantes, des adaptations du système Jean ont porté leurs fruits. Telle est, par exemple, la méthode préconisée par un agriculteur du Lauraguais, M. Carrère, qui, sur son domaine de Villeneuve-le-Comptal (arrondissement de Castelnaudary), associe le travail des cultivateurs à la charrue.

M. Carrère sème chaque année 300 hectares de céréales. Les soles de légumineuses, labourées, défoncées l'hiver à la charrue-brabant, reçoivent le blé d'hiver ou les céréales de printemps; des engrais phosphatés sont épandus.

L'été, les vingt cultivateurs travaillent les terres et

---

(1) Les dry-farmers américains pratiquent, rappelons-le, la jachère cultivée.

forment la couche meuble caractéristique du système Jean. Ces instruments légers peuvent même être conduits par des femmes. Les syndicats du Midi de la France, notamment, ont d'ailleurs fait de nobles efforts pour faire connaître le système Jean, parce que, en dehors de son vif intérêt pratique, il permettrait d'utiliser à la campagne les mutilés de la guerre.

La réduction du matériel, du personnel et du cheptel que comporte un tel système, implique des avantages économiques et des simplifications évidentes.

Mais si, en principe, la méthode Jean est rationnelle — elle remplace l'action de la charrue, qui creuse, d'un coup, un sillon profond, par des ameublissements successifs et répétés du sol, au moyen du cultivateur — et peut donner des résultats satisfaisants dans une terre bien pourvue d'éléments fertilisants, d'un travail aisé, comme celle exploitée par M. Jean, la preuve n'est pas faite en pratique qu'on en pourrait obtenir *ailleurs*, le même profit. Ainsi, convient-il de remarquer que dans sa culture continue de céréales, M. Jean fait actuellement prédominer l'avoine. Or, cette prédominance peut bien n'être pas le fait du hasard, mais avoir pour but plutôt de faciliter l'exécution de toutes les façons au cultivateur, entre le moment de la moisson et des semailles. D'autre part, bien qu'à l'origine, sa méthode ne le comportait pas, M. Jean va la modifier en faisant intervenir la production des *engrais verts*, qui seront enfouis *à la charrue* (P. BERNARD).

Un cultivateur de Seine-et-Marne a cultivé sur un hectare de terre du blé Manitoba sans labourer la terre par le procédé Jean; quatre récoltes successives ont donné satisfaction, on a récolté en moyenne 18 quintaux 70. Cette terre a reçu de la chaux, des scories, elle n'a reçu aucun autre engrais, elle est actuellement en avoine. Mais, sitôt la récolte faite, on a incorporé au sol des engrais verts enfouis en décembre, afin d'y faire au mois de mars, la culture de pommes de terre...

Sans douter des résultats obtenus par M. Jean, dans sa région et dans les conditions particulières où il se trouve, sa méthode, dans sa conception originale, intégrale, tout au moins, paraît trop exclusive pour que l'on en puisse tenter l'application dans les régions septentrionales.

CHAPITRE IV

SYSTÈMES CHINOIS, RUSSE
BUTTAGE DES CÉRÉALES. TRANSPLANTATION.
CULTURE EN BILLONS

I. — ROLE PRIMORDIAL DES RACINES

Généralités. — Nous réunissons sous le titre « systèmes chinois, russe » les méthodes culturales basées sur le buttage, le repiquage, la culture en billons des céréales.

Ces méthodes, inspirées des principes de culture appliqués depuis des siècles par les Chinois de Mandchourie, ont été surtout étudiées par les agronomes russes : Protopopoff, Demtchinsky, Bogdanoff, Kostytcheff, Rosenberg-Lipinsky, Slezkine, Timiriazeff, Toporkoff, Tolsky, Choussieff, Khosaïstvo et appliquées rationnellement pour la première fois sur l'empire russe, puis en Allemagne, en Autriche, Italie, etc.

Indifférence des praticiens vis-à-vis des racines. — Les agronomes russes font remarquer, non sans raison, que l'amélioration des plantes cultivées, des céréales, par exemple, a surtout visé à produire des épis volumineux, des pailles hautes, des tiges résistantes à la rouille, des grains riches en gluten, etc. On a négligé presque partout de s'occuper des racines, dont le rôle est si puissant dans la vie végétative des plantes cultivées (fig. 25). Oubli d'autant plus caractéristique que la fumure intensive des sols, les soins d'entretien, qui facilitent l'alimentation du végétal, devaient, logiquement, entraîner la réduction ou l'atrophie des racines. Certains auteurs estiment même que cette alimentation aisée aurait amené la forme fasciculée des racines (1).

(1) L'échaudage notamment causé par une évaporation d'eau par les feuilles si intense que les racines sont incapables de combler

L'exactitude de ces craintes est prouvée par quelques faits curieux. L'ordre d'utilisation et de domestication des céréales est le suivant, par ancienneté : l'orge, puis le blé de printemps, le blé d'hiver, le seigle d'hiver, puis l'avoine. D'après certains auteurs, l'avoine était, à l'époque de l'empire romain, considérée comme une mauvaise herbe. Or, de toutes les céréales, c'est l'avoine qui possède les plus longues racines (1), parce que, d'utilisation plus récente, ses racines n'ont pas subi avec autant de force l'influence dépressive des cultures intensives. Ainsi s'expliquait le fait que l'avoine est la moins exigeante des céréales.

Il serait utile de voir les praticiens, les sélectionneurs, étudier plus attentivement le perfectionnement des racines et l'avenir doit peut-être nous laisser prévoir le lancement commercial de nouvelles variétés de blé « à fortes racines ».

De tels raisonnements paraissent s'inspirer d'une irréfutable logique. « L'homme a poursuivi durant plusieurs siècles le culte exclusif des épis en paralysant progressivement les organes souterrains des céréales » (Demtchinsky) (2). Il est donc nécessaire de porter notre attention sur les racines dont la dégénérescence progressive peut provoquer la diminution des récoltes.

L'affaiblissement systématique des racines doit, d'après les promoteurs de ces méthodes, être combattu énergiquement par les modes de culture chinois et russe.

Nœud de tallage. — C'est surtout à la première période de leur vie que les plantes ont besoin d'un système radiculaire actif, c'est-à-dire abondant. L'absorption des matières miné-

ces pertes, tiendrait à la dégénérescence des racines (Protopopoff). Les variétés de blés les plus « civilisées » (blé de Noé) à faible système radiculaire y sont plus sensibles que les variétés (rouge barbu) à racines plus développées.

(1) Le développement des racines de l'avoine est deux fois et demie plus abondant que celui du blé d'hiver, trois fois plus fort que celui du seigle, six fois plus abondant que celui de l'orge (Garola, Stoklasa). Les racines d'avoine, au lieu de s'étendre légèrement en surface, s'enfoncent verticalement jusqu'à 2 mètres.

(2) *Méthode pour obtenir de forts rendements en céréales* (Demtchinsky).

rales est en effet plus intense au début de leur période végétative (Garola, Schribaux, Bodganoff), phase critique dans la vie du végétal.

Les jeunes racines possèdent, relativement, un fort pouvoir absorbant ; plus tard ces organes souterrains durcissent et leur aptitude assimilatrice décroît.

Le système russe est basé sur la propriété qu'ont les nœuds, placés dans un milieu humide, d'émettre de nouvelles racines. Si, par le buttage ou la transplantation, nous plaçons les racines dans une masse de terre humide, nous favoriserons la formation de racines secondaires qui aideront à l'alimentation interne du végétal et détermineront la production de nouvelles tiges ou talles.

Tel est le principe du système Demtchinsky basé sur les buttages d'entretien, le repiquage, la culture en billons, etc.

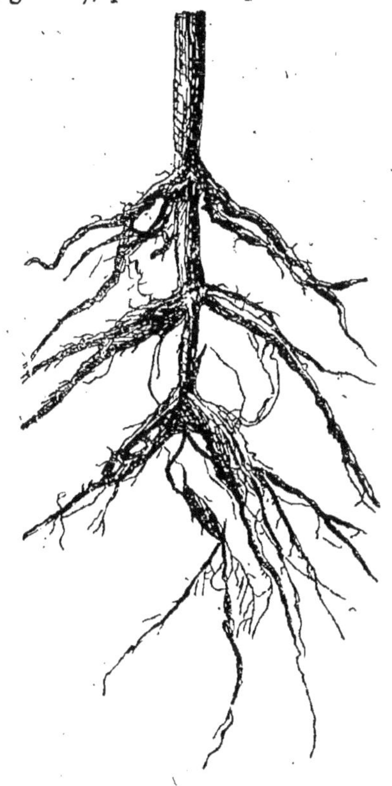

Fig. 138. — Avoine ayant formé, à la suite du buttage, deux étages de racines supplémentaires.

Les céréales formeraient ainsi plusieurs nœuds de tallage correspondant à chaque buttage (fig. 139).

Les nœuds de tallage du seigle sont disposés dans un même plan horizontal, mais on peut en distinguer plusieurs séries possédant chacune son système propre de racines et de tiges. Chez le blé, l'avoine, l'orge, les nœuds de tallage successifs formés par les buttages se trouvent les uns au-dessus des autres Certains blés, buttés quatre fois en automne, ont pu donner avant l'hiver cinq nœuds de tallage, fait important pour le développement ultérieur du végétal et la résistance au froid; des blés russes possèdent 30 à 35 tiges par touffe avant l'hiver.

Talles et racines. — Le principe qui recherche un tallage modéré par crainte deverse et considère le rendement et la qualité du grain comme étant en rapport inverse de l'énergie du tallage, semblerait, d'après M. Demtchinsky, controuvé.

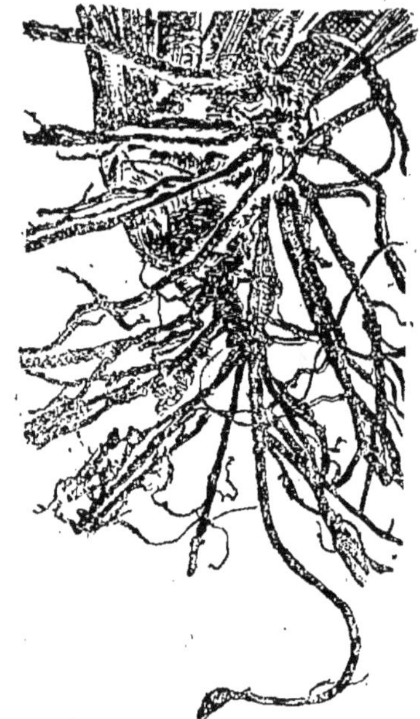

Fig. 139. — Les racines complémentaires des blés d'hiver ne sont pas disposées dans un plan horizontal.

A l'état naturel, les graminées tallent abondamment; le ray-grass peut produire 1 215 talles par tige, le blé lui-même 40 tiges (Shireff), 50 et même 130 tiges (Haberland) contenant 6 855 grains.

11 faut donc aider la plante à taller abondamment. Or, *chaque formation de talles dépend de la création d'un nouvel étage de racines.*

Chaque tige d'un plant tallé semble posséder son système radiculaire particulier. Si, par un buttage, nous recouvrons la base du pied de blé de terre humide, un nouveau système de racines se développera, entraînant un nouveau système de talles; un deuxième buttage, un troisième auront un effet analogue.

Le repiquage sur place ou la transplantation, qui enterrent un peu plus profondément la jeune plantule, exerceront la même influence. Chacune des tiges formées à la suite du buttage possède son système particulier de racines: « chaque tige possède son propre ménage » (Fruhwirt).

Les tiges de céréales entourées de terre forment par leurs nœuds des systèmes radiculaires complémentaires aussi et même plus vigoureux que les racines primaires· autant de buttages et de transplantations, autant de systèmes de racines complémentaires disposés en étage.

Ainsi se formeront de nombreux épis accroissant la récolte; ainsi pourrait-on obtenir pour le blé en France l'augmentation de 4 millions d'hectolitres qui manquent à sa consommation.

La récolte moyenne annuelle était, en effet (1900 à 1910), de 91 millions de quintaux sur 6 millions et demi d'hectares, et la consommation de 95 millions de quintaux. La production mondiale du blé s'élevait en 1910 à 13 500 millions d'hectolitres (1).

Influence du tallage. — Le tallage modéré des céréales a été recommandé — trois à quatre tiges par touffe — par crainte de produire des tiges différemment âgées qui n'arriveraient pas à maturité l'époque des moissons.

Fig. 140. — Plant de seigle repiqué.

Ces tiges non mûres absorbent les matières nutritives et l'humidité du sol pour donner uniquement de la paille et des mauvais grains. Mais on peut tenter, tout en gardant l'avantage d'un tallage abondant, d'obtenir la maturité égale de la touffe.

(1) N. et B. DEMTCHINSKY, *loc. cit.*

Certains savants assurent que chez les graminées annuelles prédomine la fructification et, chez les graminées vivaces, la multiplication des tiges. Il faut cependant observer que ces deux types de plantes ne se développent pas également dans les conditions naturelles; les céréales cultivées ont été, au contraire, soumises systématiquement à des « violences de culture » (Demtchinsky) qui leur ont fait perdre leur originalité naturelle, tandis que les graminées vivaces, dans la lutte pour l'existence, développaient encore leur système radiculaire et, par suite, le nombre de leurs tiges. C'est pourquoi le ray-grass peut présenter 1215 tiges, alors que les blés à grand rendement en possèdent 4 ou 5 (1).

La maturité inégale des divers talles peut être combattue en ralentissant le développement de la tige principale, précisément par le buttage, la sève végétale étant comprimée contre les parois des cellules de la tige (Demtchinsky); les formations secondaires peuvent alors rattraper la tige principale dans son développement.

Il faut enfin provoquer la formation des tiges des ordres suivants *immédiatement* les uns après les autres; c'est le rôle précis des buttages successifs.

Le buttage et la plantation du système russe augmenteraient donc les rendements en permettant un tallage abondant et de maturité uniforme.

Un grain de seigle par repiquage de la plantule (fig. 26) a donné 126 épis, un grain d'orge 164 épis, parvenus tous à maturité; une touffe de seigle buttée a fourni 57 tiges.

Verse. — On craint que des céréales à fort tallage ne versent. Or le buttage, le repiquage demandant des semailles *espacées*, règlent un éclairement propice et combattent la verse par un enracinement plus profond. Le tallage résultant d'une nutrition abondante peut également lutter contre la verse ; les tiges abondamment tallées poussent à la base quelque temps horizontales pour recevoir le plus de lumière possible et pointent ensuite à angle droit.

---

(1) Exactement 2 tiges 1/2 par grain pour les blés de Suède, 2 tiges 1/2 à 3 tiges 1/2 pour le nord de la France, 3 1/2 à 5 pour le sud de la France, 5 à 8 pour l'Espagne, etc. (Schribaux).

Cependant M. Schribaux assure que les variétés des céréales plus productives tallent peu et que la production des tiges diminue avec leur éloignement de la tige principale.

Rendements. — Des pieds de seigle transplantés peuvent présenter 186 tiges chacun (Adamoff). Tout développement des

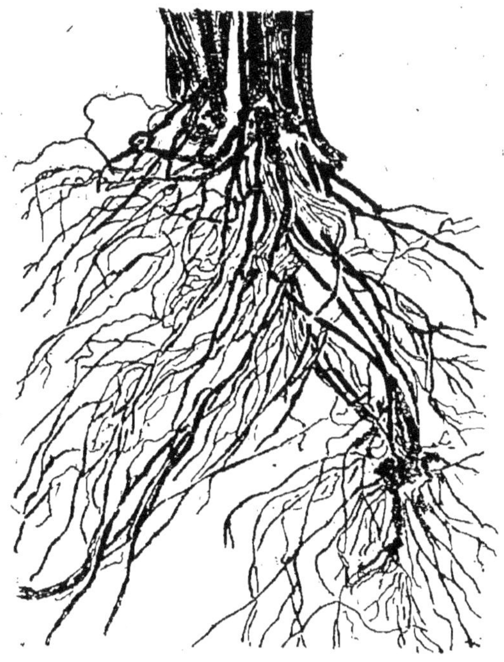

Fig. 141. — Formation d'étages successifs des racines par transplantation.

céréales est en raison directe de la formation des racines *complémentaires*.

Les racines supérieures enfouies dans la terre par le buttag ou le repiquage se ramifient en racines d'ordre secondaire. Chacune des tiges formées à la suite du buttage possède, nous l'avons vu, son système propre de racines (fig. 141); autant de buttage ou de plantations, autant de systèmes de racines complémentaires, et par suite autant de générations d'épis.

Les rendements augmentent, le poids des chaumes peut

tripler, ainsi que le poids des grains. Sleskine donne à ce sujet les chiffres suivants :

Blé.

	Sur place.	Butté.	Transplanté
Longueur de l'épi (cent.)...	5,4	5,7	7,6
Nombre d'épillets............	19	20	22
Nombre de grains............	30	49	77

Seigle.

	Sur place.	Butté.	Transplanté.
Longueur de l'épi (cent.).....	10	12	18
Nombre d'épillets............	29	82	40
Nombre de grains............	40	45	68

II. — PRATIQUE DU BUTTAGE

Historique. — Basé sur ces principes scientifiques, le système russe repose sur les avantages de la *plantation*, du *buttage*, et la pratique de la culture *en billons*.

La culture en billons était pratiquée il y a 3000 ans dans toute la Chine ; un décret impérial (1762 avant J.-C.) l'établit sur une population de 400 millions d'habitants qui, depuis, a vécu de ces méthodes agricoles.

Le buttage des céréales était connu comme pratique ancienne en Angleterre (Thaër) et en Allemagne (Liebenau). Certains agronomes avaient construit des appareils facilitant ces travaux.

Technique du buttage. — Repiquage ou buttage ont pour effet d'enfouir partiellement la plante afin de provoquer la formation de nouvelles racines et de nouvelles tiges. Le végétal, mieux nourri, plus abreuvé, est en outre protégé des rayons du soleil et de l'action desséchante des vents. Le tallage augmente, les rendements en paille et grains s'accroissent.

Le buttage arrive à ce résultat par un apport de terre superficielle ; la transplantation approfondit la plante dans le sol, soit en la changeant de place (repiquage proprement dit), soit en l'approfondissant *sur place*, à l'aide d'instruments spéciaux. Le résultat est pratiquement le même.

De tout temps d'ailleurs on a butté la pomme de terre, le maïs, le tournesol, la garance.

Le travail du buttage est aisé et pratique ; la transplantation, plus longue et coûteuse par la main-d'œuvre exigée, se recommande surtout en petite culture et chez les marchands grainiers, les sélectionneurs, etc.

Le buttage s'effectue soit avec des instruments à main, soit avec le buttoir ordinaire à deux versoirs symétriques. Ces instruments effectuent un travail grossier, suffisant pour la pomme de terre, mais dangereux pour les céréales plus délicates. Aussi a-t-

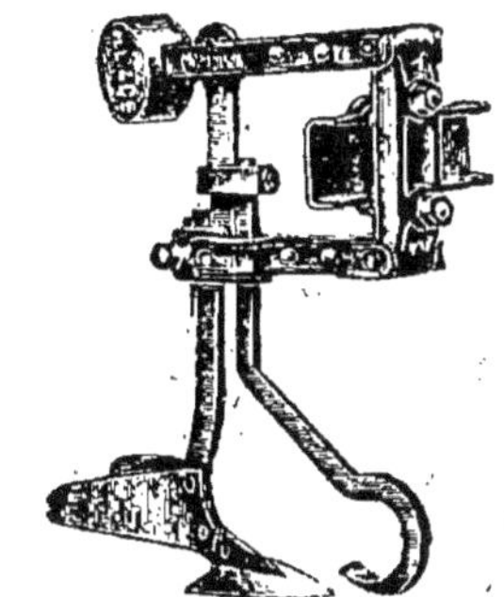

Fig. 142. — Butteuse permettant de modifier la profondeur du travail.

on créé de nouveaux appareils capables de pratiquer un *buttage léger*, et, en outre, d'ameublir la terre entre les bandes espacées, contrairement aux buttoirs, qui, après le passage de l'ouvrier, laissent le fond de la raie compact et disposé par suite à évaporer l'eau du sol (1).

Instruments. — Les butteuses multiples modernes sont à huit socs (fig. 143), tirées par des chevaux ; les versoirs n'appliquent contre les plantes qu'une faible partie de la terre qui reste ameublie entre les bandes, les mauvaises herbes sont détruites.

L'ouvrier en marchant ne tasse qu'une des huit bandes. Il existe des buttoirs à bras à quatre socs ; deux de ces buttoirs réunis constituent un buttoir à cheval à huit socs.

En grande culture, M. Demtchinsky conseille d'attacher, derrière un châssis à deux roues écartées de la longueur du semoir, quatre versoirs à bras dirigés par des cordes tenues

_____

(1) C'est sans doute ce fait qui explique que certains auteurs ont reconnu une influence néfaste au buttage de la pomme de terre dans les étés secs.

par des enfants. Ce travail est brutal; les butteuses perfectionnées doivent être préférées.

Un second buttage est souvent accordé huit à dix jours plus tard.

On arrose ensuite trois semaines après avec de l'eau ou mieux du purin mélangé de 5 à 6 parties d'eau; les

Fig. 143. — Butteuse à huit buttoirs portés sur quatre parallélogrammes.

radicelles déjà développées absorbent bien l'humidité ou les principes solubles.

L'arrosage de printemps est cependant dangereux par le tallage tardif qu'il provoque et la luxuriance des mauvaises herbes.

Pour protéger la jeune plante, la maison Dene donne à chaque pièce travaillante la forme de socs larges à la partie inférieure et rétrécis en haut; la largeur de cette partie inférieure peut être augmentée par un dispositif particulier et l'ameublissement du sol est ainsi réglé.

Ces butteuses travaillent huit bandes d'une largeur totale de 2 mètres. Pour obliger les pièces travaillantes à suivre les dénivellations du sol, on a constitué plusieurs parallélogrammes indépendants pouvant s'élever ou s'abaisser (fig.143).

D'autres butteuses (O. Mathies) présentent, derrière chaque soc plat deux lames verticales inclinées qui *approchent la terre ameublie* des plantules, sans les enterrer. Des poids fixés à l'extrémité des leviers permettent de régler l'entrure et le travail des socs qui peuvent même être enlevés, l'appareil ne fonctionnant plus alors que par ses lames.

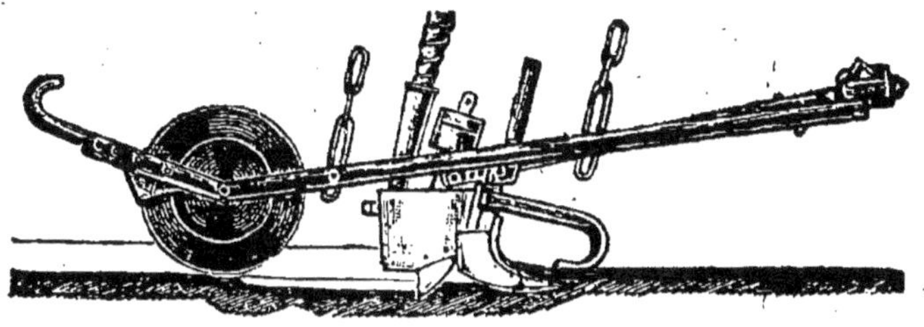

Fig.144. — Semoir perfectionné avec buttoir.

Dans la butteuse H. Laass, on peut modifier et la pente du soc d'ameublissement et la position des versoirs (fig.144). Enfin, la butteuse Demtchinsky, d'un prix modique (200 francs), réunit les avantages de travail aisé, direction facile, réglage rapide, etc.

Époque du buttage. — Les céréales seront buttées deux ou trois semaines après les semailles, quand le premier nœud aérien est formé. La terre un peu tassée commençait à favoriser l'évaporation de l'eau du sol, l'ameublissement va faire cesser cette évaporation ; l'eau qui montait des couches profondes sera absorbée par les parties de la jeune plante qui en ont le plus besoin, nœud de tallage, entre-nœud, nœud aérien.

Ce premier buttage est le plus délicat ; le second, le troisième buttage seront donnés au cours de l'été et jusqu'à l'épiaison, pour lutter contre la sécheresse en gaissant à la fois sur le sol (ameublissement de la couche superficielle), sur la céréale (formation des racines secondaires recherchant l'humidité) et sur la transpiration (destruction des mauvaises herbes).

Les céréales d'été seront buttées de la même manière ; les Chinois de Mandchourie effectuent ce travail même après la floraison.

Profondeur de buttage. — Elle varie avec le climat, le sol ; en terre légère et sèche, la profondeur sera plus considérable qu'en sol lourd et humide.

Un buttage trop profond fatigue la plante et l'affaiblit ; néanmoins, cette opération doit être pratiquée le plus profondément possible.

Pour le buttage à la main, l'espacement des bandes doit être de 18 à 20 centimètres ; si l'on utilise les appareils à traction animale, les espaces libres seront plus larges.

Le champ butté présente une surface ondulée qui retiendra la neige dont le rôle de préservation est bien connu ; le nœud de tallage couvert de terre résiste au froid.

Les buttages de printemps doivent être donnés le plus tôt possible, sinon on favorise tardivement la production de nouveaux talles qui retardent la maturation.

Non seulement les céréales, mais les cultures herbacées pourraient être buttées avec avantage, notamment la luzerne, le trèfle. Les bandes tracées au milieu de ces cultures par la charrue sont travaillées au buttoir (Agafonenko) ; ou mieux, la légumineuse est semée en bandes espacées, dont les intervalles sont ameublis ensuite assidûment. Nous retrouvons ici une pratique préconisée par nos colons algériens et tunisiens (systèmes Ryff, Bourdiol, Couston, etc.). Les rendements ont attesté une plus-value de 28 quintaux de trèfle ou de luzerne à l'hectare sur une culture de deuxième année.

Dans les cultures en bandes espacées, l'évaporation de l'humidité entre les bandes non cultivées, travaillées régulièrement, est réduite au minimum, les bandes cultivées se trouvant dans les conditions ordinaires.

Avantage particulier : le sol, entre les lignes cultivées, se repose l'été, améliore ses qualités ; l'automne, il reçoit la fumure ; l'année suivante, la bande qui était occupée devient libre à son tour. C'est une utilisation alternative des diverses parties du sol qui rend la jachère inutile.

III. — TRANSPLANTATION

Technique opératoire. — La transplantation, exigeant une main-d'œuvre coûteuse, est difficilement une opération pratique; cependant elle assure des rendements considérables. Appliquée aux céréales d'hiver, cette méthode a pu donner 1 500 et même 2 100 grains par grain semé.

On pratique cette opération deux ou trois semaines après les semailles, lorsque les plantules ont développé le premier nœud aérien et possèdent leurs trois premières feuilles.

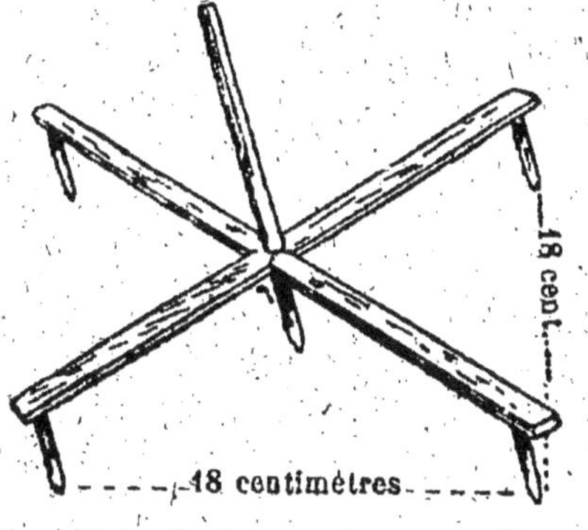

Fig. 145. — Instrument pour pratiquer dans le sol les trous destinés à recevoir les plantes à repiquer.

Les plantes peuvent être repiquées sur place, amenées d'un semis en pépinière ou provenir d'une autre parcelle, etc.

Les semis destinés à être repiqués sur place seront faits à la volée, mais clairs.

On creuse les trous nécessaires à l'aide de deux planchettes en croix dont les extrémités, munies de chevilles de bois, sont distantes de 18 centimètres. Chaque trou ainsi fait recevra la plante repiquée.

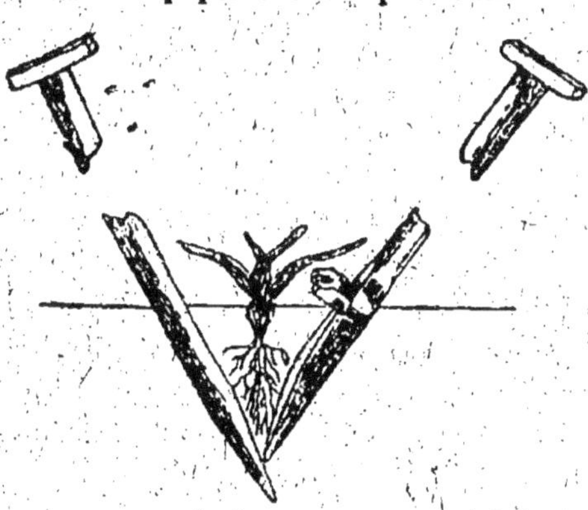

Fig. 146. — Plantation à pieux.

Ces plants sont arrachés délicatement, secoués légèrement et placés sur une couche de scories de déphosphoration. Arrivé sur place. on place les jeunes plants dans les trous,

2 centimètres à 2^{cm},5 plus profondément qu'ils n'étaient enfouis, en serrant la terre autour. Le premier nœud aérien doit se trouver dans le sol afin d'émettre des racines secondaires. Si le temps est sec, on arrose à l'eau ou au purin ; un mois plus tard, on buttera en arrosant, s'il y a moyen, avant le buttage, à l'aide d'une solution de nitrate de soude.

Plantation aux pieux. — Un procédé plus ingénieux peut être recommandé pour l'approfondissement *sur place*. On agit avec deux pieux. Le pieu de gauche est placé profondément sous la jeune plante ; en le remuant, on fait sous terre un trou. Le pieu droit a son extrémité aplatie et creusée en forme de bateau ; à la hauteur de 9 centimètres est fixé un appendice creusé en demi-cercle. Ce pieu droit est enfoncé obliquement (fig. 146) jusqu'à ce qu'il rencontre le pieu gauche ; on retire alors le pieu gauche et on soulève l'extrémité supérieure du pieu droit

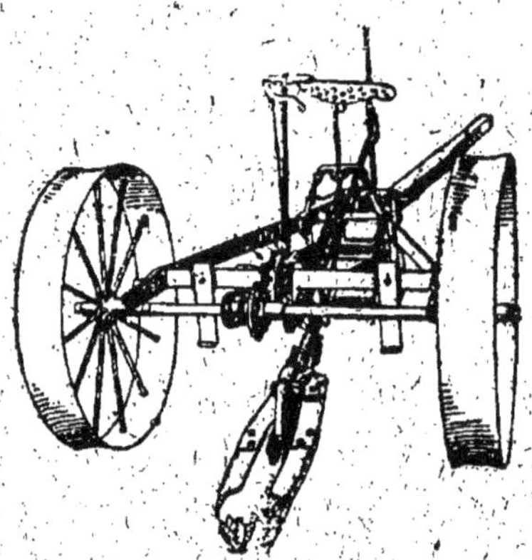

Fig. 147. — Planteuse américaine pour le tabac, les tomates, les choux, etc.

jusqu'à ce qu'il se place verticalement ; la plantule descend alors dans le trou fait par le pieu gauche ; ses feuilles, se plaçant dans l'excavation de l'appendice, sont protégées efficacement. On enfonce ce pieu à la profondeur désirée (2 centimètres à 4^{cm},5), on le retire, on tasse la terre avec ce même pieu. L'opération ne dure que quelques secondes.

Telle est l'opération du repiquage à la main. L'intérêt pratique de la question a suscité des recherches en grande culture. Il faudrait, en définitive, trouver un repiqueur mécanique. Déjà des instruments existent : planteuses semi-automatiques pour le tabac, les choux, les groseilliers, les pépinières, etc. ; en Amérique, en Russie. Un aide, assis derrière la planteuse, place le pied à repiquer dans un dispositif qui le pose dans la raie produite par un coutre et refermée par deux versoirs, versoirs plats ou à roulettes (fig. 147).

Certaines planteuses assurent un arrosage utile. Ces instruments, modifiés, pourraient sans doute être utilisés pour les céréales.

Les cultures transplantées doivent recevoir les soins d'entretien utiles : destruction des plantes adventices, ameublissement de la couche superficielle, d'autant plus que le repiquage piétine et tasse le sol ; il faut détruire la croûte formée par les pluies.

Les céréales d'hiver transplantées peuvent être buttées ; la luxuriance de la végétation exige souvent un écimage.

IV. — CULTURE EN BILLONS

Les avantages du buttage, du repiquage établis, il convient d'examiner l'application de ces principes, application généra-

Fig. 148. — Semoir pour semailles en rigoles.

lisée en grande culture sous le nom de « culture en billons ».

La difficulté pratique est de semer mécaniquement sur des sols ainsi disposés. Les semailles s'effectuent alors avec le semoir en lignes en modifiant l'écartement des socs.

Les semoirs employés présentent en outre de petits versoirs qui tracent les rigoles pour les graines ; un rouleau de forme spéciale pouvant rouler dans le sillon comprime légèrement le sol, tandis que ses deux extrémités tronquées affermissent la terre des billons. Après le passage du semoir, la partie du fond est horizontale et les flancs des billons sont bien définis.

En petite culture, on emploie les semoirs à bras ; on peut

même semer à la main après avoir tracé sur le terrain des lignes à l'aide d'un marqueur.

La méthode russe conseille, non pas les semis en lignes équidistantes, mais les sillons en bandes espacées, c'est-à-dire que deux, trois, quatre lignes de semis seront séparées régulièrement par un intervalle libre. *Les semis en bandes à deux lignes semblent préférables.*

Le principe consiste en définitive à préparer le sol en billons, la graine est épandue avec un semoir dans le creux des billons et couverte de terre par un rouleau spécial. Les lignes de semis sont séparées ainsi par des billons de terre compacte. Trois à quatre semaines après, on herse *dans le sens longitudinal* des billons. Les billons sont détruits, la terre des crêtes tombe dans les rigoles et couvre les plantules déjà sorties. C'est un « premier buttage » réalisé pratiquement.

Cette méthode assure une levée régulière, protège les semis contre la sécheresse. Les grains sont placés dans une couche de terre plus profonde et plus humide que le sol superficiel, les eaux pluviales glissent le long des billons et pénètrent à proximité des racines. Le roulage léger assure une germination totale; le hersage ultérieur, en dehors du buttage précieux, ameublit la couche superficielle et prévient la dessiccation, détruit les plantes adventices (1).

L'aspect ondulé du champ augmente la surface d'exposition à l'air; l'évaporation s'en trouverait augmentée, sans la couche ameublie maintenue à la surface; les phénomènes de décomposition des roches, le travail des bactéries se montrent plus actifs.

Les céréales ainsi traitées sont déjà fortes pour résister à l'hiver; les dénivellations du sol les protègent d'ailleurs. Les billons facilitent l'échauffement du sol. Les engrais, surtout les engrais solubles, se rassemblent dans les rigoles à portée des racines; les céréales bien enracinées résistent à la verse.

Ces semailles économisent 30 à 50 p. 100 de semences, étant donnée l'abondance du tallage.

(1) En culture ordinaire, on herse le grain pour le recouvrir; on roule ensuite. Ici c'est un ordre inverse avec un intervalle différent. Mais il ne faut aucun travail ni dépense supplémentaires.

Les semailles du trèfle dans les céréales, effectuées après le premier hersage, sont suivies d'un second hersage. C'est une pratique excellente.

Les semis d'automne tardifs ne seront roulés et hersés qu'au printemps suivant. Sur les terres lourdes, aux billons compacts, on passe le crosskill suivi de la herse.

Fig. 149. — Semoirs en rigoles.

On continue les hersages pendant le cours de la végétation ; ainsi s'effectuent pratiquement de légers buttages. Si l'on sème sur une surface ordinaire et si l'on butte, les plantes sont placées au sommet des crêtes dans de la terre desséchée et privée de principes nutritifs par les pluies; dans la culture en billons, au contraire, la plante est, à la base de sillons, largement abreuvée, nourrie et protégée (fig. 150).

Semoirs particuliers. — Les semoirs pour culture en billons comprennent un petit buttoir en avant des tubes de descente; derrière est fixé un rouleau dont le profil suit le fond plat des rigoles et les flancs inclinés du billon.

La profondeur de la rigole est réglée par des poids qu'on attache aux leviers et qui enfoncent le versoir ou le relèvent.

Pour les terrains compacts, le versoir est élargi à sa partie postérieure ; par sa forme pointue, ce versoir tendrait à pénétrer dans le sol sans un régulateur, tige courbée reposant sur le sol et qui maintient le versoir à la profondeur désirée.

Dans un semis bien fait, le sommet des billons se présente

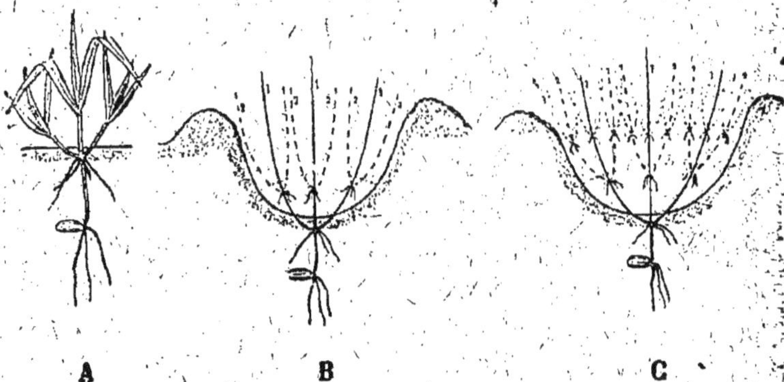

Fig. 150. — Tallage des céréales. Plantes issues d'une graine semée. — A, à plat ; — B, dans une rigole ; la plante a été buttée deux fois : 1, talles de première génération ; 2, talles de deuxième génération ; — C, dans une rigole ; la plante a été buttée deux fois : 1, talles de première génération ; 2, talles de deuxième génération ; 3, talles de troisième génération.

non en toiture, mais en bandes horizontales. Le fond des rigoles a 3 centimètres de largeur, leur profondeur est de 8 à 10 centimètres, la pente des parois latérales étant de 45 degrés environ ; l'espacement entre les lignes est de 20 centimètres.

Nous avons montré que les semis en lignes séparées n'étaient pas avantageux, surtout en terre sèche. On a construit des semoirs à rouleaux doubles, dits *semoirs en rigoles* (système Demtchinsky), permettant d'effectuer les semailles en bandes de deux lignes séparées par des intervalles, les rouleaux étant accouplés deux à deux (fig. 149).

La réussite de ce système : semailles en rigoles suivies d'un hersage à la troisième ou quatrième feuille (retarder plutôt qu'avancer ce hersage) semble attestée par de nombreux essais

de grandé culture. Ce hersage s'effectue pratiquement à l'aide
de trois-rouleaux à dents (petits crosskills) suivis de trois
herses très légères à dents serrées (fig.151):

Les rouleaux à dents brisent la croûte, aplanissent les billons sans comprimer les jeunes plants que la herse qui suit

Fig.151. — Combinaison de trois petits crosskills et de trois herses
légères à dents serrées.

rechausse, tout en détruisant les mauvaises herbes, surtout si
eurs dents sont serrées. Les herses seules, sans les rouleaux
dentés, peuvent recouvrir de mottes de terre les végétaux
ainsi blessés. Le même animal tirant rouleaux et herse
effectue ces travaux économiquement et à une époque où la
main-d'œuvre est disponible.

Fumure. — Les engrais chimiques, d'après les promoteurs
de ces méthodes, seraient mieux utilisés; les racines des
céréales, abondamment développées, puisent facilement les
principes utiles rassemblés à leur portée dans les rigoles. On
se souviendra que l'ameublissement répété de la couche super-

ficielle exagère puissamment la nitrification; un excès d'engrais azotés serait donc souvent perdu.

L'effet des hersages-buttages, le tallage abondant, retardent parfois la récolte des céréales ainsi cultivées, de trois à quatre jours, ce qui est en général sans inconvénient.

Les engrais phosphatés et potassiques seront épandus avant les semailles; les engrais azotés immédiatement avant le premier hersage de printemps (céréales de printemps) ou, mieux, la moitié au hersage d'hiver, le reste au hersage de printemps.

Souvent, l'aspect des champs hersés est peu plaisant et beaucoup d'agriculteurs, à la vue des plantes transplantées ou buttées, regrettent d'ensevelir des semis réussis. Le résultat, cependant, semble récompenser largement ces travaux; les plantes qui paraissaient condamnées reprennent une vitalité nouvelle, les rendements peuvent assurer une plus-value de 18 à 25 p. 100.

Les avantages de cette méthode, cependant, affectent surtout le grain et peu la paille dont la récolte peut même être légèrement diminuée par le buttage (Frankovsky, Wollny).

V. — MÉTHODE ZEHETMAYER

En raison des difficultés matérielles auxquelles se heurte l'exécution des buttages dans la méthode originale conçue par Demtchinsky, on a cherché à simplifier ces procédés. Un agronome de Bohême, Zehetmayer, a imaginé, pour appliquer les principes du buttage, d'effectuer également des semailles en sillons. Ici, les graines sont déposées dans des rigoles tracées par les socs du semoir, puis trois ou quatre semaines après, une herse appropriée permet de recouvrir de terre les jeunes plantes jusqu'au premier nœud de tallage.

Les pièces travaillantes du semoir, composées d'un soc-buttoir, suivi d'un disque-rouleau, sont disposées de telle façon que les billons entre les rigoles se présentent non en toiture, mais en billons plats, la profondeur des rigoles étant de 8 à 10 centimètres sur 3 centimètres de largeur du fond.

La graine étant déposée au fond du sillon tracé par le soc se trouve recouverte de terre par le disque rouleau, qui façonne en même temps les parois latérales en les comprimant assez pour éviter qu'elles s'effondrent sous l'influence de la pluie et du vent (P. Bernard).

Les semis sont assurés contre la sécheresse, le grain se trouvant placé dans une couche plus humide, qui, en outre, par sa situation au fond d'une rigole, profite de la moindre ondée, toute l'eau s'accumulant le long des parois latérales.

D'ordinaire, les semailles sont suivies d'un hersage pour enterrer la semence, puis d'un roulage. Dans la méthode des semailles en rigoles, on tasse d'abord la terre autour des graines, puis on ameublit la couche superficielle par le hersage effectué trois à quatre semaines après l'ensemencement, alors que les plantes ont formé trois feuilles. (Les semis d'automne, faits tardivement, ne doivent être hersés qu'au printemps.) En réalité, ce hersage fait office du buttage qu'il remplace. Outre le bénéfice qu'il assure ainsi en combattant la dessiccation du sol par son ameublissement superficiel, ce hersage agit, en détruisant les mauvaises herbes développées, dans les rigoles ou sur les billons qui les séparent.

Si les semailles ont eu lieu d'assez bonne heure, les plants acquièrent ainsi des racines robustes qui leur permettent une résistance parfaite aux froids les plus rigoureux.

Enfin, le semis devant être clair, en raison du tallage produit, cette méthode n'économiserait pas moins de 30 p. 100 de semence.

Ces procédés ont soulevé quelque curiosité parmi nos agronomes. Il faudrait les contrôler par des essais suivis, seul moyen de les juger, et de discerner ce qu'il peut y avoir d'intéressant et de pratique. On a parfois condamné, sinon ces méthodes, du moins le principe même sur lequel elles reposent, parce que l'expérience aurait démontré qu'un tallage énergique des céréales est un défaut, non une qualité.

Dans les conditions habituelles de la culture du blé, cette règle est exacte, mais il n'est pas certain qu'elle serait encore applicable dans d'autres circonstances.

VI. — APPLICATION PRATIQUE EN FRANCE

Principes généraux. — M. Devaux, professeur à la Faculté des sciences de Bordeaux, préconise ces méthodes en y associant les semailles précoces. En présence du déficit général de la production du blé, il faut intensifier cette production en France pendant et après la guerre (1).

Les recherches poursuivies depuis 1915 ont amené M. Devaux à reconnaître que cette production pourrait être augmentée par les systèmes de culture employés en terres arides et en saison sèche.

Du blé, semé dans une terre sablonneuse *au mois d'août*, a pu, non seulement germer et parcourir tout son cycle de végétation, mais encore acquérir un développement remarquable. Beaucoup de pieds comptaient 10, 20 et jusqu'à 30 ou 40 tiges, provenant d'un tallage puissant. Ces tiges étaient d'une grande vigueur, quelques-unes atteignaient 1^m,80. Un double accident (rouille et moineaux) empêcha d'apprécier la récolte en grains. Le poids de paille récoltée sur 48 mètres carrés fut de 47^{kg},830. C'était donc une récolte de 1 kilogramme par mètre carré ou 100 quintaux à l'hectare, qui, malgré les conditions spéciales d'expérimentation, semble attester un avantage indéniable.

Ce résultat paraît montrer que du blé semé en plein été peut suivre son développement normal et même acquérir une vigueur considérable.

Il est du reste à noter que la précocité des semailles retentit à peine sur l'époque de la maturation, car la moisson fut avancée tout au plus de deux semaines. Ce blé avait donc végété pendant onze mois, tandis que par nos méthodes de culture ordinaire il ne pousse que pendant huit à neuf mois (blé d'automne) ou même quatre à cinq mois (blé de printemps). La meilleure réussite du blé semé de bonne heure tient sans doute à ce que les trois mois supplémentaires qui ont été accordés à la plante sont des mois chauds et, à la fin, humides,

(1) Voy. Devaux, Pour augmenter la production du blé *La Vie agricole*, 9 mars 1917).

très favorables à la végétation. *Il serait donc bien possible, sinon probable, d'après M. Devaux, que l'époque adoptée pour nos semailles de blé soit trop tardive; il y aurait avantage à les avancer de un à deux mois au moins.*

C'est à cette conclusion que mènent les recherches des expérimentateurs, qui tentent d'améliorer la culture du blé. En Russie, M. Demtchinsky (1) préconise de semer dès le mois de

Fig. 152. — Pulvériseur à disques enfouissant les chaumes.

juillet et au plus tard du 5 au 10 août (vieux style). « Ce n'est que dans ces conditions, dit-il, qu'on peut compter sur un développement suffisant à l'automne, car le tallement abondant exige plus de temps. » Pour l'Europe occidentale, la date des semis, sans être fixée exactement, pourrait être avancée. C'est à cette conclusion qu'arrive le Dr Rey en France (2), sans préciser de date fixe, variable avec les circonstances. Avec des

(1) N. et B. DEMTCHINSKY, Méthode pour obtenir de forts rendements en céréales, Paris, 1913.
(2) Dr ÉMILE REY, La culture rémunératrice du blé (J.-B. Baillière. 1914).

moyens rudimentaires, les Chinois, suivant ces préceptes, arrivent à faire produire à leurs terres des récoltes de 150 hectolitres à l'hectare (Dr Rey).

Pourrait-on appliquer en France ces méthodes sous la forme :

1º *Semer très tôt,* dès le mois d'août ou au plus tard en septembre : la précocité des semailles donne aux plants la possibilité de prendre un fort développement avant l'hiver ;

2º *Semer en lignes assez espacées,* 30 à 40 centim. ou plus, afin que les plantes, plus vigoureuses, aient chacune plus de lumière et plus de terre à leur disposition ;

3º *Opérer deux ou trois buttages* au moins. Le premier buttage, au bout de trois ou quatre semaines, détermine des racines nouvelles, plus fortes, et de nouvelles tiges : l'action de ce premier buttage est augmentée par les buttages suivants ;

4º A ces données spéciales il faut ajouter les soins favorisant la culture : préparation et entretien du sol, fumure suffisante sans exagération, roulage du semis, sarclages, etc.

Une terre sablonneuse et caillouteuse en friche jusqu'en avril fut divisée par M. Devaux, après défrichement, en parcelles d'environ 35 mètres carrés qui reçurent deux labours et une fumure moyenne. L'essai porta sur les quatre variétés suivantes : blé hybride inversable de Vilmorin ; blé hybride rouge de Bordeaux ; blé hybride du Bon Fermier ; blé hybride Rieti barbu.

Le semis fut effectué le 19 août, assez clair, en lignes distantes de 30 centim. au fond de rigoles présentant 12 centim. de profondeur et autant de largeur ; les grains furent pressés avec le pied avant le recouvrement.

La germination fut rapide. Après trois ou quatre semaines, par un simple binage, la terre des ados fut amenée au pied, buttage facile et satisfaisant des jeunes plants qui prirent aussitôt un fort développement.

Le tallage s'effectua ainsi sous l'influence d'un seul buttage et prit une exubérance inattendue ; un grand nombre de pieds, pendant les mois d'octobre et novembre, comptaient 10, 20 et jusqu'à 60 et 70 tiges. Il fut, du reste, semblable pour les quatre variétés de blé expérimentées, un peu moindre pourtant pour le blé de Bordeaux (1).

En janvier, beaucoup de ces touffes de blé étaient énormes, quoiqu'un seul buttage ait été pratiqué. Au niveau du sol, elles présentaient plusieurs centim. de diamètre et leurs feuilles atteignaient 30 à 50 centim. de long sur 12 à 16 millim. de largeur.

Sur le blé de Bordeaux, une des variétés qui a le moins tallé, on trouve une moyenne de 30 touffes environ par mètre carré, avec 261 tiges, *dont 116 produites par 6 grosses touffes seulement.* Si l'on isolait ces 6 touffes pour les butter ensuite, il est certain que chacune deviendrait beaucoup plus grosse encore et arriverait à posséder, d'après M. Devaux, 50 à 100 tiges ou plus, soit 300 à 600 tiges par mètre carré.

Mais, au lieu d'isoler les touffes qui sont disposées sans régularité, on peut aussi les repiquer pour bien garnir un terrain neuf, et cette opération se montre avantageuse, suivant les méthodes chinoise et russe que nous avons étudiées dans cet ouvrage.

Le repiquage est, en effet, indiqué par Demtchinsky comme un des moyens les plus puissants que l'on possède pour augmenter la vigueur et le rendement du blé. M. Devaux a voulu l'essayer en employant les gros plants. En opérant ainsi le repiquage de très gros plants, on s'éloigne notablement de la pratique ordinairement suivié, car les expérimentateurs repiquent, au contraire, des plants encore tout petits ; l'opération n'en est que plus facile.

M. Devaux opère ainsi : le feuillage et les racines étant raccourcis, le plant est placé dans un simple trou fait au piquet ; une distance de 30 à 40 centim. entre les pieds et de 40 à 50 centim. entre les lignes est ménagée, la reprise est rapide.

Les pieds examinés un mois après ce repiquage fournissent un chevelu abondant de nouvelles racines plus fortes que les premières, atteignant déjà 10 centim. de longueur. Ces racines partent des divers nœuds enterrés, comme nous l'avons vu plus haut. Il s'est formé en même temps de nouvelles feuilles très

(1) Quelque temps après, cette dernière variété manifesta une tendance à monter, quoique en plein hiver ; il n'en fut rien des trois autres. Le blé de Bordeaux est donc à écarter de ces semailles très hâtives.

développées. Le blé ainsi repiqué avait repris en plein hiver et végétait vigoureusement, au moins sous le climat de Bordeaux. Ces touffes, déjà très fortes, deviennent de véritables souches portant chacune 50 et 100 tiges. C'est en prévision de cette croissance considérable que la plantation doit être faite relativement très claire, c'est-à-dire à environ six touffes par mètre carré; elles se touchaient à la moisson, et promettaient des récoltes considérables.

Les années déficitaires, pourrait-on repiquer des plants de blé d'automne cueillis en pleine végétation dans tous les endroits où ce blé se montre touffu? Un tel éclaircissage judicieusement pratiqué serait avantageux à la végétation des plants qui resteront en place, surtout si l'opération est suivie d'un hersage rechaussant ces plants.

Les plants arrachés seront repiqués non pas par pieds isolés mais par petits paquets de 3 à 8, selon leurs dimensions. On obtiendra ainsi des touffes plus belles, comme s'il s'agissait d'un pied unique ayant donné 3 à 8 tiges de tallage, et présentant déjà la vigueur acquise après plusieurs mois de végétation. Néanmoins, ces touffes ne pourront jamais arriver à un développement semblable à celui du blé semé bien avant l'hiver. Il faudra donc faire les plantations plus serrées, à raison de 10 à 20 par mètre carré.

Critique de ces méthodes. — Ces procédés sont-ils applicables pratiquement et doivent-ils révolutionner nos méthodes agricoles (1)?

M. Schribaux, professeur à l'Institut agronomique, émet ces judicieuses réserves. Ces méthodes se résument en définitive à: 1º semer très tôt; 2º semer extrêmement clair, et conserver une dizaine de pieds environ par mètre carré; 3º opérer deux ou trois buttages au moins et, pour rendre ceux-ci plus efficaces, semer au fond d'une rigole, d'autant plus profonde que les buttages doivent être plus nombreux, puisque c'est avec la terre extraite de celle-ci qu'on buttera les plantes. Chacune de ces mesures favorise la multiplication des chaumes, augmente le tallage. Leurs effets s'ajoutent, de sorte

---

(1) SCHRIBAUX, Sur une nouvelle méthode de culture du blé La Vie agricole, 9 mars 1917).

que, de chaque grain, on peut obtenir une touffe énorme.

En multipliant les buttages, il serait facile d'obtenir plusieurs centaines de tiges et, par conséquent, plusieurs milliers de grains d'un seul pied.

Les semis clairs, effectués de bonne heure, complétés par des buttages, constituent une méthode curieuse au point de vue physiologique et recommandable lorsqu'on veut, par exemple, multiplier une nouvelle variété de blé dont on possède seulement quelques grains. Mais elle exige beaucoup de main-d'œuvre et une main-d'œuvre intelligente; voilà une première raison qui limite son adoption en grande culture.

Elle appelle encore d'autres réserves. On compte au moins trois, quatre semaines pour obtenir le développement d'une nouvelle génération de talles; si l'on butte deux fois seulement avant l'hiver, il faudra donc semer deux mois environ avant l'époque ordinaire des semailles, c'est-à-dire, au plus tard, du milieu d'août aux premiers jours de septembre, ainsi que le recommande M. Devaux. Or, sur 6 500 000 hectares destinés en France à la production du blé en année normale, plus de 5 millions ne pourraient être ensemencés à cette date. En effet, beaucoup de plantes qui précèdent le blé, telles que les betteraves, les pommes de terre, etc., ne sont pas encore récoltées, ou bien la récolte précédente n'a pas laissé au cultivateur le temps de préparer convenablement le sol. Sur d'autres points, dans le midi de la France et sur les terres légères, c'est la sécheresse qui s'opposera au travail du sol et à la germination des plantes.

Doit-on, d'autre part, obtenir des plantes d'une vigueur extraordinaire? C'est souvent un sérieux défaut. Au moins sous le climat de Paris, après beaucoup d'autres observateurs, M. Schribaux a constaté que de telles plantes sont souvent détruites par les froids de l'hiver. Les semis précoces souffrent d'autres accidents; ce sont les plus attaqués par les limaçons, par les insectes et notamment par la cécidomye. Le piétin est devenu un fléau très redoutable pour nos cultures de blé; il est bien établi que les premiers semis sont toujours les plus touchés.

D'autre part, dans un semis comportant au plus une dizaine de pieds au mètre carré, lorsqu'une plante est détruite, le vide qu'elle laisse ne peut être comblé par les plantes voisines, ainsi que cela se produit dans les semis épais. Si les vides sont nombreux, — et il est à craindre qu'il en soit ainsi, puisque les semis clairs sont plus ravagés par les insectes, — il en résulte un fléchissement marqué de la récolte.

La multiplication des tiges retarde le développement du blé ; ce que la plante gagne en puissance, elle le perd en vitesse ; l'échaudage se produira à peu près fatalement si l'on sème clair et si l'on butte, ne serait-ce qu'une seule fois. Au lieu de grain marchand, on récoltéra surtout des criblures.

Voilà les griefs qu'on peut adresser à la méthode de culture que M. Devaux préconise pour accroître la production du blé en France. Cette méthode n'est pas entièrement nouvelle. Demtchinsky, qui l'a étudiée, a voulu la faire breveter par le Patentamt, il y a une dizaine d'années ; sa demande a été rejetée. Cette circonstance, jointe à la campagne active, à la publicité dont elle a été l'objet, a éveillé au plus haut point l'attention des savants et des praticiens, principalement en Allemagne et en Russie. Dans ces deux pays, les revues agricoles et les journaux des quatre ou cinq dernières années qui ont précédé la guerre sont remplis de communications relatives à la méthode Demtchinsky. Il en ressort qu'elle n'a pas tenu ses promesses ; les hommes les plus compétents en contestent l'intérêt pratique (Schribaux).

D'ailleurs ces méthodes innovées en Russie, suivies en Allemagne, paraissent abandonnees ou tout au moins amendées. Demtchinsky recommande aujourd'hui de semer en bandes formées de trois lignes distantes seulement de 9 centim. et de butter ensuite. Si l'on en juge par les analyses des dernières expériences, il ne semble plus être question de semis très clairs et de tallage très énergique. La discussion entre Demtchinsky et ses contradicteurs porte aujourd'hui sur la question de savoir si le buttage, dont on a constaté souvent les bons résultats, doit se faire sur des lignes isolées, ainsi que le recommande Zehetmayr, ou bien sur des semis en bandes.

Outre le manque de main-d'œuvre, la rigueur du climat offre un obstacle aux semis précoces dans la plus grande partie de notre territoire. Les tentatives de semis hâtif du blé échouent généralement, par suite de la sécheresse du mois de septembre qui présente généralement le minimum de pluie.

L'humidité du sol offre un minimum en juin et les pluies d'août n'apportent qu'un faible appoint, à cause de l'activité de l'évaporation. En octobre seulement augmente la proportion d'eau dans la terre.

La précocité du semis n'est pas, du reste, une condition générale de réussite. De récentes expériences américaines sur le maïs l'ont prouvé. D'après MM. Lawrence et Holton, un ensemencement précoce ne favorise en aucune façon la floraison et la fructification, il expose au risque d'une mauvaise germination.

Il faut rechercher la raison de ces faits dans une absorption d'eau insuffisante de la part de la plante, accompagnée d'une production de toxines qui s'accumuleraient dans l'organisme. En tout cas, on peut admettre que la concentration de la sève après chaque à-coup de germination provoqué par la rosée ou les pluies passagères devient caustique pour la plantule.

Les auteurs anglo-égyptiens — à propos de coton — font aussi remarquer que la surface absorbante de la plante augmente, par le fait de l'apparition des racines latérales et que la quantité d'eau absorbée est d'autant plus grande que la température est plus élevée. En admettant que le blé ait bien germé, pourra-t-il résister sans se flétrir aux hâles de septembre et d'octobre après lesquels les gelées précoces peuvent survenir ?

Les praticiens affirment qu'il vaut mieux qu'un blé ne soit pas germé plutôt que de se présenter trop faible à l'entrée d'une période glaciale. Les espèces végétales ou les mêmes variétés d'une même espèce ne sont pas également préparées pour l'hivernage.

On peut remarquer que toutes les plantes hivernantes sont très étalées. Il y a peut-être une relation avec la résistance au vent ou à la neige bien plus qu'au froid (Siruskow).

La période critique pour certaines plantes n'est pas l'hiver, mais bien le printemps, car elles deviennent plus sensibles au moment du réveil de leurs fonctions vitales.

Les blés en herbe sont donc délicats à deux âges : au moment de la germination et au moment du départ de la sève.

Aussi n'y a-t-il pas intérêt à un départ précipité qui peut être suivi d'une période rigoureuse.

La méthode Demtchinsky pose enfin à nouveau la question si débattue des semis clairs et des semis épais.

En dépit des efforts persévérants de Hallett pour propager la pratique des semis clairs, et l'appui que le célèbre sélectionneur a trouvé chez presque tous les agronomes des pays producteurs de blé, elle ne s'est implantée nulle part. Cette constatation suffirait à elle seule à en démontrer l'infériorité.

Se basant à la fois sur des recherches personnelles relatives au tallage et sur les données recueillies auprès des cultivateurs de blé les plus habiles, en France et à l'étranger, M. Schribaux a démontré que, dans la culture intensive du blé, un tallage énergique est un défaut et non une qualité ; des semis assez drus sont la condition de rendements élevés à l'hectare.

Cette thèse, émise en 1899, a d'abord trouvé d'ardents contradicteurs, car elle était en opposition formelle avec les idées régnantes. Aujourd'hui, elle est généralement adoptée.

D'après le savant professeur de l'Institut agronomique, la méthode Demtchinsky peut donc rendre de réels services dans la culture jardinière du blé, lorsqu'on se propose de multiplier rapidement les nouvelles variétés.

Mais en grande culture, dans les pays où elle a été expérimentée depuis plusieurs années, sa supériorité sur les méthodes ordinaires ne s'est pas affirmée. Elle ne pourrait être adoptée en France que sur une faible partie des surfaces consacrées au blé, à cause de la place de la céréale dans l'assolement et de l'état des terres à l'époque où les semailles devraient être exécutées.

La main-d'œuvre abondante et soigneuse qu'elle réclame, les nombreux accidents qui menacent plus spécialement les plantes issues de semis précoces, l'incertitude enfin d'en obtenir des rendements plus élevés paraissent lui enlever un intérêt assuré en grande culture.

Tel est l'état actuel de la question. Des recherches nouvelles, des essais pratiques amèneront sans doute une solution pratique de ce problème primordial.

CHAPITRE V

LA NÉOCULTURE

Les méthodes nouvelles exposées, ces principes originaux ont été groupés sous le nom de *néoculture*.

Dans les voies offertes à l'activité agricole par ces découvertes des techniciens adroits, des praticiens avisés travaillent pour assurer à la culture intensive des débouchés nouveaux.

Sans manifester un engouement excessif, ni des espoirs inconsidérés, il est louable d'encourager ces efforts, de suivre ces études susceptibles d'apporter un nouvel appoint aux forces actives de l'agriculture intensive.

PRINCIPES DIRECTEURS. — En principe, la néoculture préconise :

1º Le semis des céréales à grands écartements associé à des semis hâtifs, clairs, de variétés à forts tallages ;

2º Des façons appropriées tendant à développer le système radiculaire des céréales avant l'hiver, des binages nombreux.

En néoculture, ce n'est plus uniquement la terre, maïs également la plante qui attire l'attention minutieuse du cultivateur. Dans la culture ordinaire, les travaux culturaux ont lieu le plus souvent en *sol nu*; c'est dans la période précédant les semailles qu'on assure à la plante ses besoins futurs (1). En néoculture, l'action de l'homme se poursuit très activement durant toute la végétation.

Les promoteurs de ces méthodes notent le rôle considérable de l'assimilation chlorophyllienne, — une bonne récolte de blé dose 300 à 350 kilogr. d'azote, acide phosporique, potasse, chaux, magnésie et 4 500 kilogr. de carbone qui nécessitent

(1) A. SILBERNACH-CHERRIÈRE, *La Néoculture*.

« l'exploration aérienne » par les feuilles de 30 millions de mètres cubes d'air par hectare.

Il convient donc d'étudier la disposition des plantes sur le sol pour assurer un renouvellement constant des couches d'air et un éclairement solaire nécessaire, — d'où la notion des semis à grands écartements

Par des façons culturales, on accroîtra, comme nous l'avons vu, le système radiculaire des racines : ameublissement, aération, approfondissement du sol sur place par des façons aratoires judicieuses, fréquentes, utilisation des légumineuses (lupin) aux racines développées et profondes, suppression des labours profonds, tels sont les principes essentiels de la néoculture. Comme application pratique, il en découle nécessairement plusieurs opérations primordiales.

ASSOLEMENTS. — Une modification de l'assolement s'impose pour permettre les semis précoces. Les néoculteurs vont même jusqu'à admettre la culture du blé, des pommes de terre, des racines, maintenue sur une même terre plusieurs années de suite (essais de M. L. Delahaye, à Palesne-Pierrefonds [Oise]). Les travaux d'exploitation sont simplifiés, le fumier serait réservé à certaines soles, etc... Ainsi pourrait-on réaliser les semis précoces, contrariés souvent par l'assolement lui-même (enlèvement tardif des betteraves précédant le blé).

On pourrait encore concevoir l'assolement : blé, — avoine ou orge — blé, avoine ou orge, — et la culture des céréales serait ensuite transportée sur une [autre parcelle enrichie d'humus par des cultures de racines ou tubercules.

TRAVAIL DU SOL AVANT LES SEMAILLES. — Plus de labours profonds, mais un « fouillage » profond, laissant les assises du sol en place et ameublissant la couche superficielle.

Le travail profond du sol n'aurait lieu qu'au début du cycle, tous les quatre ans par exemple, et serait entrepris par des Syndicats, des Entreprises de labourage mécanique, d'où allègement du matériel agricole.

SEMAILLES. — C'est l'opération essentielle en néoculture : emploi de variétés à fort tallage, précocité des semailles « effectuées à l'époque physiologique, aussitôt après la moisson » (économie de semence allant jusqu'au quart, utilisation permanente du sol, longue durée végétative, réduction des dommages des corbeaux, des rongeurs, etc...), semis clairs, telles sont les directives essentielles.

GRANDS ÉCARTEMENTS. — Le rôle utile des grands écartements a été démontré plus haut. Les néoculteurs soulignent l'intérêt, dans ces conditions, du travail constant du sol facilité par ces larges écartements : aération, ameublissement du sol, tallage abondant, destruction des plantes adventices (la néoculture admet, d'ailleurs : les lignes simples équidistantes ; les lignes doubles, triples (35 cm. $7^{cm},5 + 7^{cm},5$), semis en bandes, d'après les cas envisagés.

LOGEMENT DE LA GRAINE. — Tout semoir doit être pourvu de petits rouleaux tasseurs, afin d'assurer une levée régulière, un bon enracinement, le développement des radicelles primaires et le développement ultérieur de la plante dans les meilleures conditions.

SILLONS PROFONDS. — Dans les terres ne présentant pas une humidité excessive, les néoculteurs recommandent les semis au fond d'un *sillon assez profond* (6 à 8 cm. et davantage), assez large et *maintenu ouvert*. On se trouve à recouvrir la graine de 2 à 3 centimètres de terre tassée par le petit rouleau du semoir. On obtiendra ainsi l'effet utile du buttage.

FAÇONS CULTURALES. — D'après les données établies, les néoculteurs exécutent les travaux aratoires suivants : hersage longitudinal des billons par une herse légère trois ou quatre semaines après les semailles (buttage des plantes), sarclages, binages au moyen d'appareils qui pourront passer par-dessus les rangs, de même largeur que le semoir, etc...

ENGRAIS. — La néoculture cherche à réduire la dose d'engrais employée par une répartition plus localisée, par leur épandage au fur et à mesure des besoins des plantes. Certains engrais sont particulièrement favorables à certaines époques de la croissance du végétal, d'où une nouvelle technique d'utilisation des engrais qui n'est pas encore parfaitement au point.

Tels sont les principes essentiels de la néoculture, science nouvelle dont les essais, les tentatives, basés sur une logique sûre et théorique, devront être sanctionnés par une longue pratique. Ces théories nouvelles méritent d'être suivies avec attention.

Comme on a pu le voir, elles ne constituent qu'un cadre souple que chaque agriculteur peut appliquer selon les conditions mêmes de son exploitation. Ainsi s'expliquent les nombreuses variantes de la néoculture et les exemples variés dont nous étudierons rapidement les principaux.

Plusieurs procédés, ceux de M. Pion-Gand, de M. Rouest, ont attiré vivement l'attention publique.

Méthode Rouest. — La méthode de néoculture dont M. Rouest tente l'application à la ferme expérimentale des Barthes, dans l'Aude, en pleine Montagne Noire, à 525 mètres d'altitude, en terres peu fertiles, et sous un climat sec, repose sur ces principes :

1° Semer tôt, c'est-à-dire à l'époque physiologique de la maturité des céréales ;

2° Semer clair et en lignes à grands écartements ;

3° Traiter les céréales comme des plantes sarclées (par des binages et des buttages).

Une des principales caractéristiques de la méthode, c'est donc le *travail du sol après les semailles*.

Lorsque la jeune céréale présente quatre feuilles, — quatre à cinq semaines après la semaille, — faire passer entre les lignes une houe dont les socs portent des ailes butteuses qui rejettent doucement un peu de terre meuble sur les lignes. Faire suivre ce premier passage d'un second et d'un troisième avant l'hiver en accentuant chaque fois le buttage. Le sol se trouve ainsi disposé en petits billons, qui ont pour effet de pousser les jeunes plants au tallage.

A la sortie de l'hiver, dès que se produit un léger desséchement de la surface du sol, on brise la croûte par un nouveau binage avec buttage très léger, pour rechausser les plants, en évitant avec soin d'accentuer ce buttage qui provoquerait un tallage tardif.

A la veille de l'épiage, on butte fortement, on bine et butte également à la floraison, pour continuer encore les binages seuls aussi longtemps qu'il sera possible.

Par les façons culturales que comporte cette méthode de

néoculture, on peut entrevoir que sa réalisation dans la pratique courante n'est pas toujours facile. Il convient en outre d'appeler l'attention du cultivateur sur le danger que présente le développement des mauvaises herbes, dans les céréales semées à grands écartements lorsque les circonstances (printemps humide ou défaut de main-d'œuvre) ne permettent pas d'exécuter les binages que réclame impérieusement ce mode de semis (P. Bernard).

Un praticien note cette observation : « Il y a vingt ans, nous avons voulu essayer le semis du blé en doubles lignes à 8 centimètres séparées par des intervalles de 22 centimètres. Comme il fallait, en pratique, respecter environ 5 centimètres en bordure des lignes, pour éviter de les couper par les variations latérales de la houe, nous laissions en réalité $5 + 8 + 5 = 18$ centimètres non binés, dans lesquels les mauvaises herbes, profitant du binage, se développaient et faisaient peut-être encore plus de tort à la récolte qu'en s'étouffant drues et petites comme dans la pratique ordinaire. Nous avons néanmoins persisté trois ans, et finalement, *ne voyant pas de résultat pratique, nous avons abandonné.*

Ce procédé est parfait en théorie, mais en pratique, il faudrait le compléter à la main, et il faut compter aussi avec une saison pluvieuse qui provoque l'envahissement du champ par l'herbe... »

On ne pourrait donc faire intervenir les semis à grands écartements que sur les terres propres.

Un autre praticien signale cet essai : « J'ai réparti les socs d'un semoir de $2^m,40$ par groupes de 2 rayons espacés de 8 centimètres, chaque groupe séparé du suivant par 32 ou 40 centimètres, ce qui rend le binage très facile.

Le blé semé à 40 centimètres a donné 6 quintaux et demi de plus à l'hectare que celui à 32. Cette année le résultat est semblable.

J'avais semé à 3 rayons au 30 novembre dans la crainte des corbeaux et des intempéries. Je crois qu'il vaut mieux *2 rayons au début mais que 3 sont préférables en arrière-saison.* Alors je mettrais 3 rangs espacés de 10 centimètres, ce qui donnerait 20 centimètres et un intervalle de 40 centimètres qu[i] me semble nécessaire pour que l'air et la lumière baignent suffisamment le bas des tiges — 32 centimètres semblent insuffisants. Les blés sur avoine de défriche ont eu 40 kilogrammes d'azote et 55 kilogrammes d'acide phosphorique. Ceux sur betteraves 200 kilogrammes de nitrosalpétrine dosant 9-6-5. J'ai donné en mars-avril un binage et un hersage ; *pas de buttage.*

Ces blés ont subi plusieurs orages dont un avec grêle le 12 juillet (les avoines voisines ont été reconnues à 5 ou 6 p. 100 de dégâts). Ils se sont inclinés fortement puis redressés ensuite. Le mélange Hatif à 30 quintaux a versé tardivement et le blé des Alliés également un peu. La rouille et le piétin étaient insignifiants dans les blés espacés de 40 centimètres, tandis qu'ils sévissaient aux alentours. »

De ces observations M. P. Bernard (*Le Progrès Agricole*) conclut que les semailles à grands écartements, pour si variables qu'en soient les résultats, suivant les circonstances, ne doivent pas être condamnées en principe, ni suffire à faire adopter ou rejeter la méthode de néoculture qui recommande ce mode de semis.

Méthode Pion-Gaud. — M. Pion-Gaud, pour la préparation du sol, emploie un cultivateur de 1ᵐ,80 de large avec lequel il travaille le sol, huit à douze fois, plus souvent même, s'il est possible. Le sol, ainsi préparé par le cultivateur, est, en outre, nettoyé des mauvaises plantes ce qui permet un ensemencement plus précoce, donnant, dès l'automne, un tallage qui assure à la plante le maximum de résistance pour l'hivernage. Il peut alors recevoir la semence.

Après avoir trempé, dans une solution spéciale, le grain es' sulfaté, égoutté, et mis en tas jusqu'à ce que l'échauffement ait produit un commencement de germination. Le grain ainsi préparé est semé au semoir en lignes, à 2 centimètres et demi de profondeur. Le semoir possède deux trémies : l'une recevant le blé, l'autre le superphosphate qui, dans l'opération, se plaçait à terre directement en contact avec le grain.

Quelle que soit la composition des solutions dont il est fait usage pour ce trempage, cette méthode ne paraît présenter aucune supériorité sur la simple pratique du trempage dans l'eau, en usage depuis un temps immémorial. Elle peut en outre être dangereuse en grande culture, alors même que la préparatin du grain ne comporte pas un commencement de germination, qui paraît parfois imprudent.

Des expériences récentes faites sous les auspices du ministère de l'Agriculture dans une ferme des environs de Paris, ont démontré que si le trempage des grains dans une solution nutritive soi-disant fertilisante, accélérait il est vrai, la germination, on obtenait cependant un résultat aussi certain, par le simple trempage dans l'eau, celle-ci étant même préférable. (P. Bernard)

Des expériences classiques de Wolny montrent d'ailleurs que :

1° La macération des semences dans des solutions d'engrais ne donne pas de meilleurs résultats que la simple imbibition dans l'eau pure ;

2° Dans la circonstance ce n'est pas l'engrais qui agit, mais uniquement les causes physiques de l'imbibition, qui facilite la germination, et par conséquent la végétation qui suit ;

3° Beaucoup de dissolutions d'engrais et particulièrement celle du nitrate à 1 p. 100, exercent une influence nuisible ;

4° Il n'est pas exact que la faible proportion d'engrais dont est imprégnée la graine puisse fournir à son embryon les matières nécessaires à son prompt développement, la jeune plante tirant exclusivement sa nourriture des matières de réserve de l'endosperme et des cotylédons et ne pouvant assimiler une nourriture inorganique.

5° Dans les solutions préconisées, les quantités de matières fertilisantes contenues dans les dissolutions fournies à la plante sont extrêmement minimes, puisque la solution doit être faite si on ne veut pas altérer la faculté germinative.

D'autre part, le procédé de M. Pion-Gaud donne de bons résultats, non seulement par suite du trempage des graines mais par ce qu'on effectue :

1° Une préparation particulière du sol (huit à douze façons à l'aide du cultivateur canadien) ;

2° Un procédé spécial de semis en lignes, à écartement convenable, qui permet de semer en même temps le grain et l'engrais, ce dernier venant se placer directement au contact de la semence.

On ne peut déterminer la part d'influence de chacun de ses facteurs qui interviennent évidemment tous. Nous retrouvons là encore les principes essentiels de la néoculture :

1º Semer tôt, c'est-à-dire à l'époque physiologique de la mâturité des céréales ;

2º Semer clair et en lignes à grands écartements ;

3º Traiter les céréales comme des plantes sarclées (par des binages et des buttages). Un certain nombre de ces principes sont établis avec une rigueur satisfaisante.

Mais il semble d'après les expériences connues que le buttage ait donné des résultats assez peu constants. Dans des expériences faites de Kohls, au domaine de Kunzensee, en Allemagne, deux buttages exécutés en mai sur de l'avoine ont produit un excédent de récolte de 3 quintaux, alors que dans certaines circonstances, le buttage du blé à l'automne, en terre amollie par la pluie, donna des résultats désastreux.

Pour les semis hâtifs, outre que la succession habituelle de nos cultures et les circonstances saisonnières se prêtent assez mal au semis de blé en août par exemple, n'y a-t-il pas à craindre que la culture issue d'un semis aussi hâtif ne souffre de l'attaque des maladies cryptogamiques? (P. Bernard.)

Tout ce qui avance la végétation du blé le prédispose au piétin ; tout ce qui la retarde diminue les chances d'infection : emploi de variétés tardives, usage modéré du superphosphate, *semis tardif*, assez clair, dans une terre boueuse et motteuse, hiver rigoureux, retard dans la montée du blé, à l'aide de hersages, roulages, croskillages, écimage.

Peut-on prétendre que le semis clair évite le piétin? Dans les cultures du blé à grands écartements, souvent il n'y a pas de piétin, alors que les récoltes environnantes souffrent de cette maladie. Mais il convient d'observer que ces semailles ont eu lieu tardivement. On ne peut guère se prononcer d'une manière catégorique sur l'opportunité du semis précoce. C'est un des principes que l'expérience devra vérifier.

On voit que ces intéressantes théories, par suite de la multiplicité des facteurs en jeu, doivent être étudiées et appliquées avec un esprit critique judicieux afin de voir leurs utiles effets aider au perfectionnement de l'agriculteur français.

TABLE DES MATIÈRES

PREMIÈRE PARTIE. — TRAVAIL DU SOL............... 5

Chapitre premier. — **Préparation du sol**.............. 5

   I. — Rôle des labours............................ 5
   II. — Labours à bras........................... 10
   III. — Labours à la charrue.................... 12
   IV. — Les quasi-labours....................... 52

Chapitre II. — **Culture mécanique du sol**.............. 67

   I. — Tracteurs.............................. 72
   II. — Moto-charrues........................... 83
   III. — Motoculteurs à outils commandés........ 86
   IV. — Appareils de labourage à câble de grande puissance. 89
   V. — Moteurs électriques...................... 95

Chapitre III. — **Ameublissement du sol**.............. 97

   I. — Hersage 97
   II. — Roulage 108

DEUXIÈME PARTIE. — MISE EN VALEUR DES TERRES INCULTES.................................... 123

Chapitre premier. — **Défrichements**.................. 123
   I. — Bois, taillis et landes................... 123
   II. — Prairies 134
   III. — Terres tourbeuses..................... 140

Chapitre II. — **Sols salés. — Marais**................ 164

   I. — Terrains salés. — Camargue.............. 164
   II. — Mise en valeur des marais............... 168

Chapitre III. — **Améliorations foncières**.............. 171

   I. — Fixation des sols mouvants............... 171
   II. — Colmatage. — Limonage.................. 182
   III. — Travaux divers........................ 187

TROISIÈME PARTIE. — **LES ASSOLEMENTS**............ 196

CHAPITRE PREMIER. — **Principes des assolements**.......... 196

I. — Historique................................. 196
II. — Etablissement théorique des assolements......... 201
III. — Jachère............................. 205
IV. — Règles présidant à l'établissement des assolements. 214

CHAPITRE II. — **Principaux assolements**................ 223

I. — Assolement biennal...................... 223
II. — Assolement triennal.................... 224
III. — Assolement quadriennal................. 226

CHAPITRE III. — **Établissement d'un assolement**........... 231

I. — Région de Paris...................... 231
II. — Assolement pour exploitation moyenne du centre de
la France........................... 238
III. — Assolement de l'est de la France............. 240
IV. — Assolement du sud-ouest de la France......... 245
V. — Assolement fourrager du midi de la France....... 250

QUATRIÈME PARTIE. — **LES NOUVEAUX SYSTÈMES DE
CULTURE**............................... 253

CHAPITRE PREMIER. — **Apparition des nouvelles méthodes de
culture** 253

CHAPITRE II. — **Le dry-farming**.................... 255

I. — Importance mondiale des cultures sèches......... 255
II. — Principe du dry-farming.................. 259
III. — Rôle du sol dans le dry-farming.............. 262
IV. — Application du dry-farming................ 266
V. — Technique du dry-farming................ 272
VI. — Les récoltes du dry-farming............... 280
VII. — Le dry-farming en Algérie et en Tunisie......... 287

CHAPITRE III — **Le système Jean**................. 309

CHAPITRE IV. — **Systèmes chinois, russe. Buttage des céréales.
Transplantation. Culture en billons**............ 319

CHAPITRE V. — **La néoculture**................. 341

Coulommiers. — Imp. E. DESSAINT. — 4 -29

Librairie J.-B. BAILLIÈRE et FILS, 19, rue Hautefeuille, PARIS

LA VIE AGRICOLE
ET RURALE
Revue hebdomadaire illustrée

Paraissant tous les Samedis par numéros de 32 à 52 pages, in-4°

COMITÉ DE DIRECTION :

FERNAND DAVID
Ancien Ministre
de l'Agriculture.

VICTOR BORET
Ancien Ministre
de l'Agriculture.

M. LESAGE
Directeur de l'Agriculture
au Ministère de l'Agriculture.

DABAT
Directeur général honor.
des Eaux et Forêts.

WERY
Directeur de l'Institut nat.
agronomique.

MIR
M. du Cons. sup. de l'Agr.
Ancien Sénateur de l'Aude.

L. ROULE
Professeur au Muséum
et à l'Institut agronomique.

DE LAPPARENT
Inspecteur général honoraire
de l'Agriculture.

GROSJEAN
Inspecteur général
honor.
de l'Agriculture.

L. DARIAC
Inspecteur général
de l'Agriculture.

J.-M. GUILLON
Inspecteur général
de l'Agriculture.

A. LAURENT
Inspecteur général
de l'Agriculture.

TROUARD RIOLLE
Directeur honor.
de l'Ecole nationale
d'Agriculture de Grignon.

FERROUILLAT
Directeur honor. de l'Ecole
d'Agr. de Montpellier.

LE ROUZIC
Directeur de l'Ecole d'Agr.
de Rennes.

SECRÉTAIRE DE LA RÉDACTION :
DIFFLOTH
Ingénieur agronome,
Professeur spécial d'Agriculture.

Abonnement annuel : France, 40 fr., Étranger, 2 dollars

La création d'un nouveau journal d'Agriculture pouvait sembler inopportune : la Presse agricole compte des organes déjà nombreux qui s'appliquent à répandre dans le public les méthodes les plus rationnelles de culture et d'élevage. Jamais, cependant, le besoin ne s'est fait autant sentir, pour l'agriculteur, d'être renseigné sur l'admirable mouvement de rénovation qui caractérise notre époque; chaque jour, l'alliance féconde de la science et de la pratique fait réaliser à l'Agriculture un progrès nouveau; chaque jour, une connaissance acquise, un problème élucidé viennent donner au cultivateur les moyens de réduire la part, si considérable, de ses aléas professionnels. Absorbé par des préoccupations multiples, le praticien n'a malheureusement pas le loisir de parcourir les revues diverses d'où il pourrait extraire le bénéfice des progrès réalisés. Et il nous a paru qu'il y avait place pour un journal agricole, dont le but serait précisément de mettre l'agriculteur en rapport intime avec l'évolution actuelle des esprits, un journal documenté, averti de tout ce qui touche aux multiples manifestations de l'activité agricole, un journal dont la collaboration choisie autant que variée bannirait toute uniformité et assurerait l'attrait, un journal d'actualité, traduisant fidèlement la vie ardente, réfléchie et laborieuse de notre Agriculture.

La *Vie Agricole* — nous n'aurions su adopter pour notre journal un titre traduisant mieux notre but — met tout en œuvre pour intéresser les lecteurs. Elle réalise un équilibre heureux entre le texte, chroniques et articles, et l'illustration, se tenant à distance des deux extrêmes, dont l'un consiste à donner à l'illustration une importance excessive, qui nuit au développement des questions traitées, et dont l'autre laisse des articles érudits sans le secours du dessin ou de la photographie, empêchant ainsi le texte de prendre toute sa valeur et une plus facile compréhension.

Le monde agricole a accueilli avec plaisir un journal donnant une impression réelle de force et d'activité, suivant pas à pas la marche de notre Agriculture vers le progrès, et sans cesse préoccupé d'être pour ses lecteurs « l'utile et l'agréable ». Au surplus, ces lecteurs nous les connaissons bien : ce sont des agriculteurs avisés, soucieux de toute amélioration, ces éleveurs possédant en juste partage la pratique et la théorie qui, groupés autour de l'*Encyclopédie Agricole* des ingénieurs agronomes, en ont assuré le succès et ont permis la diffusion par la France et par le monde, à raison de plus d'un million de volumes, de cette œuvre considérable, véritable bilan de l'agriculture scientifique française au début du xxe siècle. Dans la *Vie agricole* ils retrouveront, sous une forme plus actuelle et plus vivante encore, les qualités qui impriment à cette belle collection son cachet particulier ; ils y retrouveront cette pléiade de collaborateurs distingués, praticiens ou professeurs, qui les tiendront, chaque semaine, au courant de tous les progrès, de toutes les découvertes, de toutes les tentatives susceptibles de les intéresser.

Chaque numéro comprend cinq ou six *Articles originaux* ; plusieurs articles d'*Agriculture pratique* ; des articles d'*Actualités agricoles*, résumant les travaux publiés, en France et à l'étranger ; des *comptes rendus* de *Sociétés*; enfin, un *Bulletin* renseignant le lecteur sur les faits saillants de la semaine.

Pour remplir ce vaste cadre et donner à la *Vie agricole* la tenue et la valeur scientifique nécessaires, un Comité de direction composé des plus éminents représentants de la science agronomique a bien voulu assumer la charge de définir et de régler le programme des études et des recherches poursuivies.

Enfin les éditeurs de la *Vie Agricole*, MM. Baillière, apportent à l'administration et à la publication du journal leurs précieuses qualités, qui ont déjà assuré le succès de l'*Encyclopédie Agricole*.

Ainsi rédigée, illustrée, assurée par un parfait service d'information de suivre méthodiquement l'évolution scientifique de la culture française, la *Vie Agricole* se présente aux lecteurs avec les conditions les plus assurées d'intérêt, de vitalité et d'utilité générale.

Librairie J.-B. BAILLIÈRE et FILS, 19, rue Hautefeuille, Paris

LA VIE AGRICOLE
ET RURALE
Revue hebdomadaire illustrée

Paraissant tous les Samedis par numéros de 32 à 52 pages, in-4°

COMITÉ DE DIRECTION :

VIGER
Ancien ministre
de l'Agriculture,
Sénateur du Loiret.

TISSERAND
Membre de l'Institut
Directeur honoraire
de l'agriculture.

CARNOT
Membre de l'Institut,
Prof. honor.
à l'Inst. nat. agron.

FERNAND DAVID
Ancien ministre
de
l'Agriculture.

MIR
M. du Cons. sup.
de l'agriculture,
Sénateur de l'Aude.

DABAT
Directeur général
des
Eaux et Forêts.

REGNARD
Directeur honoraire
de l'Inst. nat. agronomique.

WERY
Directeur
de l'Inst. nat. agronomique.

GROSJEAN
Inspecteur général
de l'agriculture.

DE LAPPARENT
Inspecteur général
de l'agriculture.

COUANON
Inspecteur général
de la viticulture.

FERROUILLAT
Directeur de l'Éc. nat^le
d'agric. de Montpellier.

JOUZIER
Directeur de l'Éc. nat^le
d'agriculture de Grignon.

TROUARD RIOLLE
Dir. honor. de l'Éc. nat^le
d'agric. de Grignon.

SECRÉTAIRE DE LA RÉDACTION :

DIFFLOTH
Ingénieur agronome,
Professeur spécial d'agriculture.

Abonnement annuel : France 25 fr.; Étranger, 30 fr.

La création d'un nouveau journal d'Agriculture pouvait sembler
inopportune : la Presse agricole compte des organes déjà nombreux
qui s'appliquent à répandre dans le public les méthodes les plus
rationnelles de culture et d'élevage. Jamais, cependant, le besoin ne
s'est fait autant sentir, pour l'agriculture, d'être renseigné sur l'admirable mouvement de rénovation qui caractérise notre époque ; chaque
jour, l'alliance féconde de la science et de la pratique fait réaliser
à l'Agriculture un progrès nouveau ; chaque jour, une connaissance
acquise, un problème élucidé viennent donner au cultivateur les
moyens de réduire la part, si considérable, de ses aléas professionnels.
Absorbé par des préoccupations multiples, le praticien n'a malheureusement pas le loisir de parcourir les revues diverses d'où il pourrait
extraire le bénéfice des progrès réalisés. Et il nous a paru qu'il y